国家出版基金项目
NATIONAL PUBLICATION FOUNDATION

智能电网技术与装备丛书

# 新能源大功率高压
# 直流并网变换器

## High-Power High-Voltage DC/DC Converters
## for Grid-Connected New Energy

陈　武　宁光富　刘　芳　辛德锋　著

科学出版社

北　京

# 内 容 简 介

本书重点阐述了非隔离型与隔离型大功率高压直流变换器的电路拓扑与相应的控制技术。首先,针对非隔离型方案,提出谐振开关电容升压和LC并联谐振升压两种结构,分别实现开关管的零电流开关(ZCS)和零电压开关(ZVS)。其次,针对隔离型方案,提出一种支干分流思想,实现主开关管的ZCS,显著降低了变换器的开关损耗。基于支干分流思想,提出一系列ZCS直流升压变换器。再次,针对定脉宽变频调制LC串联谐振变换器,分析其高频变压器磁芯磁密变化情况,并提出一种非对称定脉宽变频调制策略,彻底消除了高磁密工作模式,避免了变压器饱和问题。最后,研制了模块化IPOS型、高频谐振型和中频型三套±35kV/500kW光伏直流并网变换器,并在中国电力科学研究院有限公司张北新能源基地成功示范应用。

本书可作为高校电力电子技术专业及相关专业的研究生和教师的学习参考书,也可供从事新能源直流并网研究开发的工程技术人员借鉴。

**图书在版编目(CIP)数据**

新能源大功率高压直流并网变换器=High-Power High-Voltage DC/DC Converters for Grid-Connected New Energy / 陈武等著. —北京:科学出版社,2022.12

(智能电网技术与装备丛书)

国家出版基金项目

ISBN 978-7-03-074222-3

Ⅰ.①新… Ⅱ.①陈… Ⅲ.①新能源-直流发电机-变换器 Ⅳ.①TM61

中国版本图书馆CIP数据核字(2022)第236132号

责任编辑:范运年 王楠楠 / 责任校对:王萌萌
责任印制:师艳茹 / 封面设计:赫 健

**科学出版社** 出版
北京东黄城根北街16号
邮政编码:100717
http://www.sciencep.com

**三河市春园印刷有限公司** 印刷
科学出版社发行 各地新华书店经销

\*

2022年12月第 一 版 开本:720×1000 1/16
2022年12月第一次印刷 印张:15
字数:300 000

**定价:116.00元**
(如有印装质量问题,我社负责调换)

# "智能电网技术与装备丛书"编委会

# "智能电网技术与装备丛书"序

国家重点研发计划由原来的"国家重点基础研究发展计划"（973 计划）、"国家高技术研究发展计划"（863 计划）、国家科技支撑计划、国际科技合作与交流专项、产业技术研究与开发基金和公益性行业科研专项等整合而成，是针对事关国计民生的重大社会公益性研究的计划。国家重点研发计划事关产业核心竞争力、整体自主创新能力和国家安全的战略性、基础性、前瞻性重大科学问题、重大共性关键技术和产品，为我国国民经济和社会发展主要领域提供持续性的支撑和引领。

"智能电网技术与装备"重点专项是国家重点研发计划第一批启动的重点专项，是国家创新驱动发展战略的重要组成部分。该专项通过各项目的实施和研究，持续推动智能电网领域技术创新，支撑能源结构清洁化转型和能源消费革命。该专项从基础研究、重大共性关键技术研究到典型应用示范，全链条创新设计、一体化组织实施，实现智能电网关键装备国产化。

"十三五"期间，智能电网专项重点研究大规模可再生能源并网消纳、大电网柔性互联、大规模用户供需互动用电、多能源互补的分布式供能与微网等关键技术，并对智能电网涉及的大规模长寿命低成本储能、高压大功率电力电子器件、先进电工材料以及能源互联网理论等基础理论与材料等开展基础研究，专项还部署了部分重大示范工程。"十三五"期间专项任务部署中基础理论研究项目占 24%；共性关键技术项目占 54%；应用示范任务项目占 22%。

"智能电网技术与装备"重点专项实施总体进展顺利，突破了一批事关产业核心竞争力的重大共性关键技术，研发了一批具有整体自主创新能力的装备，形成了一批应用示范带动和世界领先的技术成果。预期通过专项实施，可显著提升我国智能电网技术和装备的水平。

基于加强推广专项成果的良好愿景，工业和信息化部产业发展促进中心与科学出版社联合策划出版以智能电网专项优秀科技成果为基础的"智能电网技术与装备丛书"，丛书为承担重点专项的各位专家和工作人员提供一个展示的平台。出版著作是一个非常艰苦的过程，耗人、耗时，通常是几年磨一剑，在此感谢承担"智能电网技术与装备"重点专项的所有参与人员和为丛书出版做出贡献的作者和工作人员。我们期望将这套丛书做成智能电网领域权威的出版物！

　　我相信这套丛书的出版，将是我国智能电网领域技术发展的重要标志，不仅能供更多的电力行业从业人员学习和借鉴，也能促使更多的读者了解我国智能电网技术的发展和成就，共同推动我国智能电网领域的进步和发展。

2019 年 8 月 30 日

# 序

  合理开发利用新能源是解决能源危机和环境污染等问题的有效手段，也是实现我国"双碳"目标的必经之路，新能源已然是目前电力系统的重要组成部分，并将在未来发挥更加举足轻重的作用。新能源发电的汇集是其中一个关键环节，相对于传统的交流汇集方案，采用直流汇集方案可去除庞大笨重的工频升压变压器，同时可避免交流系统中的频率稳定、弱同步支撑下多逆变器并联的振荡等问题。近年来，新能源发电直流汇集技术在全世界得到了广泛的关注，相关研究成果也在大力推广应用中，如国网浙江省电力有限公司正在规划 100MW 光伏发电直流汇集项目。

  大功率高压直流变换器是新能源发电接入直流电网的核心装备。与普通直流变换器相比，大功率高压直流并网变换器在功率容量、电压等级等方面都提出了新的问题和挑战。随着新能源发电新增装机容量的逐年攀升，深入研究大功率高压直流并网变换器拓扑结构、性能提升及装置研制，对解决直流变换器功率容量提升过程中存在的各类问题和促进直流汇集技术的实际工程应用，具有重要的学术价值和工程意义。

  《新能源大功率高压直流并网变换器》首先介绍了适用于新能源发电中/高压直流汇集方案的各类大功率高压直流变换器，对现有技术系统地进行了分类和总结，在此基础上，该书就新能源大功率高压直流并网变换器的拓扑构造、性能提升和装置研制展开了论述，内容逐层深入，充实而不失严谨。其中，第一部分针对非隔离型结构，介绍了作者提出的 LC 串联谐振开关电容升压和 LC 并联谐振升压两种大功率高压直流并网变换器，给出了详细的特性分析过程和参数设计方法，并与其他非隔离型直流并网变换器的综合性能；第二部分介绍了作者提出的为实现开关器件软开关的支干分流思想，衍生出一系列隔离型直流并网变换器，均可实现所有主开关管的零电流开关，显著降低了变换器的开关损耗，并进一步分析了全桥 LC 串联谐振变换器中高频变压器磁芯磁密陡升现象，确定了引起该现象的根本原因，给出了一种非对称定脉宽变频调制策略，有效解决了高频变压器磁芯饱和问题；第三部分介绍了所研制的模块化输入并联输出串联型、高频谐振型和中频型三套±35kV/500kW 光伏直流并网变换器，并在中国电力科学研究院有限公司张北新能源基地成功示范应用，充分说明了大功率高压直流并网变换器应用于新能源发电直流汇集的可行性。

  东南大学陈武教授于 2010 年做博士后期间就开始了新能源发电直流汇集领

域的技术研究，所领导的团队也是国内最早开展大功率高压直流并网变换器研究的团队之一，该著作涵盖了研究团队十余年来取得的理论研究和实际工程样机的设计、研制的成果。经大功率高压直流并网变换器接入直流电网，是未来极具竞争力的新能源发电汇集方案，但目前尚缺乏系统性的专著，该著作的出版将是一个重要的有益补充，相信该著作将为大功率高压直流变换器领域的科研工作者提供很好的参考。

2022 年 10 月于哈尔滨工业大学

# 前　言

2010 年，我在美国北卡罗来纳州立大学做博士后期间，实际工作地点是在同一个园区的 ABB 美国研究中心，当时有一个预研项目就是海上风电经过中压直流并网进行汇集，而我的主要工作就是研究其中的大功率高压直流并网变换器。2011 年回国到东南大学工作后，我又继续从事相关的研究工作，并得到了东南大学基本科研业务费(人生第一个科研项目)的支持。2017 年参加国家电网有限公司科技项目"大型光伏电站直流升压汇集接入关键技术及设备研制"，并在其中负责研制一台±35kV/500kW 光伏直流并网变换器，此外，在该直流升压汇集中，还包括分别由合肥工业大学和许继电气股份有限公司研制的两台不同技术路线的±35kV/500kW 光伏直流并网变换器，三台变换器已在中国电力科学研究院有限公司张北新能源基地成功示范应用。在该项目完成之际，结合之前所取得的理论研究成果，以及实际工程样机的设计、研制成果，集合整理成本书。

全书共 10 章。第 1 章介绍新能源发电中压汇集的研究背景和发展前景，总结各类非隔离型和隔离型高压直流变换器的拓扑特点和软开关性能。第 2 章和第 3 章研究两种非隔离型高压直流变换器。第 2 章研究一种谐振开关电容升压变换器，能够实现所有开关管和二极管的零电流开关；第 3 章研究 LC 并联谐振升压变换器，可实现开关管的软开关及整流二极管的零电流关断，同时开关频率变化范围较小。第 4～7 章研究四种隔离型高压直流变换器。第 4 章研究一种基于支干分流思想的全桥变换器，分析变压器匝比对损耗的影响；为了进一步降低损耗，第 5 章引入串联谐振技术，进而降低开关器件的峰值电流，并可以实现辅助开关管的关断电流低于其峰值电流，有助于降低导通损耗和开关损耗；第 6 章则引入三电平技术，使主功率开关管和/或辅助开关管的电压应力降低一半，在保留原来软开关特性的同时，使该类变换器更加适用于较高输入电压场合；第 7 章研究全桥串联谐振变换器，详细分析其变压器磁密变化情况，并提出一种非对称定脉宽变频调制策略，有效降低了变压器匝比与开关管的峰值电流。第 8～10 章则是三台不同技术路线±35kV/500kW 光伏直流并网变换器的详细工作原理、设计、研制及测试过程。第 8 章研究模块化 IPOS 型±35kV/500kW 光伏直流并网变换器；第 9 章研究高频谐振型±35kV/500kW 光伏直流并网变换器；第 10 章研究中频型±35kV/500kW 光伏直流并网变换器。

本书是基于我们团队的研究成果整理而成的，其中博士研究生宁光富、硕士研究生吴小刚对本书的撰写做出了重要贡献。本书的整理工作是由宁光富、合肥工业大学的刘芳、许继电气股份有限公司的辛德锋和我共同完成的。

　　本书的相关工作得到国家自然科学基金优秀青年科学基金项目"电力电子功率变换"（51922028）、国家电网有限公司科技项目"大型光伏电站直流升压汇集接入关键技术及设备研制"（52110417000J）、中央高校基本科研业务费重大项目培育基金项目"基于下一代海上风电系统的兆瓦级高压功率变换技术"（3216002104）的资助，部分工作是我在美国做博士后期间完成的，在此向国家自然科学基金委员会、国家电网有限公司、东南大学及美国博士后合作导师 Alex Huang 教授表示衷心的感谢。

陈　武

2022 年元旦

# 目　　录

# 第1章 概　　述

## 1.1　新能源中压交/直流并网汇集技术方案

随着能源危机、温室效应及环境污染等问题的日益严重，光伏发电和风电等新能源在全世界得到了广泛关注，新能源发电每年新增装机容量一直呈现增长态势。根据 REN21(21 世纪可再生能源政策网络)发布的《全球可再生能源现状报告 2021》[1]，2021 年全球新能源发电新增装机容量超过 256GW，其中光伏发电和风电的占比位列前二，分别新增约 139GW 和 93GW。近些年，我国一直走在新能源开发队伍的前列，在新能源发电领域取得了举世瞩目的成绩，其中光伏发电和风电的累计装机容量均稳居世界第一。国家可再生能源中心在 2021 年国际能源变革论坛上发布了《中国可再生能源产业发展报告 2020》[2]，报告给出了如图 1.1 所示的近年来我国光伏发电和风电每年的装机总量，两者均逐年攀升，其中，光伏发电增长速度显著，在短短的 6 年时间内，从 2014 年的 25GW 增长到 2020 年的 253GW，装机总量已经基本与风电相当。根据该报告，"十四五"期间，预计我国可再生能源发电新增装机容量占新增发电装机的 70%以上，可再生能源消费增量占一次能源消费增量的 50%左右，以新能源为主体的新型电力系统将加快形成。

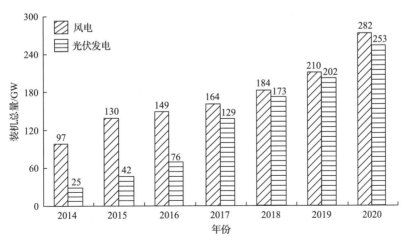

图 1.1　近年来我国光伏发电和风电的装机总量

随着全球范围内新能源发电装机容量的不断增长，新能源发电的汇集和传输技术也备受瞩目。得益于大功率半导体器件技术的发展和各类新型换流器拓扑的创新，新能源发电可以通过中压交流(medium voltage alternative current，MVAC)或者中压直流(medium voltage direct current，MVDC)汇集，然后再通过高压交流(high voltage alternative current，HVAC)或者高压直流(high voltage direct current，HVDC)进行电能传输[3]。因此，理论上新能源发电存在四种组合方案来实现电能的汇集和传输，即 MVAC 汇集 HVAC 传输(方案一)、MVDC 汇集 HVAC 传输(方案二)、MVAC 汇集 HVDC 传输(方案三)和 MVDC 汇集 HVDC 传输(方案四)。以海上风电为例，本节绘制了如图 1.2 所示的四种新能源汇集和传输方案。图 1.2(a)所示的方案一为传统的海上风电汇集和传输方案，采用纯交流电方式，该方案的主要优点是工频变压器的制作工艺成熟、效率高、成本相对较低等，且具有较高的功率和电压等级，目前大部分海上风电采用该方案。但该方案中的大功率工频变压器十分笨重、体积庞大，导致海上升压平台建设成本较高，另外电容较大的海底交流电缆易和站端补偿装置产生谐振[4]。图 1.2(b)所示的 MVDC 汇集 HVAC 传输方案需要将风机端口的交流电整流为直流电，再通过一个大容量、高绝缘等级的 DC/AC 变换器逆变为高压交流电，有些多此一举也不切实际。

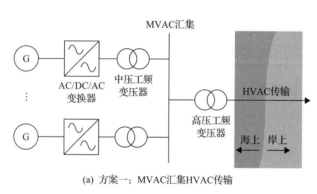

(a) 方案一：MVAC汇集HVAC传输

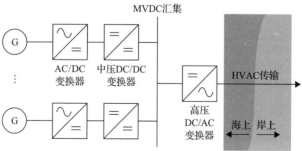

(b) 方案二：MVDC汇集HVAC传输

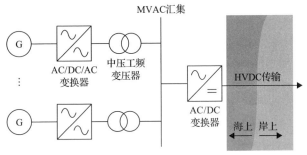

(c) 方案三：MVAC汇集HVDC传输

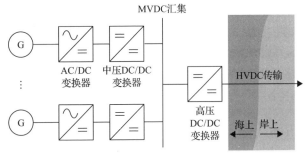

(d) 方案四：MVDC汇集HVDC传输

图 1.2　以海上风电为例的四种新能源汇集和传输方案

为此，相关学者提出了如图 1.2(c) 所示的 MVAC 汇集 HVDC 传输方案。HVDC 输电目前已经发展到采用全控型器件绝缘栅双极晶体管 (insulated gate bipolar transistor，IGBT) 的第三代技术[5]，相对于传统的 HVAC 输电，HVDC 输电没有功角和频率稳定问题，系统可靠性和稳定性更高，且 HVDC 输电线路只需正负两极导线，杆塔结构简单、线路走廊窄、线路损耗小[6]。HVDC 输电具有输送容量大、输送距离远等特点，适合大型海上风电场远距离大容量输电。

事实上，方案三虽然解决了新能源远距离传输问题，但在新能源场站内的 MVAC 汇集仍然需要用到庞大笨重的工频变压器和大量的三相交流电缆，频率稳定、弱同步支撑下多逆变器并联的振荡等问题也依旧存在。而如果在 HVDC 传输的基础上进一步采用 MVDC 汇集，即图 1.2(d) 所示的方案四，则整个新能源发电汇集和传输系统可彻底避免上述问题。对于大型海上风电场而言，MVDC 汇集方案中的中压 DC/DC 变换器可实现高功率密度，相比于传统 MVAC 汇集方案中笨重的工频变压器，前者可以有效降低运输和安装成本，缩小海上升压平台的规模。另外，MVDC 汇集方案只需要两根直流电缆即可满足大型海上风电场的汇流要求，使得方案四成为极具竞争力的新能源发电汇集和传输方案[7-9]。

此外，德国亚琛工业大学 Doncker 教授课题组在 2007 年还提出了适用于海上风电场的低压和高压直流汇集两种方案[10]，如图 1.3 所示。由于受限于风力发电机机端线电压 (一般最高只为几千伏)，图 1.3(a) 所示的低压直流 (low voltage direct current，LVDC)汇集方案中的汇流站直流母线电压偏低，会导致电能汇集过程中损耗较高。另外，LVDC 汇集方案中所需的高压 DC/DC 变换器的容量大，并且需要具备将几千伏的低压直流抬升至几百千伏的高压直流的能力，工程实现难度大，而图 1.3(b)所示的汇集方案也存在类似的问题。综上所述，关于海上风电直流汇集，近些年研究相对比较广泛的还是图 1.2(d)所示的 MVDC 汇集方案。

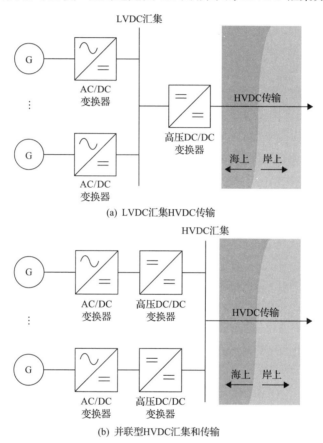

(a) LVDC汇集HVDC传输

(b) 并联型HVDC汇集和传输

图 1.3　海上风电场的低压和高压直流汇集方案

而对于光伏发电而言，光伏组件的端口电压本身就为直流电，所以采用 MVDC 汇集时无需任何光伏逆变器和工频变压器即可实现电能的汇集，从而更具优势[11,12]。综上可见，在 HVDC 传输的基础上，新能源发电采用 MVDC 汇集是未来一个重要的发展方向，早在 2016 年我国国家重点研发计划第一批"智能电网技术与装备"重点专项中，就设立了"大型光伏电站直流升压汇集接入关键技术及设备研制"项目，在后续的"中低压直流配用电系统关键技术及应用""分布式光伏多端口接入直流配电系统关键技术和装备"等项目中新能源发电 MVDC 汇集同样也是重要研究内容。

## 1.2　新能源直流并网 MV DC/DC 变换器技术要求

新能源发电 MVDC 汇集系统的容量通常比较大，所以需要通过大功率 DC/DC 变换器(即图 1.2(d)中的中压 DC/DC 变换器)来完成，且该变换器应具有较高的升压比，以便将新能源侧的直流低压抬升至直流中压等级。该变换器的输入电压、输出电压、额定传输功率等主要参数会影响变换器自身基本拓扑的选择，而变换器的拓扑又和控制策略、主要功率半导体器件的软开关实现关系密切。在大功率场合，功率半导体器件的软开关实现尤为重要，除了有助于提高变换器的传输效率还能降低散热系统的设计难度、体积和成本，最终有利于提升 MVDC 汇集系统的功率密度并降低系统的总成本。因此，下面将主要从适用于新能源发电 MVDC 汇集的大功率高升压比 DC/DC 变换器(以下简称为 MV DC/DC 变换器)的电压和功率参数、拓扑结构几方面阐述目前的相关研究现状。

风电是目前最为成熟、应用前景最为广阔的一种新能源，风机的出口电压和额定功率相对较高。目前陆上风电场主流风力发电机组的单机容量一般在 1.5～3MW，交流侧典型电压等级为 690VAC[13]；而有着更高和更稳定风能的海上风电场，其交流风电机组的单机容量普遍达到 5MW 甚至更高，其交流侧电压也朝着更高电压发展，如 3kVAC[14]。文献[15]于 2013 年总结了适用于海上风电场的 MV DC/DC 变换器的电压和功率区间，指出了若输入电压的区间为 1～6kV，输出电压的区间为 30～60kV，额定功率则会达到 10MW，而在 2020 年，西门子公司即推出了当时全球最大功率的海上直驱风电机组 SG14-222DD(14MW)，因此，有理由相信，在可见的未来，MV DC/DC 变换器的功率等级将更高。

相对于风电，光伏发电端口电压相对较低，以拥有超过 40 年开发经验的 BP Solar 公司的 BP365J(65W)光伏电池板为例，其在最大功率点处的电压为 17.6V(基于标准测试条件：光照强度和电池板温度分别为 1000W/m² 和 25℃)，一般需要通过多个相同型号的光伏电池板进行串联将整个光伏阵列的电压抬升至 600～750V，另外，目前已商用的光伏电池板的最大系统电压最高也只为 1500V。因此，应用于光伏发电系统的 MV DC/DC 变换器的输入电压一般在 600～1500V。随着光伏发电装机容量的不断增长，光伏阵列单元的容量已经达到 500kW 甚至 1MW，所以，为了提高汇流能力，MVDC 汇集方案的直流汇流母线电压一般在几十千伏，如国家电网有限公司在新能源与储能运行控制国家重点实验室张北试验基地建设的光伏发电中压直流汇集示范工程中采用±35kV 的母线电压，单个 MV DC/DC 变换器的功率为 500kW。文献[16]给出了集中式最大功率点跟踪(maximum power point tracking，MPPT)型和分布式 MPPT 型两类光伏发电的 MVDC 汇集方案，如

图 1.4 所示，其中的 MV DC/DC 变换器参数分别为(600～750V)/16kV/800kW 和
1300V/16kV/1.6MW。集中式 MPPT 型中的 MV DC/DC 变换器需要具备 MPPT 功
能，其输入端直接与光伏阵列连接，而由于光伏发电的间歇性、波动性和随机性，
其输入电压存在较大的波动范围。

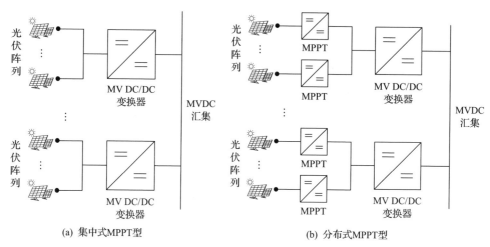

(a) 集中式MPPT型　　　　　　　　　　(b) 分布式MPPT型

图 1.4　光伏发电 MVDC 汇集方案

　　综上所述，考虑到陆上风电场中的主流风机容量为 1.5MW 左右，因此，适用
于风电 MVDC 汇集系统的 MV DC/DC 变换器的额定传输功率应不小于 1.5MW，
输入和输出电压区间则分别为 1～6kV 和 30～60kV。对于光伏发电而言，适用于
光伏发电 MVDC 汇集系统的 MV DC/DC 变换器的输出电压应在 15～35kV，额定
传输功率应不低于 500kW。可将适用于新能源发电 MVDC 汇集的 MV DC/DC 变
换器端口电压和功率区间汇总为表 1.1。

表 1.1　适用于新能源发电 MVDC 汇集的 MV DC/DC 变换器电气参数

| 应用场合 | 输入电压 | 输出电压 | 额定功率 |
|---|---|---|---|
| 风电 | 1～6kV | 30～60kV | ≥1.5MW |
| 光伏发电 | 600～1500V | 15～35kV | ≥500kW |

## 1.3　非隔离型 MV DC/DC 变换器

　　常见 DC/DC 变换器的基本拓扑按输入输出是否具有电气隔离功能，可分为非
隔离型和隔离型两类。最基本的非隔离型 DC/DC 变换器有 Buck、Boost、
Buck/Boost、Cuk 变换器等，隔离型 DC/DC 变换器有反激、正激、推挽、半桥、

全桥变换器等。除了上述基本拓扑，国内外学者不断提出各种各样的 DC/DC 变换器，本节将就目前国内外提出的可能适用于新能源 MVDC 汇集的具有高升压比和大功率等特点的 DC/DC 变换器拓扑进行归纳总结。类似地，这些 DC/DC 变换器按输入输出是否电气隔离可以分为非隔离型和隔离型，其中非隔离型主要包括电感升压类、开关电容类、谐振升压类 DC/DC 变换器，而隔离型大部分都是由基本的全桥变换器改造或者演变而来，主要可以分为多模块组合类和单模块大容量类DC/DC 变换器。

### 1.3.1　电感升压类

传统的 Boost、交错并联 Boost、三电平 Boost、级联三电平 Boost 变换器均存在开关管和二极管的电压应力高、开关管无法实现软开关导致效率低等问题[17]，且电压增益有限。为此，美国得克萨斯农工大学 Enjeti 教授提出了一种结构为 Boost 和 Buck/Boost 两个变换器输入并联输出串联的高升压比 DC/DC 变换器，并称之为 B2B 变换器[18]，如图 1.5 所示，$V_{in}$ 为输入电压，$V_o$ 为输出电压。本书中除特别指出，$L$ 指电感，$C$ 指电容，$Q$ 指开关管，$D$ 指二极管，$R$ 指电阻。文献[18]设计了一个额定功率为 1MW、升压比达到 23 的 B2B 变换器，但开关管的占空比超过 0.9，为保证留有足够的关断时间，开关频率只为相对较低的 1kHz，导致电感和电容体积偏大、重量偏高。虽然开关管和二极管的电压应力降为输出电压的一半，但依旧很高，且开关管是硬开关，开关损耗较高。

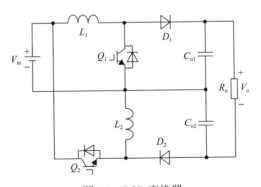

图 1.5　B2B 变换器

文献[19]分析了如图 1.6 所示的电流连续模式罗氏复举变换器的基本特性，设计并搭建了 1kV/10kV/1MW 的仿真模型进行了验证。该变换器的升压比相当于 Boost 变换器的两倍，但实际需要三个大电感和三个高压二极管。虽然两个开关管的电压应力只为输出电压的一半，但在 MVDC 场合还是偏高，且开关管是硬开关，开关损耗较高。

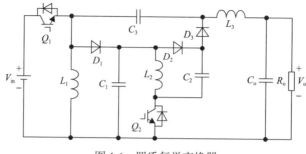

图 1.6 罗氏复举变换器

### 1.3.2 开关电容类

开关电容类 DC/DC 变换器升压的核心思想来源于 1924 年 Marx 提出的 Marx 发生器，即通过多个电容并联充电再串联放电的方式，把能量从输入侧转换到输出侧的同时将输出电压抬升。文献[20]仿真了一个 3kV/18kV/3MW 的双向开关电容变换器，主电路如图 1.7 所示，$V_{high}$ 为高压侧电压，$V_{low}$ 为低压侧电压。该变换器控制简单，而且能够通过调节切入电容器的个数来实现输出电压的调节，但无论如何，输出电压都只能是输入电压的整数倍，所以无法平滑地调节输出电压。此外，该变换器的开关器件数量较多，而且无法实现软开关，每个开关器件在切换瞬间都会受到较大的电流冲击，不利于开关器件的选型，同时也会影响其使用寿命。

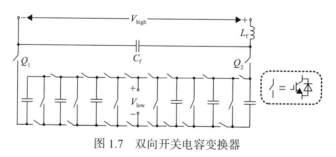

图 1.7 双向开关电容变换器

为了解决开关电容变换器中开关器件硬开关的问题，美国密歇根州立大学 Peng 教授提出了一种利用线路杂散电感与电容谐振的准谐振开关电容变换器[21]，如图 1.8 所示，从而实现每个开关器件的零电流开关(zero-current-switching，ZCS)。图中开关管 $S_{Pi}$ 的驱动信号完全一致，开关管 $S_{Ni}$ 的驱动信号也完全一致，且 $S_{Pi}$ 和 $S_{Ni}$ 的驱动信号互补($i=1,\cdots,5$)。在所有电容大小一致的前提下，为了实现所有开关管的 ZCS 开通和关断，必须保证第一个杂散电感 $L_{s1}$ 是其他散杂电感的一半且开关频率保持与谐振频率相同。该准谐振开关电容变换器对电感、电容参数的一致性要求较高，而且输出侧器件需承受高压。

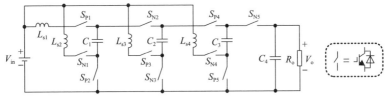

图 1.8　准谐振开关电容变换器

### 1.3.3　谐振升压类

英国阿伯丁大学 Jovcic 教授提出了如图 1.9 所示的一种新型 LC 串联谐振升压（series resonant step-up，SRS）变换器[22]，并搭建了 4kV/80kV/5MW 的变换器仿真模型进行分析和验证。该变换器可工作于电流断续模式：同时开通开关器件 $Q_1$ 和 $Q_4$ 后，谐振电感 $L_r$ 和谐振电容 $C_r$ 开始发生谐振，$C_r$ 的端电压 $v_{Cr}$ 从最小值谐振上升，直至达到输出电压 $V_o$。此时，整流二极管 $D_{R1}$ 和 $D_{R4}$ 则会自然导通，$v_{Cr}$ 则被箝位为 $V_o$，同时输入侧的能量通过 $L_r$ 向输出侧传输。由于 $V_o$ 大于输入电压 $V_{in}$，所以 $L_r$ 的电流线性下降，当下降到零时，$D_{R1}$ 和 $D_{R4}$ 自然关断。根据图 1.9 可知，$Q_1$ 和 $Q_4$ 是单向开关器件，具有反向电流阻断能力，所以电流下降为零之后保持不变，$Q_1$ 和 $Q_4$ 可实现 ZCS。下一个能量传输过程则从开通 $Q_2$ 和 $Q_3$ 开始，工作原理类似，只是 $v_{Cr}$ 将被箝位为 $-V_o$。该谐振变换器也可工作于电流连续模式，但此时开关器件不能实现软开关，开关损耗较大。从上述的工作原理分析可知，该变换器的一个明显不足是开关器件需要承受的电压应力为输出电压，严重影响其在高压输出场合的应用。

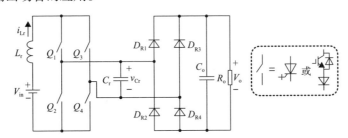

图 1.9　LC 串联谐振升压变换器

文献[23]提出了如图 1.10 所示的旋转电容型 LC 串联谐振升压变换器，只需一个整流二极管。通过开关器件由 $Q_1$ 和 $Q_4$ 切换到 $Q_2$ 和 $Q_3$，可以将谐振电容 $C_r$ 的正极从 A 点旋转到 B 点，$C_r$ 的负极从 B 点旋转到 A 点。该变换器仍然存在开关器件电压应力高的问题，且输出有点类似于全波整流电路，所以二极管 $D_1$ 的电压应力是输出电压的 2 倍。

总结上述非隔离型升压 DC/DC 变换器可知：电感升压类 DC/DC 变换器的普遍缺点是无法实现开关器件的软开关，导致开关损耗大，变换器效率不高；开关

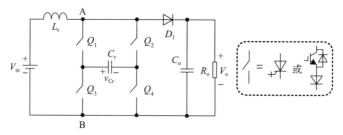

图 1.10　旋转电容型 LC 串联谐振升压变换器

电容类 DC/DC 变换器虽然最终能够实现开关器件、二极管等功率器件的 ZCS 和输出电压的平滑调节，但开关器件、二极管、大电容及辅助谐振元件的数量多，电路结构较为复杂；谐振升压类 DC/DC 变换器的电路结构比较简单，也能实现功率器件的软开关，但比较突出的问题是部分甚至所有开关器件的电压应力偏高，且在整个负载范围内开关频率变化很大，不利于输入/输出滤波器的设计。

# 1.4　隔离型 MV DC/DC 变换器

变压器可以实现输入、输出之间的电气隔离和电压抬升，因此隔离型 MV DC/DC 变换器一直以来都是一个研究热点。

## 1.4.1　多模块组合类

多模块组合变换器在大功率场合应用有助于降低系统的开发难度、降低开发成本、缩短研发周期等[24]，其中的多模块输入并联输出串联 (input-parallel output-series，IPOS) 组合变换器如图 1.11 所示，可应用于具有高升压比需求的大功率场合，因此也适用于新能源发电 MVDC 汇集系统。

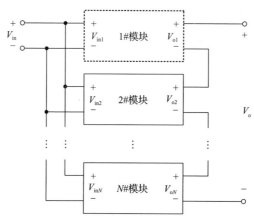

图 1.11　多模块 IPOS 组合变换器

针对如图 1.4(a) 所示的集中式 MPPT 型光伏发电 MVDC 汇集方案,中国科学院电工研究所鞠昌斌等提出了如图 1.12 所示的 Boost 隔离升压变换器作为子模块的 IPOS 组合变换器(图中 $N_1$、$N_2$ 指原副边绕组匝数, $1:n=N_1:N_2$),该变换器能够满足宽输入电压范围变化并实现 MPPT 功能,最后搭建了含有两个子模块的输出为 20kV/200kW 的样机进行验证[25]。为了拓宽输入电压的可调范围,文献[26] 对传统的 Boost 隔离升压变换器进行了改进,如图 1.13 所示。当子模块输入电压 $V_{in1}$ 高于辅助电容 $C_a$ 的端电压时,辅助二极管 $D_a$ 自然导通,同时一直开通辅助开关管 $Q_a$,则升压电感 $L$ 被旁路,变换器工作于传统全桥变换模式。当 $V_{in1}$ 低于辅助电容 $C_a$ 的端电压时,变换器则工作于传统的 Boost 隔离升压变换模式。图 1.12 和图 1.13 的子模块变换器能实现开关管的零电压开关(zero-voltage-switching,ZVS)开通,但所有开关管都是硬关断,开关损耗大。

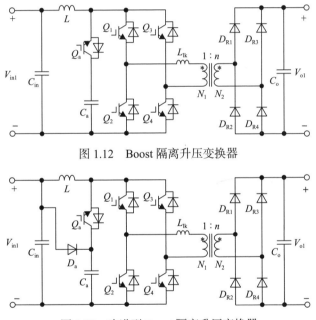

图 1.12　Boost 隔离升压变换器

图 1.13　改进型 Boost 隔离升压变换器

为此,清华大学李永东教授提出了如图 1.14 所示的一种双有源箝位型 Boost 隔离升压变换器作为 IPOS 组合系统的子模块,能够实现所有开关管的 ZVS 开通和关断[27]。当谐振电容 $C_r$ 被充电至最高电压时, $C_r$ 和 $C_a$ 具有相同的电位,可为 $Q_a$ 提供 ZVS 关断条件。当关断 $Q_a$ 后,开关管 $Q_r$ 保持开通状态, $C_r$ 将与变压器漏感 $L_{lk}$ 发生谐振, $C_r$ 端电压谐振下降为零后被主开关管 $Q_1\sim Q_4$ 的反并联二极管箝位为零保持不变(此时 ZVS 关断 $Q_r$),从而为电流从 $Q_1$ 和 $Q_4$ 切换至 $Q_2$ 和 $Q_3$ 或电流从 $Q_2$ 和 $Q_3$ 切换至 $Q_1$ 和 $Q_4$ 创造一个零电位点,并最终实现所有主开关管的 ZVS 关断。为了保证 $C_r$ 和 $L_{lk}$ 谐振周期短, $C_r$ 端电压能够在短时间内下降为零, $C_r$ 的

取值应远小于 $C_a$。实际上，ZVS 更适用于具有较大寄生电容的 MOSFET，其耐压通流能力较弱，常见于中小功率场合。而在新能源发电 MVDC 汇集的大功率场合，更偏向于选用 IGBT 作为主要的开关器件，对于 IGBT 而言，实现 ZCS 关断可以显著降低电流拖尾效应造成的损耗。文献[27]提出了一种可以实现所有主开关管ZCS 的全桥升压变换器，如图 1.15 所示，其中四个主开关采用单向导通器件，如逆阻型 IGBT 或 IGBT 串联的二极管。利用开关器件的单向导电性，保证谐振电流下降为零之后不会继续反向谐振，从而实现开关器件的 ZCS 开通和关断。但逆阻型 IGBT 或 IGBT 串联的二极管增加了变换器的导通损耗。

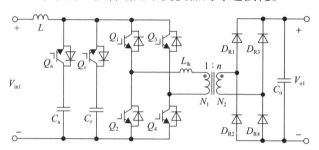

图 1.14　双有源箝位型 Boost 隔离升压变换器

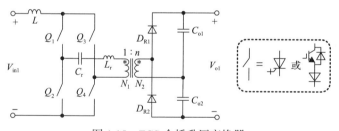

图 1.15　ZCS 全桥升压变换器

　　针对如图 1.4(b) 所示的分布式 MPPT 型光伏发电 MVDC 汇集方案，只要所采用的 IPOS 组合变换器系统中的子模块单元能够得到一个较为稳定的高升压比即可。中国科学院电工研究所曹国恩博士等研究了如图 1.16 所示的一种全桥-三电平LLC 谐振变换器，图中 $C_{ss}$ 为飞跨电容，$D_{c1}$ 和 $D_{c2}$ 为箝位二极管，$i_r$ 为原边谐振电流，其中低压侧是全桥结构，中压侧采用传统的中性点箝位型 (neutral point clamped，NPC) 三电平电路[29]。该 LLC 谐振变换器可实现低压侧半导体器件的ZVS 和中压侧半导体器件的 ZCS。瑞士苏黎世联邦理工学院 Kolar 教授还研究了双有源桥 (dual active bridge，DAB) 变换器作为子模块的方案[30]，测试了中压侧采用的 4.5kV Powerex IGBT 的关断损耗，结果显示该高压 IGBT 的电流拖尾效应非常明显，会产生很高的关断损耗。为了实现 DAB 变换器中压侧 IGBT 的 ZCS 开通和关断，从而大幅降低开关损耗，Kolar 教授提出了采用脉宽调制 (pulse width modulation，PWM) 的方式，使 DAB 变换器工作于电流波形为三角波的电流断续模式(discontinuous conduction mode，DCM)，如图 1.17 所示，可实现中压侧所有开关管的 ZCS 开通和关断，但低压侧开关管还是硬关断，存在较大的关断损耗。

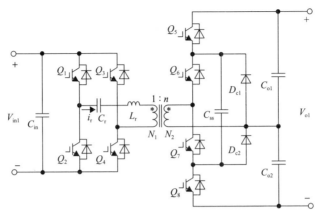

图 1.16　全桥-三电平 LLC 谐振变换器

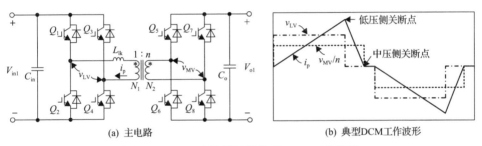

(a) 主电路　　　　　　　　　　　(b) 典型DCM工作波形

图 1.17　DAB 变换器及其典型 DCM 工作波形

### 1.4.2　单模块大容量类

随着半导体器件技术的发展，目前 IGBT 电压应力最高可达 6.5kV，如 ABB 公司的 5SNA 1000G650300(6500V/1000A) 和 Infineon 公司的 FZ750R65KE3(6500V/750A) 等，推动了单模块大容量类 DC/DC 变换器的研究，提高了该类变换器在新能源发电 MVDC 汇集场合应用的可能性。

de Doncker 教授课题组研究了 910V/10kV/1.1MW 的三相 DAB 变换器(图 1.18)在光伏发电 MVDC 汇集系统中的应用[31]，可以实现开关管的 ZVS，通过 PLECS 软件仿真了半导体器件的损耗，最终得到只计算半导体器件损耗下的欧洲平均效率约为 98.5%。三相 DAB 变换器中压侧开关管的电压应力高，需要多个 6.5kV 高压 IGBT 串联使用，开关器件成本较高且存在多个开关管之间的均压和驱动信号一致性问题。

对于光伏发电等功率单向传输的新能源而言，MV DC/DC 变换器无须具备功率双向流动能力，所以中压侧可选用整流二极管代替开关管，如将 DAB 变换器

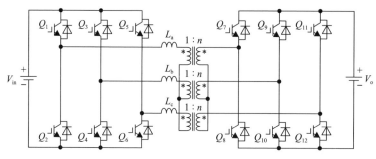

图 1.18　三相 DAB 变换器

中压侧的所有开关管换成二极管即可形成单有源桥(single active bridge，SAB)变换器[32]。丹麦奥尔堡大学 Chen 教授研究了中压侧采用全桥整流电路的全桥三电平变换器在风电 MVDC 汇集中的应用[33]，并仿真分析了一个在变压器低压侧添加 LC 滤波器的 5.4kV/40kV/2.5MW 全桥三电平变换器，如图 1.19 所示，并提出了含两种工作模式的新型控制策略，通过两种工作模式的相互切换可以实现低压侧两个分压电容 $C_{in1}$ 和 $C_{in2}$ 的均压控制。该变换器的输出中压侧采用感性滤波，而高压电感的绝缘不易实现，因此，容性滤波在输出电压较高的新能源发电 MVDC 汇集场合中更有优势。

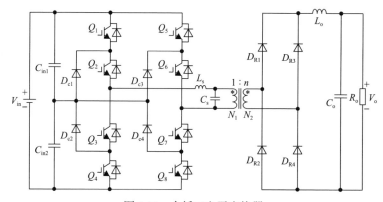

图 1.19　全桥三电平变换器

Chen 教授还研究了如图 1.20 所示的双全桥变换器[34]，其中变压器 $T_{r1}$ 的匝比 $n_1$ 为 $T_{r2}$ 的匝比 $n_2$ 的数倍以上。在此基础上，含 $T_{r1}$ 的主全桥电路开环运行，对角线上的主开关管($Q_1$ 和 $Q_4$、$Q_2$ 和 $Q_3$)以 50%的固定占空比(已考虑足够的死区时间)同时开通和关断，而含 $T_{r2}$ 的辅助全桥电路采用 PWM 斩波进行闭环控制，对角线上的辅助开关管也同时开通和关断，且 $Q_5$ 和 $Q_6$ 分别与 $Q_1$ 和 $Q_2$ 有相同的开通起点。整个变换器工作于 DCM，从而实现了主全桥电路中四个主开关管的 ZCS 开通和关断。该变换器仍然存在几个问题：①使用了两个全桥，开关管数量多；②中压侧也含有滤波电感，且电感量较大，高压电感的绝缘问题依旧存在；③只讨论了半个周期内电流上升和下降时间相同的情况下变换器的工作情况及其参数设计,并未考虑电流上升和下降时间不等的情况对开关损耗和电感量取值的影响。

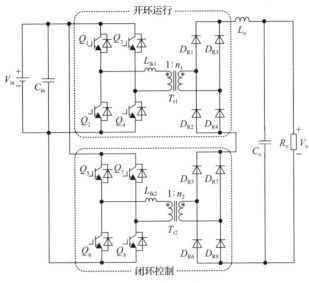

图 1.20　双全桥变换器

文献[35]提出了一种工作于 DCM 的新型 LC 串联谐振全桥变换器,如图 1.21 所示($v_p$ 为变压器原边电压),其中 LC 串联谐振腔移至输出中压侧。该新型 LC 串联谐振全桥变换器保留了传统 HC(half cycle)-DCM 串联谐振全桥变换器的 ZCS 特性,在所提出的脉冲移除技术(pulse removal technique,PRT)下能够实现传输功率的调节,并且降低了大功率高频变压器磁芯的最大工作磁密,有利于其优化设计。文献[36]从半导体器件选型、谐振电容选型和结构布局、大功率高频变压器设计等多方面综合考虑,理论设计了一套 ±2kV/±50kV/10MW 的新型 LC 串联谐振全桥变换器,并进行了损耗评估,预测效率可达 98.5%以上,并研制了一台 5kV/10kW 原理样机进行验证。

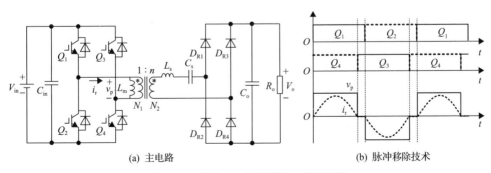

(a) 主电路　　　　　　　　　　(b) 脉冲移除技术

图 1.21　新型 LC 串联谐振全桥变换器

基于上述隔离型 MV DC/DC 变换器可知，IPOS 组合变换器要么无法实现所有主开关管的 ZCS，导致开关损耗较高；要么能实现所有主开关管的 ZCS，但增加了导通损耗。而单模块大容量 MV DC/DC 变换器可以实现主开关管的 ZCS，但存在开关管数量偏多和高压电感制作困难等问题，需进一步优化。另外，无论是多模块还是单模块变换器中，LC 串联谐振技术都常用于帮助实现主开关管的 ZCS，输出侧都可选用二极管整流从而避免高压开关管的使用及其串联均压和驱动信号一致性等问题，输出侧也更倾向于采用容性滤波而非感性滤波，从而避免使用高压电感。

综上所述，新能源发电 MVDC 汇集是非常有前景的技术路线之一，而其中 MV DC/DC 变换器是汇集系统的核心装置，目前国内外对其研究方兴未艾，提出了多种不同的技术方案。基于非隔离型技术方案，第 2 章提出一种新型谐振开关电容升压变换器，能够实现所有开关和二极管的零电流开关，适用于高压大功率场合；第 3 章提出一种新型 LC 并联谐振升压变换器，可实现较高的电压增益，实现开关管的软开关以及整流二极管的零电流关断，同时开关频率变化范围较小，有利于滤波器件的设计。基于隔离型技术方案，第 4~6 章提出一族支干分流型零电流开关全桥变换器，其核心是通过小电流关断辅助支路开关管使得所有电流快速下降为零，从而实现主干路中所有开关管的 ZCS，最终显著降低变换器的开关损耗。第 4 章详细给出了该变换器基本拓扑的工作原理，并对变压器匝比、电感、滤波电容等关键参数进行了详细设计；为了降低损耗和开关器件峰值电流，第 5 章在基本拓扑的基础上引入串联谐振技术，可以让开关器件的关断电流低于峰值电流，从而降低导通损耗和开关损耗，提高变换效率；为使该电路更适应较高输入电压的场合，在第 6 章中用三电平电路替代传统的全桥电路，更有利于开关器件的选择，同时，还保留了之前的软开关特性。第 7 章则针对目前在高压大功率场合广泛使用的全桥串联谐振变换器，详细分析其变压器磁密变化情况，并提出一种非对称定脉宽变频调制策略，有效降低了变压器匝比与开关管的峰值电流。

在国家电网有限公司科技项目"大型光伏电站直流升压汇集接入关键技术及设备研制"的支持下，本书项目组在新能源与储能运行控制国家重点实验室张北试验基地建成了 1.5MW 光伏直流升压并网实证平台，该平台包含三台±35kV/500kW 光伏 MV DC/DC 变换器装置，分别由许继电气股份有限公司、东南大学和合肥工业大学研制，实证平台系统结构如图 1.22 所示。该系统由 1.5MW 光伏电站、MPPT 汇流箱、三台 MV DC/DC 变换器、两台直流故障隔离装置、一体化控制保护装置和±35kV 模块化多电平换流器(MMC)组成。1.5MW 光伏电站分别由三组 500kW 光伏发电系统组成，每组由 7 路光伏经 MPPT 汇流箱汇集接入汇流柜，每路 50~100kW，为每台 MV DC/DC 变换器提供 500kW 输入功率。为验证不同的变换器技术路线，三台 MV DC/DC 变换器分别为模块化 IPOS 型 DC/DC 变换器、高频谐振型 DC/DC 变换器和中频型 DC/DC 变换器，每台 MV DC/DC 变换器均实现低压侧 820V 输入控制和高压侧±35kV 输出。三台 MV DC/DC 变换器均经直流故障隔离装置接入±35kV 直流母线，实现功率单方向流动，限制了故障影响范围，提高了光伏直流汇集系统的运行可靠性。其中高频谐振型 DC/DC 变换器和中频型 DC/DC 变换器共同接入一台直流故障隔离装置，模块化 IPOS 型 DC/DC 变换器单独接入一台直流故障隔离装置，MMC 建立稳定的±35kV 直流母线电压。一体化控制保护装置实现整个系统的控制与保护，可实现 MMC 的±35kV 电压建立、直流故障隔离装置接入与断开、三台 MV DC/DC 变换器的启动与停机等控制。若某 MV DC/DC 变换器发生故障，一体化控制保护装置可控制故障变换器停机，其他变换器正常运行；若系统发生 MMC 故障、交流侧电网故障和直流侧线路故障等，一体化控制保护装置可控制 MMC 闭锁、直流故障隔离装置断开和 MV DC/DC 变换器停机，实现整个光伏电站直流升压汇集接入系统的安全保护与可靠运行。第 8 章介绍由许继电气股份有限公司研制的模块化 IPOS 型±35kV/500kW MV DC/DC 变换器，第 9 章介绍由东南大学研制的高频谐振型±35kV/500kW MV DC/DC 变换器，第 10 章介绍由合肥工业大学研制的中频型±35kV/500kW MV DC/DC 变换器。

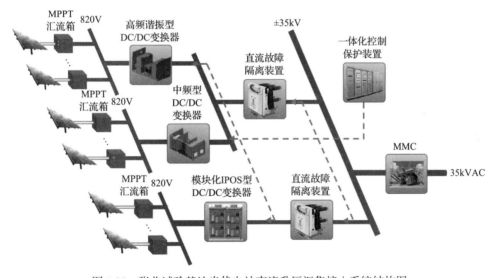

图 1.22　张北试验基地光伏电站直流升压汇集接入系统结构图

## 参 考 文 献

[1] REN21. Renewables 2021: Global status report（GSR）[EB/OL].（2021-06-16）[2022-03-12]. http://www.ren21.net/gsr-2021.

[2] 水电水利规划设计总院. 中国可再生能源发展报告 2020[M]. 北京：中国水利水电出版社, 2021.

[3] Martander O. DC grids for wind farms[D]. Landala: Chalmers University of Technology, 2002.

[4] 施刚. 海上直流型风电场的组网方式及其运行与控制[D]. 上海: 上海交通大学, 2014.

[5] 徐政, 等. 柔性直流输电系统[M]. 北京: 机械工业出版社, 2016.

[6] Hammons T J, Lescale V F, Uecker K, et al. State of the art in ultrahigh-voltage transmission[J]. Proceedings of the IEEE, 2012, 100(2): 360-390.

[7] Lundberg S. Wind farm configuration and energy efficiency studies - series DC versus AC layouts[D]. Gothenburg: Chalmers University of Technology, 2006.

[8] Meyer C. Key components for future offshore DC grids[D]. Aachen: RWTH Aachen University, 2007.

[9] Max L. Design and control of a DC collection grid for a wind farm[D]. Gothenburg: Chalmers University of Technology, 2009.

[10] Meyer C, Hoing M, Peterson A, et al. Control and design of DC grids for offshore wind farms[J]. IEEE Transactions on Industry Applications, 2007, 43(6): 1475-1482.

[11] Siddique H A B, Ali S, de Doncker R W. DC collector grid configurations for large photovoltaic parks[C]. 2013 European Conference on Power Electronics and Applications, Lille, 2013: 1-10.

[12] 宁光富, 陈武, 曹小鹏, 等. 适用于模块化级联光伏发电直流并网系统的均压策略[J]. 电力系统自动化, 2016, 40(19): 66-72.

[13] 姚良忠, 刘艳章, 杨波, 等. 大规模新能源发电集群直流汇集及输送方案研究[J]. 中国电力, 2018, 51(1): 36-43.

[14] 蔡旭, 陈根, 周党生, 等. 海上风电变流器研究现状与展望[J]. 全球能源互联网, 2019, 2(2): 102-115.

[15] Chen W, Huang A Q, Li C S, et al. Analysis and comparison of medium voltage high power DC/DC converters for offshore wind energy systems[J]. IEEE Transactions on Power Electronics, 2013, 28(4): 2014-2023.

[16] Siddique H A B, de Doncker R W. Evaluation of DC collector-grid configurations for large photovoltaic parks[J]. IEEE Transactions on Power Delivery, 2018, 33(1): 311-320.

[17] Li W, He X. Review of nonisolated high-step-up DC/DC converters in photovoltaic grid-connected applications[J]. IEEE Transactions on Industrial Electronics, 2011, 58(4): 1239-1250.

[18] Denniston N, Massoud A M, Ahmed S, et al. Multiple-module high-gain high-voltage DC/DC transformers for offshore wind energy systems[J]. IEEE Transactions on Industrial Electronics, 2011, 58(5): 1877-1886.

[19] Sayed S, Elmenshawy M, Elmenshawy M, et al. Design and analysis of high-gain medium-voltage DC-DC converters for high-power PV applications[C]. 2018 IEEE International Conference on Compatibility, Power Electronics and Power Engineering, Doha, 2018: 1-5.

[20] Lopatkin N N, Zinoviev G S, Zotov L G. Bi-directional high-voltage DC-DC converter for advanced railway locomotives[C]. 2010 IEEE Energy Conversion Congress and Exposition (ECCE), Atlanta, 2010: 1123-1128.

[21] Cao D, Peng F Z. Zero-current-switching multilevel modular switched-capacitor DC-DC converter[J]. IEEE Transactions on Industry Applications, 2010, 46(6): 2536-2544.

[22] Jovcic D. Step-up dc-dc converter for megawatt size applications[J]. IET Power Electronics, 2009, 2(6): 675-685.

[23] Hagar A A, Lehn P W. Comparative evaluation of a new family of transformerless modular DC-DC converters for high-power applications[J]. IEEE Transactions on Power Delivery, 2014, 29(1): 444-452.

[24] 阮新波, 陈武, 方天治. 多变换器模块串并联组合系统[M]. 北京: 科学出版社, 2016.

[25] 鞠昌斌, 王环, 孟姗姗, 等. 大功率、高变比光伏高压直流并网变换器[J]. 太阳能学报, 2018, 39(2): 572-582.

[26] Wang H, Huang X, Wang Y, et al. Series-connected PV MVDC converter for large scale PV system[C]. 2019 IEEE International Conference on Power Electronics-ECCE Asia, Busan, 2019: 1246-1251.

[27] Liu J, Wang K, Zheng Z, et al. A dual-active-clamp quasi-resonant isolated boost converter for PV integration to medium-voltage DC grids[J]. IEEE Journal of Emerging and Selected Topics in Power Electronics, 2020, 8(4): 3444-3456.

[28] Suryadevara R, Parsa L. Full-bridge ZCS-converter-based high-gain modular DC-DC converter for PV integration with medium-voltage DC grids[J]. IEEE Transactions on Energy Conversion, 2019, 34(1): 302-312.

[29] Cao G E, Guo Z, Wang Y, et al. A DC-DC conversion system for high power HVDC-connected photovoltaic power system[C]. 2017 International Conference on Electrical Machines and Systems (ICEMS), Sydney, 2017: 1-6.

[30] Ortiz G, Biela J, Bortis D, et al. 1 Megawatt, 20kHz, isolated, bidirectional 12kV to 1.2kV DC-DC converter for renewable energy applications[C]. 2010 International Power Electronics Conference-ECCE Asia, Sapporo, 2010: 3212-3219.

[31] Joebges P, Hu J, de Doncker R W. Design method and efficiency analysis of a DAB converter for PV integration in DC grids[C]. 2016 IEEE Annual Southern Power Electronics Conference (SPEC), Auckland, 2016: 1-6.

[32] Park K, Chen Z. Control and dynamic analysis of a parallel-connected single active bridge DC-DC converter for DC-grid wind farm application[J]. IET Power Electronics, 2015, 8(5): 665-671.

[33] Deng F J, Chen Z. Control of improved full-bridge three-level DC/DC converter for wind turbines in a DC grid[J]. IEEE Transaction on Power Electronics, 2013, 28(1): 314-324.

[34] Park K, Chen Z. A double uneven power converter-based DC-DC converter for high-power DC grid systems[J]. IEEE Transactions on Industrial Electronics, 2015, 62(12): 7599-7608.

[35] Dincan C G, Kjaer P C, Chen Y, et al. A high-power, medium-voltage, series-resonant converter for DC wind turbines[J]. IEEE Transactions on Power Electronics, 2018, 33(9): 7455-7465.

[36] Dincan C G, Kjaer P C, Chen Y, et al. Design of a high-power resonant converter for DC wind turbines[J]. IEEE Transactions on Power Electronics, 2019, 34(7): 6136-6154.

# 第 2 章　谐振开关电容升压变换器

第 1 章已介绍,新能源并网 MV DC/DC 变换器按是否具有电气隔离功能可分为非隔离型和隔离型两大类,其中非隔离型变换器根据升压元件的不同又可大体分为电感升压类、开关电容类和谐振升压类。开关电容变换器无需磁性元件,仅通过开关器件和电容传递能量,进而提高了变换器的功率密度。为了解决开关器件硬开关问题,谐振开关电容(resonant switched-capacitor,RSC)变换器通过引入谐振单元(即谐振电感和谐振电容)来传递能量,使开关器件工作在软开关状态,有效地降低了开关损耗,提高了变换器的效率。已有文献提出的(谐振)开关电容类变换器大多存在开关器件数量多或开关器件电压应力高等问题。为此,本章提出了一种新的 RSC 升压变换器,能够实现所有开关器件和二极管零电流开关,变换器无需磁性元件,采用低压开关器件,从而简化变换器设计。本章详细分析所提出的 RSC 变换器的工作原理,给出其参数设计,最后研制了一台 600V/10.2kV/24kW 的原理样机,并进行实验验证。

## 2.1　工　作　原　理

本章提出的 $m+n+1$ 级 ZCS RSC 变换器的电路结构如图 2.1 所示,由半桥电路(输入电压源 $V_{in}$ 和开关管 $Q_p$ 和 $Q_n$)和 $m+n$ 个子模块电路构成,其中子模块电路结构如图中虚线框内所示,由两个二极管 $D_{pn1}$ 和 $D_{pn2}$、滤波电容 $C_{pon}$、谐振电容 $C_{pn}$、谐振电感 $L_{pn}$ 组成,定义连接 $V_{in}$ 正极性端的子模块为正子模块,连接 $V_{in}$ 负极性端的子模块为负子模块。

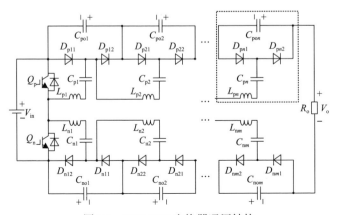

图 2.1　ZCS RSC 变换器通用结构

由于谐振电感值较小，可以使用电路寄生电感或空心电感实现。$Q_p$ 和 $Q_n$ 互补导通，占空比为 50%。当 $Q_p$ 导通 $Q_n$ 关断时，$V_{in}$ 和滤波电容 $C_{no1},C_{no2},\cdots,C_{no(m-1)}$ 通过谐振电感 $L_{n1},L_{n2},\cdots,L_{nm}$ 为谐振电容 $C_{n1},C_{n2},\cdots,C_{nm}$ 充电。同时，存储在谐振电容 $C_{p1},C_{p2},\cdots,C_{pn}$ 中的能量以正弦波的形式通过谐振电感 $L_{p1},L_{p2},\cdots,L_{pn}$ 传递到滤波电容 $C_{po1},C_{po2},\cdots,C_{pon}$。如果开关频率等于谐振频率，在半周期结束时，所有谐振电感电流减小到零。当 $Q_n$ 导通 $Q_p$ 关断时，前半周期存储在谐振电容 $C_{n1},C_{n2},\cdots,C_{nm}$ 中的能量通过谐振电感 $L_{n1},L_{n2},\cdots,L_{nm}$ 以正弦形式传递到滤波电容 $C_{no1}$，$C_{no2},\cdots,C_{nom}$。同时，$V_{in}$ 和滤波电容 $C_{po1},C_{po2},\cdots,C_{po(n-1)}$ 通过谐振电感 $L_{p1},L_{p2},\cdots,L_{pn}$ 以正弦形式为谐振电容 $C_{p1},C_{p2},\cdots,C_{pn}$ 充电。能量由所有滤波电容和输入电压源向负载 $R_o$ 传递。可以看出正子模块和负子模块独立工作。下面将分析具有两个正子模块的 ZCS RSC 变换器(图 2.2)的工作原理，推导一般情况下 ZCS RSC 变换器的工作模式。为了简化分析，做如下假设。

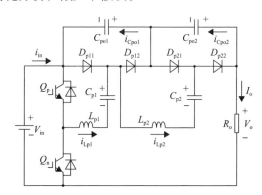

图 2.2　含两个正子模块的 ZCS RSC 变换器

(1)所有开关管、二极管、电感和电容为理想元器件。

(2)滤波电容 $C_{po1}$ 和 $C_{po2}$ 足够大，$V_{Cpo1}=V_{Cpo2}=V_{in}$。

(3)开关频率等于谐振频率，$L_{p1}=L_{p2}=L_r$，$C_{p1}=C_{p2}=C_r$。

图 2.3 为含两个正子模块的 ZCS RSC 变换器稳态条件下的工作波形。变换器在一个周期内共有两种开关模式，分别如图 2.4 所示。

1)开关模式 1$[t_0, t_1]$

在 $Q_n$ 导通前，流过 $L_{p1}$ 和 $L_{p2}$ 的电流已经减小到 0。$t_0$ 时刻，$Q_n$ 导通，$Q_p$ 关断。流过 $Q_n$ 的电流从 0 开始增加，$Q_n$ 实现零电流开通。从图 2.4(a)可以看出，变换器具有两个谐振回路。其中一个谐振回路包含 $V_{in}$、$D_{p11}$、$C_{p1}$、$L_{p1}$ 和 $Q_n$；另一个谐振回路包含 $V_{in}$、$C_{po1}$、$D_{p21}$、$C_{p2}$、$L_{p2}$、$C_{p1}$、$L_{p1}$ 和 $Q_n$。由于 $L_{p1}=L_{p2}$，$C_{p1}=C_{p2}$，两个谐振回路具有相同的谐振频率。图 2.4(a)可进一步简化为图 2.5(a)，其中 $C_{p1}$ 仅由 $V_{in}$ 充电，$C_{p2}$ 由 $C_{po1}$ 充电。

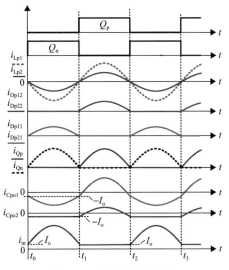

图 2.3　变换器工作波形

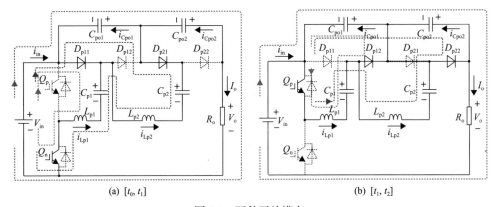

(a) $[t_0, t_1]$　　　　　　　　(b) $[t_1, t_2]$

图 2.4　两种开关模态

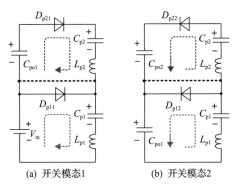

(a) 开关模态1　　　　　　　(b) 开关模态2

图 2.5　等效电路

根据能量守恒，可以得到：

$$V_{o}I_{o}T_{s} = 3V_{in}I_{o}T_{s} = V_{in}I_{o}T_{s} + V_{in}\int_{0}^{T_{s}/2} -i_{Lp1}(t)\mathrm{d}t \tag{2.1}$$

式中，$T_{s}$ 为开关周期，且 $T_{s} = 2\pi\sqrt{L_{r}C_{r}}$。

求解可得

$$i_{Lp1}(t) = -2\pi I_{o}\sin\omega_{r}t \tag{2.2}$$

式中，$\omega_{r} = 1/\sqrt{L_{r}C_{r}}$ 为谐振角频率。

$t_{1}$ 时刻，流过 $L_{p1}$ 和 $L_{p2}$ 的电流经过半个谐振周期后减小到零，流过 $Q_{n}$、$D_{p11}$ 和 $D_{p21}$ 的电流也减小到零。$Q_{n}$ 实现零电流关断，$D_{p11}$ 和 $D_{p21}$ 无反向恢复损耗。

2) 开关模态 2$[t_{1}, t_{2}]$

$t_{1}$ 时刻，$Q_{n}$ 关断，$Q_{p}$ 导通。流过 $Q_{p}$ 的电流从 0 开始增加，$Q_{p}$ 实现零电流开通。从图 2.4(b) 可以看出，变换器具有两个谐振回路。其中一个谐振回路包含 $Q_{p}$、$L_{p1}$、$C_{p1}$、$D_{p12}$ 和 $C_{po1}$；另一个谐振回路包含 $Q_{p}$、$L_{p1}$、$C_{p1}$、$L_{p2}$、$C_{p2}$、$D_{p22}$、$C_{po2}$ 和 $C_{po1}$。显然，两个谐振回路具有和开关模态 1 相同的谐振频率。图 2.4(b) 可进一步简化为图 2.5(b)，其中 $C_{po1}$ 仅由 $C_{p1}$ 充电，$C_{po2}$ 由 $C_{p2}$ 充电。

对于 $C_{po2}$，在一个开关周期内有

$$V_{Cpo2}I_{o}T_{s} = V_{in}I_{o}T_{s} = V_{in}\int_{T_{s}/2}^{T_{s}} i_{Lp2}(t)\mathrm{d}t \tag{2.3}$$

求解可得

$$i_{Lp2}(t) = -\pi I_{o}\sin\omega_{r}t \tag{2.4}$$

在 $t_{2}$ 时刻，经过半个谐振周期，流过 $L_{p1}$ 和 $L_{p2}$ 的电流减小到零，流过 $Q_{p}$、$D_{p12}$ 和 $D_{p22}$ 的电流也减小到零。$Q_{p}$ 实现零电流关断，$D_{p12}$ 和 $D_{p22}$ 无反向恢复损耗。

由图 2.3 可以得到 $C_{po1}$ 和 $C_{po2}$ 的电流有效值为

$$I_{rms\_Cpo1} = \sqrt{\frac{1}{T_{s}}\int_{0}^{T_{s}/2}\left[\left(2\pi I_{o}\sin\omega_{r}t - I_{o}\right)^{2} + \left(\pi I_{o}\sin\omega_{r}t + I_{o}\right)^{2}\right]\mathrm{d}t} \tag{2.5}$$

$$I_{rms\_Cpo2} = \sqrt{\frac{1}{T_{s}}\int_{0}^{T_{s}/2}\left[\left(\pi I_{o}\sin\omega_{r}t - I_{o}\right)^{2} + I_{o}^{2}\right]\mathrm{d}t} \tag{2.6}$$

对于一般的 $m+n+1$ 级 ZCS RSC 变换器，如图 2.1 所示，正、负子模块中谐振电容的电流为

$$i_{Cpj}(t) = i_{Lpj}(t) = (n+1-j) \cdot \pi I_o \sin \omega_r t, \quad j = 1, 2, \cdots, n \tag{2.7}$$

$$i_{Cnj}(t) = i_{Lnj}(t) = (m+1-j) \cdot \pi I_o \sin \omega_r t, \quad j = 1, 2, \cdots, m \tag{2.8}$$

正、负子模块中滤波电容电流的有效值为

$$I_{rms\_Cpoj}$$
$$= \sqrt{\frac{1}{T_s} \int_0^{T_s/2} \left\{ \left[(n+1-j) \cdot \pi I_o \sin \omega_r t - I_o \right]^2 + \left[(n-j) \cdot \pi I_o \sin \omega_r t + I_o \right]^2 \right\} dt}, \quad j = 1, 2, \cdots, n \tag{2.9}$$

$$I_{rms\_Cnoj}$$
$$= \sqrt{\frac{1}{T_s} \int_0^{T_s/2} \left\{ \left[(m+1-j) \cdot \pi I_o \sin \omega_r t - I_o \right]^2 + \left[(m-j) \cdot \pi I_o \sin \omega_r t + I_o \right]^2 \right\} dt}, \quad j = 1, 2, \cdots, m \tag{2.10}$$

两个开关管的电流为

$$i_{Qn}(t) = \begin{cases} (n+m) \cdot \pi I_o \sin \omega_r t, & 0 \leqslant t < T_s/2 \\ 0, & T_s/2 \leqslant t \leqslant T_s \end{cases} \tag{2.11}$$

$$i_{Qp}(t) = \begin{cases} 0, & 0 \leqslant t < T_s/2 \\ (n+m) \cdot \pi I_o \sin \omega_r t, & T_s/2 \leqslant t \leqslant T_s \end{cases} \tag{2.12}$$

所有二极管的平均电流相等，峰值电流也相同：

$$I_{ave\_D} = I_o \tag{2.13}$$

$$I_{peak\_D} = \pi I_o \tag{2.14}$$

对于 $m+n+1$ 级 ZCS RSC 变换器，输入电流可以表示为

$$i_{in}(t) = \begin{cases} I_o + \left| n \cdot \pi I_o \sin \omega_r t \right|, & 0 \leqslant t < T_s/2 \\ I_o + \left| m \cdot \pi I_o \sin \omega_r t \right|, & T_s/2 \leqslant t \leqslant T_s \end{cases} \tag{2.15}$$

在上述分析中，开关频率等于谐振频率。但在实际应用中，开关频率应略低于谐振频率，为开关管提供足够的死区时间裕量。同时通过式(2.7)~式(2.15)，可以设计 ZCS RSC 变换器的主要元器件参数。

当 $m+n$ 为常数时，$m$ 与 $n$ 具有多种不同组合。对于给定电压增益，选择|$m$-$n$|≤1 可以使滤波器电容和谐振电容的电流应力最小。例如，对于 $m+n=2$，组合 I

为 $m=n=1$，组合Ⅱ为 $m=2$，$n=0$ 或 $m=0$，$n=2$。在式(2.7)～式(2.10)中同时替换 $m$ 和 $n$，可以发现组合Ⅱ相比组合Ⅰ滤波电容和谐振电容的电流应力更大。此外，由式(2.15)可知，当 $m+n$ 为常数时，$m$ 和 $n$ 越接近，输入电流纹波越小，越有利于滤波器设计。

对于采用中压直流汇集技术的海上风电场，直流母线电压允许在额定电压的 $\pm 5\%$ 内波动[1]。RSC 变换器的电压调节能力较差，为了提高其电压调节能力，本节提出一种级联结构，如图 2.6 所示。假设 $V_{o1}$ 在 $V_o$ 的 $90\%$～$95\%$ 范围内波动，$V_{o2}$ 在 $V_o$ 的 $5\%$～$10\%$ 范围内波动。级联结构中，采用 RSC 变换器实现高电压增益和高效率，采用辅助变换器调节输出电压。图 2.7 为级联结构应用实例，其中 Buck/Boost 变换器用于调节输出电压。辅助变换器还可以使用其他拓扑结构实现。需要注意的是，图 2.7 所示变换器需要一个带有磁芯的电感 $L_b$，但是由于电压和功率相对较低，设计起来也比较容易。本章提出的 2 种谐振开关电容变换器拓扑都已获得美国专利授权[2,3]。

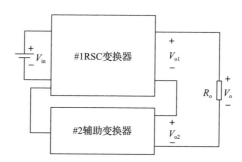

图 2.6　提高电压调节能力的级联结构 RSC 变换器

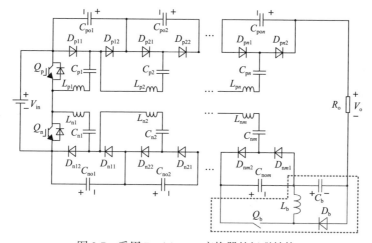

图 2.7　采用 Buck/Boost 变换器的级联结构

## 2.2　与其他方案的比较分析

本节将对比 ZCS RSC 变换器与其他两种非隔离型变换器，即第 1 章中介绍的 B2B 变换器和 SRS 变换器。输入电压为 5kV，通过 MV DC/DC 变换器将输出电压升压到中压直流汇集所需的 40kV。三种变换器的开关频率为 20kHz，并为比较开关频率的影响，对 B2B 变换器还采用 2kHz 开关频率进行了对比。开关管采用高压碳化硅(SiC)器件，在实现较高开关频率的同时减小系统重量与体积。采用 Cree 生产的 15kV/10A SiC 肖特基(JBS)二极管和 15kV/10A SiC MOSFET，并在美国未来可再生电能传输与管理(future renewable electric energy delivery and management，FREEDM)系统中心对其特性进行测试。文献[4]给出了 13kV/10A SiC IGBT 正向伏安特性和关断损耗，开通损耗被忽略。B2B 变换器和 SRS 变换器所采用的磁芯材料为 VITROPERM 500F，RSC 变换器采用空心电感，其设计过程可参考文献[5]。从 AVX、Vishay 和 EACO 公司产品中选择合适的高压电容器。由所选器件特性可得表 2.1 和图 2.8~图 2.11。

**表 2.1　器件数量比较**　　　　　　　　　　　　　　　（单位：个）

| 器件 | RSC | SRS | B2B (MOSFET) | B2B (IGBT) | B2B (IGBT 2kHz) |
|---|---|---|---|---|---|
| 二极管(15kV/10A) | 448 | 2335 | 202 | 202 | 202 |
| IGBT(13kV/10A) | 438 | 2320 | — | 382 | 382 |
| MOSFET(15kV/10A) | — | — | 382 | — | — |

表 2.1 比较了不同变换器所需器件数量。可以看出 B2B 变换器所需器件数量最少，SRS 变换器所需器件数量最多。这是因为 SRS 变换器有四个开关管，其电压应力等于输出电压，电流应力等于输入电流，同时 SRS 变换器还需要高电压/电流应力二极管与主开关串联，导致较大的导通损耗。图 2.8 为各类型变换器损耗分布情况比较，可以看出，开关器件导通损耗为 SRS 变换器的主要损耗。对于采用 IGBT 的 B2B 变换器，虽然开关器件导通损耗略有增加，但与采用 MOSFET 的 B2B 变换器相比，开关器件开关损耗明显降低。当开关频率降低为 2kHz 时，为了保持相同的输出电压纹波，增大滤波电感使得电感损耗增加 3 倍多。图 2.9 和图 2.10 分别比较了每种类型变换器的质量和体积。可以看出，在相同开关频率下，由于缺少滤波电感，RSC 变换器的电容比 B2B 变换器的电容体积更大。从前面的分析中可以看出，RSC 变换器输入电流纹波比 B2B 变换器输入电流纹波要大得多，这也是 RSC 变换器的主要不足之处。图 2.11 则给出了 4 方面性能的综合比较。

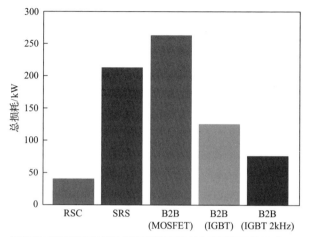

| $P_{dc}$/kW | $P_{sc}$/kW | $P_{ss}$/kW | $P_l$/kW | $P_c$/kW | $P_{sum}$/kW |
|---|---|---|---|---|---|
| 13.6 | 23.1 | 0 | 1.68 | 1.42 | 39.8 |
| 74 | 126.5 | 0 | 7.6 | 4.8 | 212.9 |
| 6.2 | 16.6 | 233.5 | 8.92 | 0.52 | 265.74 |
| 6.2 | 22.7 | 86.6 | 8.92 | 0.52 | 124.94 |
| 6.2 | 22.7 | 8.66 | 38.2 | 0.027 | 75.787 |

$P_{dc}$: 二极管导通损耗　　$P_l$: 电感损耗　　$P_{sc}$: 开关器件导通损耗

$P_{ss}$: 开关器件开关损耗　　$P_c$: 电容损耗　　$P_{sum}$: 总损耗

图 2.8　变换器的损耗分布与比较

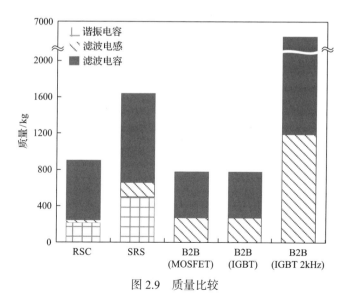

图 2.9　质量比较

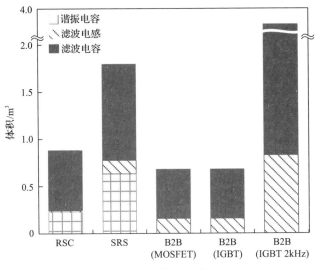

图 2.10 体积比较

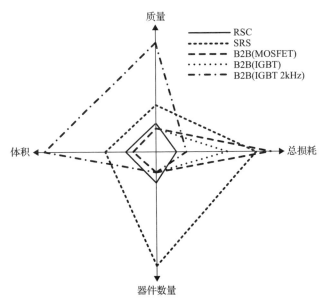

图 2.11 三种变换器综合性能比较

## 2.3 仿真与实验验证

本节对有 4 个正子模块和 3 个负子模块的 ZCS RSC 变换器进行仿真验证。谐振频率为 22.5kHz，所有谐振电容为 10μF，谐振电感为 5μH，滤波电容为 1mF。

仿真波形如图 2.12 所示。可以看出变换器两个主开关管能够实现零电流开通和关断,所有二极管无反向恢复损耗。

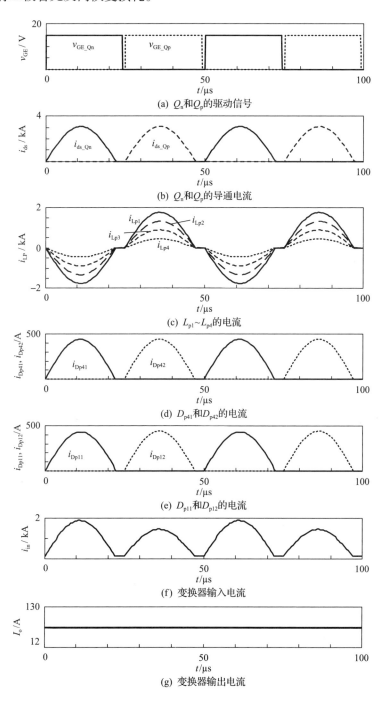

(a) $Q_n$ 和 $Q_p$ 的驱动信号

(b) $Q_n$ 和 $Q_p$ 的导通电流

(c) $L_{p1} \sim L_{p4}$ 的电流

(d) $D_{p41}$ 和 $D_{p42}$ 的电流

(e) $D_{p11}$ 和 $D_{p12}$ 的电流

(f) 变换器输入电流

(g) 变换器输出电流

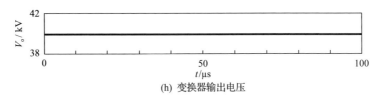

(h) 变换器输出电压

图 2.12　ZCS RSC 变换器仿真波形

图 2.13 所示为搭建的 600V/10.2kV/24kW ZCS RSC 变换器样机照片，以验证其工作原理。开关频率为 7.5kHz，谐振频率为 8kHz。采用的元器件如下：$Q_p$ 和 $Q_n$，2MBI200PB-140；所有二极管，QRD1415T30；$C_{po1} \sim C_{po4}$ 和 $C_{no1} \sim C_{no4}$，SHE-1400-350；$C_{po5} \sim C_{po8}$ 和 $C_{no5} \sim C_{no8}$，SHE-1400-180；$C_{p1} \sim C_{p4}$ 和 $C_{n1} \sim C_{n4}$，SHF-1500-47；$C_{p5} \sim C_{p8}$ 和 $C_{n5} \sim C_{n8}$，SHF-1500-25[①]。变换器的谐振电感均为空心电感，直接绕制于谐振电容外围，以减小变换器整体体积，表 2.2 为每个谐振电感的测量值，需要注意的是，由于子模块采用了不同容量的谐振电容，其所需谐振电感量也不同。图 2.14 为输入电压 600V、输出电压达到理想值 10.2kV 时的实验波形。图 2.14(a) 为 $Q_p$ 的 $v_{GE}$ 和 $v_{CE}$ 电压波形以及 $L_{p1}$ 和 $L_{n1}$ 的电流波形。$Q_p$ 的封装和电路布局导致直接测量 $Q_p$ 的电流并不方便。由工作原理可知，$Q_p$ 的电流是 $L_{p1}$ 和 $L_{n1}$ 之和的负值部分。可以看出，当 $Q_p$ 导通时，流过 $Q_p$ 的电流以谐振形式增大。$Q_p$ 关断前，流过 $Q_p$ 的电流减小到零，实现零电流开通和关断。图 2.14(b) 为 $L_{p2}$ 和 $L_{p5}$ 的电流波形，两者与 $L_{p1}$ 相似且符合式 (2.7)。图 2.14(c) 和图 2.14(d) 分别为 $D_{p12}$、$D_{p11}$、$D_{p52}$ 和 $D_{p51}$ 的电流波形。可以看出，所有二极管均实现了零电流关断，无反向恢复损耗。需要注意的是，由于谐振电感大小存在差异，二极管电流波形并不完全相同。

图 2.13　600V/10.2kV/24kW ZCS RSC 变换器

---

① http://www.eaco.com/a/zhongwenban/wodechanpin.

表 2.2　谐振电感测量值　　　　　　　　　　（单位：μH）

| $L_{n8}$ | $L_{n7}$ | $L_{n6}$ | $L_{n5}$ | $L_{n4}$ | $L_{n3}$ | $L_{n2}$ | $L_{n1}$ |
|---|---|---|---|---|---|---|---|
| 15.54 | 15.1 | 15.52 | 14.07 | 7.81 | 7.54 | 7.5 | 7.81 |
| $L_{p8}$ | $L_{p7}$ | $L_{p6}$ | $L_{p5}$ | $L_{p4}$ | $L_{p3}$ | $L_{p2}$ | $L_{p1}$ |
| 14.78 | 15.05 | 13.61 | 13.18 | 8.52 | 8.42 | 7.81 | 8.88 |

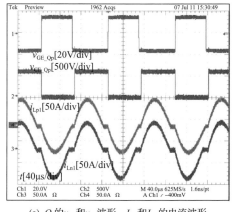

(a) $Q_p$ 的 $v_{GE}$ 和 $v_{CE}$ 波形，$L_{p1}$ 和 $L_{n1}$ 的电流波形

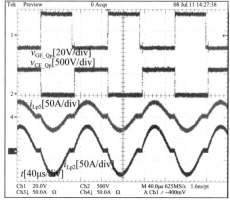
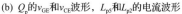

(b) $Q_p$ 的 $v_{GE}$ 和 $v_{CE}$ 波形，$L_{p5}$ 和 $L_{p2}$ 的电流波形

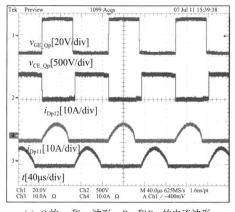

(c) $Q_p$ 的 $v_{GE}$ 和 $v_{CE}$ 波形，$D_{p12}$ 和 $D_{p11}$ 的电流波形

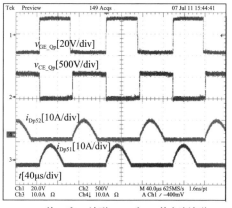

(d) $Q_p$ 的 $v_{GE}$ 和 $v_{CE}$ 波形，$D_{p52}$ 和 $D_{p51}$ 的电流波形

图 2.14　满载实验波形

## 2.4　其他类型谐振开关电容升压变换器

除了本章提出的谐振开关电容变换器拓扑结构外，研究人员在本章工作基础上还提出了其他类型的谐振开关电容变换器拓扑，下面分别加以介绍。

### 2.4.1　高增益型谐振开关电容变换器

　　本章提出的谐振开关电容变换器每增加 1 个子模块，输出电压增益在原来的基础上加 1，如在图 2.13 原理样机中，电压增益为 17 则需要 16 个子模块，导致所需子模块的数量较多。韩国 Seok 教授等提出了一种高增益型的谐振开关电容变换器，图 2.15 给出了由 2 个子模块构成的电路拓扑，也可扩展到更多个子模块[6]。每个子模块由 2 个开关管、2 个二极管、2 个谐振电容和 2 个谐振电感组成。

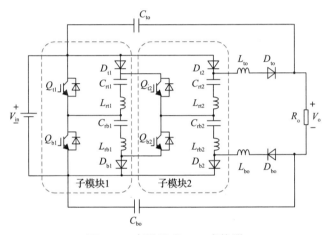

图 2.15　高增益型 RSC 变换器

　　图 2.16 给出了该电路的 2 个基本开关模态。当 $Q_{b1}$ 和 $Q_{b2}$ 导通而 $Q_{t1}$ 和 $Q_{t2}$ 关断(图 2.16(a))时，$C_{rt1}$ 和 $C_{rt2}$ 被充电，$C_{rb1}$ 和 $C_{rb2}$ 则串联向 $C_{bo}$ 放电，$D_{b1}$ 和 $D_{b2}$ 被反向阻断而不导通。当 $Q_{t1}$ 和 $Q_{t2}$ 导通而 $Q_{b1}$ 和 $Q_{b2}$ 关断(图 2.16(b))时，$C_{rb1}$ 和 $C_{rb2}$ 被充电，$C_{rt1}$ 和 $C_{rt2}$ 则串联向 $C_{to}$ 放电，$D_{t1}$ 和 $D_{t2}$ 被反向阻断而不导通。在整个开关周期内，$C_{bo}$、$C_{to}$ 和输入电压源共同串联向负载供电。

　　由以上分析可知，稳态情况下 $C_{rt1}$ 和 $C_{rb1}$ 的平均电压为输入电压 $V_{in}$，$C_{rt2}$ 和 $C_{rb2}$ 的平均电压为输入电压的 2 倍，即 $2V_{in}$，而 $C_{bo}$、$C_{to}$ 的平均电压为输入电压的 3 倍，即 $3V_{in}$，可得输出电压 $V_o = 7V_{in}$。当该变换器有 $n$ 个子模块时，有 $V_o = (2^{n+1} - 1)V_{in}$，可见，该变换器可利用较少的子模块数量而获得很高的电压增益。但需要注意的是，该高增益型 RSC 变换器中每个子模块中都含有开关器件，且越靠近输出电压端口的子模块开关器件电压应力越高，如图 2.15 中 $Q_{t1}$ 和 $Q_{b1}$ 的电压应力为 $V_{in}$，而 $Q_{t2}$ 和 $Q_{b2}$ 的电压应力为 $2V_{in}$。

### 2.4.2　低电压应力型谐振开关电容变换器

　　高增益型 RSC 变换器虽然可以利用较少的子模块数量而获得很高的电压增

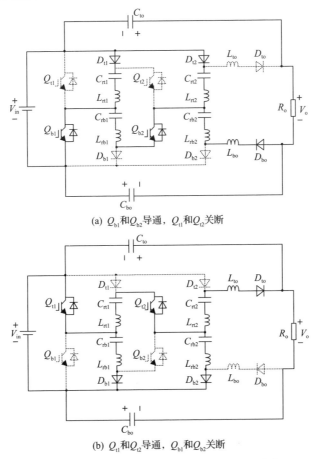

(a) $Q_{b1}$和$Q_{b2}$导通，$Q_{t1}$和$Q_{t2}$关断

(b) $Q_{t1}$和$Q_{t2}$导通，$Q_{b1}$和$Q_{b2}$关断

图 2.16　高增益型 RSC 变换器的两个开关模态

益，但也显著增加了子模块中开关器件的电压应力。文献[7]提出了一种低电压应力型谐振开关电容变换器，如图 2.17 所示。图 2.17(a)和图 2.17(b)分别提出了无源子模块和双开关子模块 2 种子模块电路结构，无源子模块是由 4 个二极管、2 个谐振电感、2 个谐振电容和 2 个输出滤波电容构成的 5 端口子模块；双开关子模块是由 2 个开关管、2 个二极管、2 个谐振电感和 2 个谐振电容构成的 6 端口子模块。基于无源子模块的 RSC 变换器只有 2 个开关器件，和本章提出的 RSC 变换器一样，当有 $n$ 个无源子模块级联构成 RSC 变换器时，其输出电压 $V_o=(2n+1)V_{in}$。类似地，当有 $n$ 个双开关子模块级联构成 RSC 变换器时，其输出电压 $V_o=(2n+1)V_{in}$，但需要注意的是此时需要 $2n$ 个开关器件。这两种 RSC 变换器的工作原理与上述高增益型 RSC 变换器类似，在此不再重复。和上述高增益型 RSC 变换器不同的是，基于无源子模块和双开关子模块的 RSC 变换器中开关器件的电压应力都为 $V_{in}$。

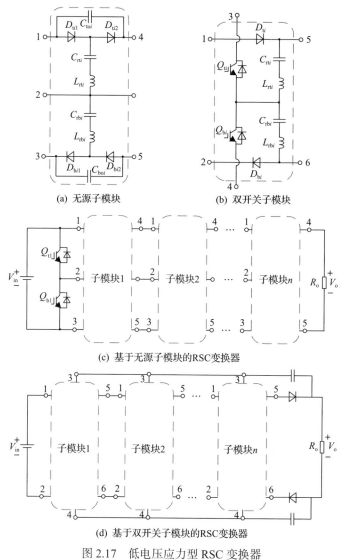

(a) 无源子模块　　　　　　　(b) 双开关子模块

(c) 基于无源子模块的RSC变换器

(d) 基于双开关子模块的RSC变换器

图 2.17　低电压应力型 RSC 变换器

## 2.5　本 章 小 结

　　本章针对非隔离型新能源并网 MV DC/DC 变换器,提出了一种新的谐振开关电容升压变换器,在保持原开关电容类变换器优点的基础上,只需要 2 个低压开关器件即可实现高的输出电压增益,同时所有开关管和二极管均实现零电流开关,大幅降低了开关损耗。在此基础上,还提出了一种级联结构以提高其输出电压调节能力。最后通过一台 600V/10.2kV/24kW 的原理样机验证了该谐振开关电容升压变换器的有效性。本章还介绍了其他类型谐振开关电容升压变换器拓扑的工作原理与特性。

## 参 考 文 献

[1] Max L. Design and control of a DC collection grid for a wind farm[D]. Landala: Energy Chalmers University of Technology, 2009.

[2] Chen W, Huang Q. Switched-capacitor DC-DC converter: US 9362814[P]. 2013-06-27.

[3] Li J, Chen W. DC-DC converter systems: US 9397548[P]. 2013-06-27.

[4] Mrinal K D, Zhang Q, Callanan R, et al. A 13kV 4H-SiC n-channel IGBT with low $R_{diff,on}$ and fast switching[J]. Material Science Forum, 2008, 600: 1183-1186.

[5] Clarle R. An introduction to the air cored coil[EB/OL]. (2010-04-04)[2022-06-10]. http://info.ee.surrey.ac.uk/Workshop/advice/coils/air_coils.html.

[6] Parastar A, Seok J. High-gain resonant switched-capacitor cell-based DC/DC converter for offshore wind energy systems[J]. IEEE Transactions on Power Electronics, 2015, 30(2): 644-656.

[7] Parastar A, Kang Y C, Seok J. Multilevel modular DC/DC power converter for high-voltage DC-connected offshore wind energy applications[J]. IEEE Transactions on Industrial Electronics, 2015, 62(5): 2879-2890.

# 第3章　LC 并联谐振升压变换器

第 1 章中指出谐振升压类新能源并网 MV DC/DC 变换器大多存在以下不足：一是整个负载范围内开关频率变化较大，不利于输入/输出滤波器的设计；二是谐振电感单向磁化或非对称双向磁化，磁芯利用率不高，导致谐振电感体积和重量都较大，损耗也相应增加。针对上述谐振变换器的不足，本章提出一种新型 LC 并联谐振升压变换器，该变换器可实现较高的电压增益，实现开关管的零电压开通和近似零电压关断以及整流二极管的零电流关断，同时开关频率变化范围较小，谐振电感对称双向磁化。本章详细分析所提出的谐振升压变换器的工作原理，并对谐振参数进行优化设计，对其控制方法进行研究，最后研制了一台 100V/1000V、1kW 的原理样机进行实验验证。

## 3.1　工　作　原　理

图 3.1 为本章提出的 LC 并联谐振升压变换器，主要由输入阻断二极管 $D_{b1}$、$D_{b2}$、全桥电路($Q_1 \sim Q_4$)、LC 并联谐振网络和输出倍压整流电路组成。图 3.2 给出了该变换器的主要工作波形，$Q_1$ 和 $Q_4$ 同时开通和关断，$Q_2$ 和 $Q_3$ 同时开通和关断，一个开关周期包括 8 个开关模态，等效电路如图 3.3 所示。在分析之前，做如下假设：①所有开关管、二极管、电感和电容均为理想元器件；②输出滤波电容 $C_{o1}$、$C_{o2}$ 足够大且相等，滤波电容电压为输出电压 $V_o$ 的一半，$V_o$ 为恒定电压。

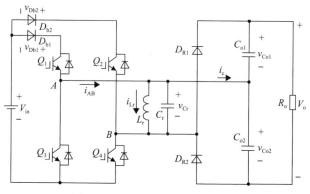

图 3.1　LC 并联谐振升压变换器

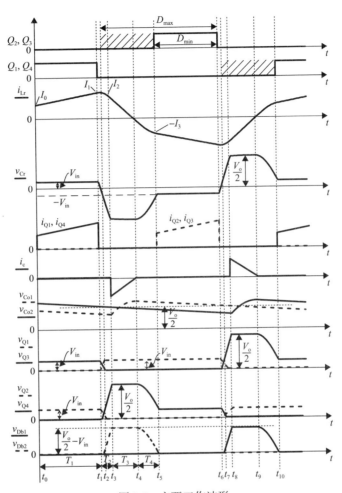

图 3.2　主要工作波形

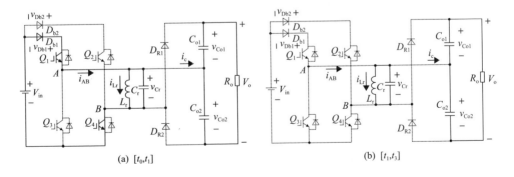

(a) $[t_0, t_1]$　　　　　　　　　(b) $[t_1, t_3]$

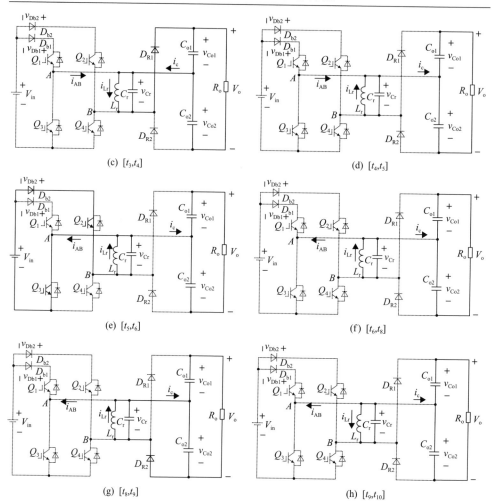

(c) $[t_3,t_4]$　　　　　　　　　　　　　　(d) $[t_4,t_5]$

(e) $[t_5,t_6]$　　　　　　　　　　　　　　(f) $[t_6,t_8]$

(g) $[t_8,t_9]$　　　　　　　　　　　　　　(h) $[t_9,t_{10}]$

图 3.3　各种开关模态下的等效电路

1）开关模态 1$[t_0, t_1]$

在 $t_0$ 时刻开通 $Q_1$ 和 $Q_4$，谐振电容 $C_r$ 两端电压 $v_{Cr}=V_{in}$，$V_{in}$ 加在谐振电感 $L_r$ 两端，向 $L_r$ 储能，$i_{Lr}$ 从 $I_0$ 线性增加，负载电流由 $C_{o1}$ 与 $C_{o2}$ 提供，$t_1$ 时刻 $i_{Lr}$ 增加到 $I_1$。

$$I_1 = I_0 + \frac{V_{in}T_1}{L_r} \tag{3.1}$$

式中，$T_1$ 为 $t_0 \sim t_1$ 的时间间隔。

$V_{in}$ 向 $L_r$ 中存储的能量为

$$E_{in} = \frac{1}{2}L_r\left(I_1^2 - I_0^2\right) \tag{3.2}$$

2) 开关模态 $2[t_1, t_3]$

在 $t_1$ 时刻关断 $Q_1$ 和 $Q_4$，此后 $L_r$ 与 $C_r$ 发生并联谐振，即 $C_r$ 向 $L_r$ 放电，$v_{Cr}$ 从 $V_{in}$ 开始下降，$i_{Lr}$ 从 $I_1$ 谐振增加，与此同时，考虑到开关器件的输出电容以及二极管的结电容，有图 3.4(a) 所示的开关器件输出电容充放电过程，其中 $C_{Q1} \sim C_{Q4}$ 分别为 $Q_1 \sim Q_4$ 的输出电容，输入电源经过 $D_{b1}$ 和谐振单元给 $C_{Q1}$ 和 $C_{Q4}$ 充电，$C_{Q2}$ 和 $C_{Q3}$ 经过谐振单元和 $D_{b2}$ 的结电容放电。为了实现 $Q_2$ 和 $Q_3$ 的零电压开通，在 $D_{b2}$ 两端需并联上一个相对于开关器件输出电容大 10 倍左右的电容，则在此充放电过程中 $D_{b2}$ 两端电容近似不变，相当于将 $D_{b2}$ 短路。由于 $C_r$ 比开关器件的输出电容大很多，因此 $Q_1$ 和 $Q_4$ 两端电压缓慢上升，$Q_1$ 和 $Q_4$ 可近似为零电压关断。当 $v_{Cr}$ 下降为零时，$i_{Lr}$ 达到其最大值，此时 $Q_1$ 和 $Q_4$ 两端电压上升到 $V_{in}/2$，而 $Q_2$ 和 $Q_3$ 两端电压下降到 $V_{in}/2$。之后 $L_r$ 与 $C_r$ 继续并联谐振，$v_{Cr}$ 将从零反向增加而 $i_{Lr}$ 则谐振下降。

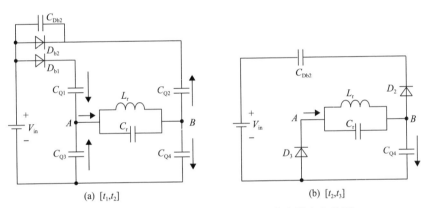

(a) $[t_1, t_2]$       (b) $[t_2, t_3]$

图 3.4 开关模态 2 中开关器件输出电容充放电电路图

到 $t_2$ 时刻，$v_{Cr} = -V_{in}$，此时 $Q_1$ 和 $Q_4$ 两端电压上升到 $V_{in}$，而 $Q_2$ 和 $Q_3$ 两端电压下降到零，可以零电压开通 $Q_2$ 和 $Q_3$，需要注意的是，虽然此时可以开通 $Q_2$ 和 $Q_3$，但并没有电流流过。$t_2$ 之后，$L_r$ 继续对 $C_r$ 进行反向充电，$v_{Cr}$ 从 $-V_{in}$ 继续负向增加，$i_{Lr}$ 继续谐振下降，此时输入阻断二极管 $D_{b2}$ 将承受反向电压，$Q_4$ 两端电压将从 $V_{in}$ 继续上升，而 $Q_1$ 两端电压保持在 $V_{in}$ 不变，其等效电路如图 3.4(b) 所示。

到 $t_3$ 时刻，$v_{Cr} = -V_o/2$，$i_{Lr}$ 下降到 $I_2$。此时 $Q_4$ 两端电压上升到 $V_o/2$，而 $D_{b2}$ 两端电压上升到 $V_o/2 - V_{in}$。可见，在 $t_1 \sim t_3$ 这段时间内，只是 $L_r$ 和 $C_r$ 之间进行能量交换，但 $L_r$ 和 $C_r$ 上的总能量不变，即

$$\frac{1}{2}L_r I_1^2 + \frac{1}{2}C_r V_{in}^2 = \frac{1}{2}L_r I_2^2 + \frac{1}{2}C_r \left(\frac{V_o}{2}\right)^2 \tag{3.3}$$

利用拉普拉斯变换求得

$$i_{\mathrm{Lr}}(t) = \frac{V_{\mathrm{in}}}{Z_{\mathrm{r}}} \sin\left[\omega_{\mathrm{r}}(t - t_1)\right] + I_1 \cos\left[\omega_{\mathrm{r}}(t - t_1)\right] \tag{3.4}$$

$$v_{\mathrm{Cr}}(t) = V_{\mathrm{in}} \cos\left[\omega_{\mathrm{r}}(t - t_1)\right] - I_1 Z_{\mathrm{r}} \sin\left[\omega_{\mathrm{r}}(t - t_1)\right] \tag{3.5}$$

$$T_2 = \frac{1}{\omega_{\mathrm{r}}}\left[\arcsin\left(\frac{V_{\mathrm{in}}}{\sqrt{V_{\mathrm{in}}^2 + \frac{L_{\mathrm{r}} I_1^2}{C_{\mathrm{r}}}}}\right) + \arcsin\left(\frac{V_{\mathrm{o}}}{2\sqrt{V_{\mathrm{in}}^2 + \frac{L_{\mathrm{r}} I_1^2}{C_{\mathrm{r}}}}}\right)\right] \tag{3.6}$$

式中，$\omega_{\mathrm{r}} = 1\big/\sqrt{L_{\mathrm{r}} C_{\mathrm{r}}}$；$Z_{\mathrm{r}} = \sqrt{L_{\mathrm{r}}/C_{\mathrm{r}}}$；$T_2$ 为 $t_1 \sim t_3$ 的时间间隔。

3) 开关模态 3[$t_3, t_4$]

在 $t_3$ 时刻，$v_{\mathrm{Cr}} = -V_{\mathrm{o}}/2$，$D_{\mathrm{R1}}$ 自然导通，$i_{\mathrm{Lr}}$ 流过 $D_{\mathrm{R1}}$ 给 $C_{\mathrm{o1}}$ 充电，并提供负载电流，$v_{\mathrm{Cr}}$ 保持不变，$i_{\mathrm{Lr}}$ 线性下降，直到 $t_4$ 时刻，$i_{\mathrm{Lr}} = 0$，此开关模态结束。

$t_3 \sim t_4$ 的时间间隔 $T_3$ 为

$$T_3 = \frac{2 I_2 L_{\mathrm{r}}}{V_{\mathrm{o}}} \tag{3.7}$$

在此开关模态内 $L_{\mathrm{r}}$ 向负载端传递的能量为

$$E_{\mathrm{out}} = \frac{V_{\mathrm{o}} I_2 T_3}{4} \tag{3.8}$$

负载在半个开关周期内消耗的能量为

$$E_{\mathrm{R}} = \frac{V_{\mathrm{o}} I_{\mathrm{o}} T_{\mathrm{s}}}{2} \tag{3.9}$$

式中，$T_{\mathrm{s}}$ 为开关周期。

根据能量守恒定则，在半个周期内有

$$E_{\mathrm{in}} = E_{\mathrm{out}} = E_{\mathrm{R}} \tag{3.10}$$

由式(3.7)～式(3.10)可得

$$I_2 = V_{\mathrm{o}} \sqrt{\frac{I_{\mathrm{o}} T_{\mathrm{s}}}{V_{\mathrm{o}} L_{\mathrm{r}}}} \tag{3.11}$$

$$T_3 = 2\sqrt{\frac{T_{\mathrm{s}} I_{\mathrm{o}} L_{\mathrm{r}}}{V_{\mathrm{o}}}} \tag{3.12}$$

4) 开关模态 4[$t_4$, $t_5$]

在 $t_4$ 时刻，$i_{Lr}$ 下降到零，$D_{R1}$ 实现零电流关断，此后 $L_r$ 与 $C_r$ 发生并联谐振，即 $C_r$ 向 $L_r$ 放电，$v_{Cr}$ 从 $-V_o/2$ 开始正向上升，$i_{Lr}$ 从零开始负向谐振增加，直到 $t_5$ 时刻，$v_{Cr}= -V_{in}$，$i_{Lr}=-I_3$，此开关模态结束。在这段时间内，$L_r$ 和 $C_r$ 上的总能量保持不变，即

$$\frac{1}{2}C_r\left(\frac{V_o}{2}\right)^2 = \frac{1}{2}L_r I_3^2 + \frac{1}{2}C_r V_{in}^2 \tag{3.13}$$

由工作对称性可得

$$I_0 = I_3 = \frac{1}{2}\sqrt{\frac{C_r\left(V_o^2 - 4V_{in}^2\right)}{L_r}} \tag{3.14}$$

利用拉普拉斯变换可得

$$i_{Lr}(t) = -\frac{V_o}{2\omega_r L_r}\sin\left[\omega_r\left(t-t_5\right)\right] \tag{3.15}$$

$$v_{Cr}(t) = \frac{-V_o\cos\left[\omega_r\left(t-t_5\right)\right]}{2} \tag{3.16}$$

$$T_4 = \frac{1}{\omega_r}\arccos\left(\frac{2V_{in}}{V_o}\right) \tag{3.17}$$

若在 $t_5$ 时刻之前开通 $Q_2$ 和 $Q_3$，则在 $t_5$ 时刻之后，$Q_2$ 和 $Q_3$ 自然导通，$V_{in}$ 通过 $Q_2$ 和 $Q_3$ 向 $L_r$ 储能，$i_{Lr}$ 负向线性增加，类似于开关模态 1。

若在 $t_5$ 时刻之前没有开通 $Q_2$ 和 $Q_3$，则 $t_5$ 时刻之后，$L_r$ 与 $C_r$ 并联谐振，此时若再开通 $Q_2$ 和 $Q_3$，则失去零电压开通条件，因此为减小开关损耗，$Q_2$ 和 $Q_3$ 必须于 $t_5$ 时刻之前开通。

[$t_5$, $t_{10}$]的工作模态与之前的类似，不再重复。

## 3.2　特性分析与参数设计

由 3.1 节的分析可知，$Q_1$ 和 $Q_2$ 的电压应力为输入电压，$Q_3$ 和 $Q_4$ 的电压应力为输出电压的一半，$D_{b1}$ 和 $D_{b2}$ 的电压应力均为输出电压的一半减去输入电压，相比于传统的谐振电路，功率器件的电压应力大幅减小。此外，谐振网络的峰值电压也为输出电压的一半，相比于第 1 章中介绍的谐振型升压变换器，本章提出的谐振升压变换器的器件电压应力大为减小，可降低成本和损耗。

在半个周期内有

$$T_1 + T_2 + T_3 + T_4 = \frac{T_s}{2} \tag{3.18}$$

由式(3.1)～式(3.14)可得

$$V_o I_o T_s = \frac{V_{in}^2 T_1^2}{L_r} + V_{in} T_1 \sqrt{\frac{C_r \left( V_o^2 - 4V_{in}^2 \right)}{L_r}} \tag{3.19}$$

由式(3.19)可得

$$T_1 = \frac{\sqrt{\dfrac{C_r \left( \dfrac{V_o^2}{4} - V_{in}^2 \right) + V_o I_o T_s}{L_r}} - \dfrac{1}{2}\sqrt{\dfrac{C_r \left( V_o^2 - 4V_{in}^2 \right)}{L_r}}}{\dfrac{V_{in}}{L_r}} \tag{3.20}$$

由式(3.17)可得变换器的电压增益:

$$\frac{V_o}{V_{in}} = \frac{2}{\cos\left( \omega_r T_4 \right)} \tag{3.21}$$

从式(3.21)可以看出以下两点:一是对于给定的电压增益(大于2)以及谐振电感和电容值,总有一个 $T_4$ 能够满足等式,也就是说如果不考虑开关频率的范围,在给定的谐振参数下,电压增益可以无限大,如图 3.5 所示;二是对于给定的电

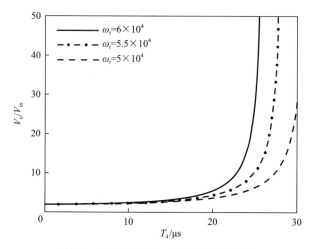

图 3.5　电压增益与 $\omega_r$ 和 $T_4$ 的关系曲线

压增益和 $\omega_r$，即使 $T_4$ 是固定的，但是 $T_1$、$T_2$、$T_3$ 都与 $L_r$ 和 $C_r$ 有关，这就意味着不同的谐振电感和谐振电容组合会影响到变换器的开关频率。

将式 (3.20) 代入式 (3.1)，可得

$$I_1 = \sqrt{\frac{C_r\left(\dfrac{V_o^2}{4} - V_{in}^2\right) + V_o I_o T_s}{L_r}} \tag{3.22}$$

将式 (3.22) 代入式 (3.3)，可得

$$I_2 = \sqrt{\frac{V_o I_o T_s}{L_r}} \tag{3.23}$$

将式 (3.22) 代入式 (3.6)，可得

$$T_2 = \frac{1}{\omega_r}\left[\arcsin\left(\frac{2V_{in}}{\sqrt{V_o^2 + \dfrac{4V_o I_o T_s}{C_r}}}\right) + \arcsin\left(\frac{V_o}{\sqrt{V_o^2 + \dfrac{4V_o I_o T_s}{C_r}}}\right)\right] \tag{3.24}$$

由式 (3.12)、式 (3.17)、式 (3.18)、式 (3.20) 和式 (3.24) 可得式 (3.25)：

$$\frac{\sqrt{\dfrac{C_r\left(\dfrac{V_o^2}{4} - V_{in}^2\right) + V_o I_o T_s}{L_r}} - \dfrac{1}{2}\sqrt{\dfrac{C_r\left(V_o^2 - 4V_{in}^2\right)}{L_r}} + 2\sqrt{\dfrac{T_s I_o L_r}{V_o}}}{\dfrac{V_{in}}{L_r}}$$

$$+ \frac{1}{\omega_r}\left[\arcsin\left(\frac{2V_{in}}{\sqrt{V_o^2 + \dfrac{4V_o I_o T_s}{C_r}}}\right) + \arcsin\left(\frac{V_o}{\sqrt{V_o^2 + \dfrac{4V_o I_o T_s}{C_r}}}\right)\right] + \frac{1}{\omega_r}\arccos\left(\frac{2V_{in}}{V_o}\right) = \frac{T_s}{2}$$

$$\tag{3.25}$$

在空载情况下有 $I_o=0$，则由式 (3.25) 可得在空载情况下为

$$f_s = f_r, \quad I_o = 0 \tag{3.26}$$

式中，$f_s$ 为开关频率；$f_r$ 为 $L_r$ 与 $C_r$ 的谐振频率。

可见，在空载条件下，该变换器的开关频率等于 $L_r$ 与 $C_r$ 的谐振频率。其实从图 3.2 也可以直观地看出，在空载时，由于没有能量的输入（$T_1$ 时段）与输出（$T_3$

时段），也即 $T_1=T_3=0$，则变换器一直处于谐振状态，所以开关频率就等于谐振频率。而在有载情况下，$T_1$ 与 $T_3$ 都大于零，则开关频率低于谐振频率，负载越重，开关频率越低。可见该变换器的最高开关频率为

$$f_{smax}=f_r \tag{3.27}$$

从 3.1 节的分析可以看出，为了实现开关管的零电压开通，变换器的最小占空比为

$$D_{min} = T_1/T_s \tag{3.28}$$

而允许的最大导通时间为 $t_2 \sim t_6$ 时段，由式(3.5)可得 $t_1 \sim t_2$ 的时间间隔 $\Delta T$ 为

$$\Delta T = \frac{2}{\omega_r} \arcsin\left(\frac{2V_{in}}{\sqrt{V_o^2 + \dfrac{4V_o I_o T_s}{C_r}}}\right) \tag{3.29}$$

则变换器的最大占空比为

$$D_{max} = \frac{T_s/2 - \Delta T}{T_s} \tag{3.30}$$

下面以一个具体的例子来对该变换器参数进行设计，设 $V_{in}=4\times(\pm 10\%)$kV，$V_o=80$kV，最大功率 $P_{max}=5$MW，$f_{smax}=5$kHz。则由式(3.25)可求得满载时 $T_s$ 关于 $L_r$ 的关系式。借助数学分析软件 Maple 进行数值计算，可以得到 $L_r$ 与 $T_s$ 的关系曲线，如图 3.6 所示。由式(3.14)、式(3.22)和式(3.25)可以得到 $L_r$ 与 $I_0$ 和 $I_1$ 的关系曲线，如图 3.7 所示。

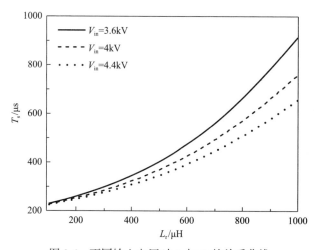

图 3.6　不同输入电压时 $L_r$ 与 $T_s$ 的关系曲线

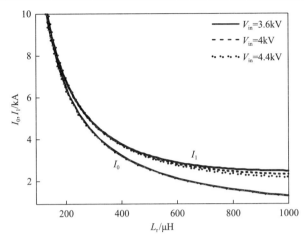

图 3.7　不同输入电压时 $L_r$ 与 $I_0$ 和 $I_1$ 的关系曲线

从图 3.6 可以看出，$L_r$ 越大，满载时 $T_s$ 越大，开关频率越低，即开关频率变化范围越宽，越不利于输入输出滤波器和磁性元件的设计，而 $L_r$ 越小，满载时 $T_s$ 越小，开关频率越高，即开关频率变化范围越窄，越有利于输入输出滤波器和磁性元件的设计。而从图 3.7 可以看出，$L_r$ 越小，$I_0$ 和 $I_1$ 越大，即功率器件的峰值电流越大，越不利于功率器件的选择；而 $L_r$ 越大则越有利于功率器件的选择。

可见，$L_r$ 的选择需要折中考虑以上两方面的影响，最终选定最低开关频率为 2.1kHz，则 $L_r$ 为 600μH，$C_r$ 为 1.68μF，相应的开关管峰值电流为 2850A，约为平均输入电流的两倍。

谐振参数确定后，可由式(3.25)求得不同输入电压时开关频率与输出功率的关系曲线，如图 3.8 所示，从图中可以看出，在整个输入电压和负载范围内，开关频

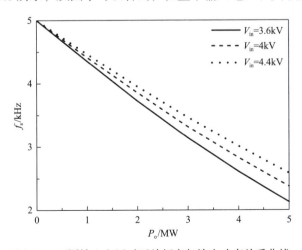

图 3.8　不同输入电压时开关频率与输出功率关系曲线

率变化范围为 2.1～5kHz，同时，开关频率几乎随输出功率的增加而线性降低。

由式(3.28)～式(3.30)可得在不同输出功率时的 $D_{\min}$ 和 $D_{\max}$ 曲线，如图 3.9 所示。从图中可见，$D_{\min}$ 和 $D_{\max}$ 都随输出功率的增大而增大，$D_{\min}$ 最大值为 0.277，$D_{\max}$ 最小值为 0.465。因此，为了在整个输出功率范围内实现开关管的零电压开通，开关管占空比取在 0.277～0.465 区间内的任意值都可以，如图 3.9 的阴影区所示。

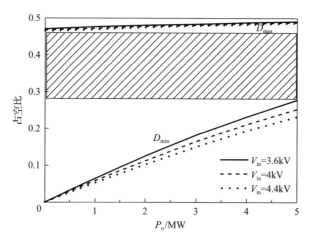

图 3.9　不同输入电压时输出功率与 $D_{\min}$ 和 $D_{\max}$ 的关系曲线

# 3.3　仿 真 验 证

### 3.3.1　稳态仿真

在 PLECS 中搭建了本章所提出的谐振变换器仿真模型，具体仿真参数如表 3.1 所示。

表 3.1　仿真参数

| 参数 | 数值 |
| --- | --- |
| 输入电压 $V_{\text{in}}$ | 3.6～4.4kV |
| 输出电压 $V_{\text{o}}$ | 80kV |
| 谐振电感 $L_{\text{r}}$ | 600μH |
| 谐振电容 $C_{\text{r}}$ | 1.68μF |
| 占空比 $D$ | 0.4 |

图 3.10 给出了负载分别为 5MW 和 1MW（$V_{in}$=4kV）时的仿真波形，从仿真波形中可以看出，$Q_1$ 和 $Q_2$ 的电压应力为 4kV，$Q_3$ 和 $Q_4$ 的电压应力为 40kV，$D_{b1}$ 和 $D_{b2}$ 的电压应力均为输出电压的一半减去输入电压，即为 36kV。此外，$Q_1 \sim Q_4$ 都为零电压开通，关断时开关器件两端电压上升得较为缓慢，可近似为零电压关断，5MW 时的开关频率为 2.3kHz，1MW 时的开关频率为 4.4kHz，与理论分析相一致。两种功率下开关管的占空比都是 0.4，验证了定占空比条件下的变频控制方法的可行性。

### 3.3.2　动态仿真

为了验证变换器的动态性能，对变换器进行了输入电压跳变和负载跳变的动

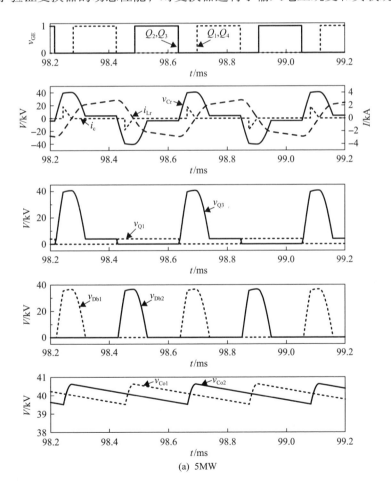

(a) 5MW

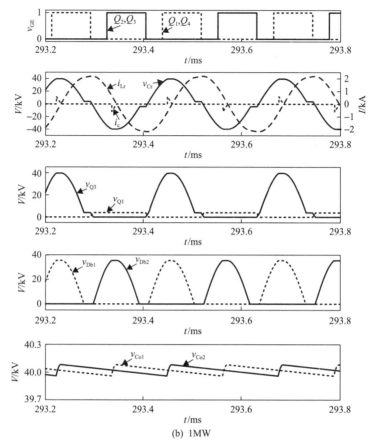

图 3.10　不同负载时的稳态工作波形

态仿真。图 3.11(a) 给出了满载时输入电压从 4kV 到 4.4kV 突变时的仿真波形，可以看出，输出电压得到了很好的调节，稳定在 80kV，同时开关频率从 2.3kHz 升到 2.5kHz 左右；图 3.11(b) 给出了 4kV 输入时负载从满载(5MW)突减到 40%(2MW)满载时的仿真波形，可以看出，输出电压得到了很好的调节，稳定在 80kV，同时开关频率从 2.3kHz 升到 3.8kHz，仿真波形的数据和图 3.8 的理论分析相一致。

### 3.3.3　对比仿真

英国阿伯丁大学 Jovcic 教授提出了如图 1.9 所示的一种 LC 串联谐振升压 (SRS)变换器，与本章提出的变换器结构非常相似，并且都属于谐振变换器，为进一步分析本章提出的谐振变换器在电压电流应力方面的优点，本节搭建了 SRS 变换器拓扑的仿真模型，仿真参数如表 3.2 所示。在 4kV/80kV/5MW、工作频率

2kHz 情况下对这两种变换器中功率半导体器件的电压电流应力进行比较。SRS 变换器可工作于电流连续模式和电流断续模式，由于电流连续模式下开关器件不能实现软开关，开关损耗较大，因此不予考虑。当变换器工作于电流断续模式时，相同电压和功率条件下，电流断续时间越长，电感的最大电流就越大，从而引起功率半导体器件电流应力变大，因此仿真中设计 SRS 变换器工作于临界连续模式下，既使得器件实现软开关，又尽量减小器件的电流应力，仿真波形如图 3.12 所示。

表 3.3 和表 3.4 分别给出了两种变换器开关管和二极管的电压峰值、电流峰值和电流平均值。采用 Peak SDP（switching device power，开关器件功率）和 Average SDP 来表示所有半导体器件电压电流应力的情况。其中 Peak SDP 由所有半导体器件的电压峰值乘以电流峰值然后再求和得到，Average SDP 由所有半导体器件电压峰值乘以电流平均值然后再求和得到。图 3.13 给出了两种拓扑的 Peak SDP 和 Average SDP。

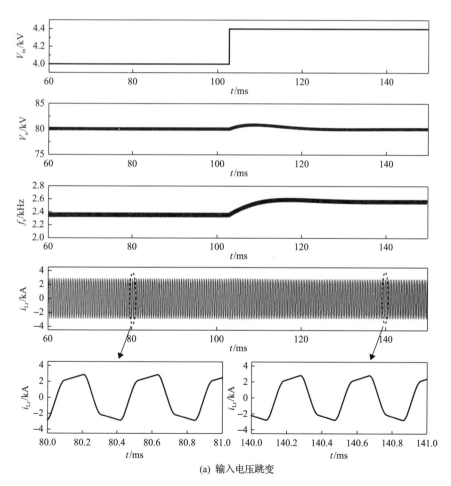

(a) 输入电压跳变

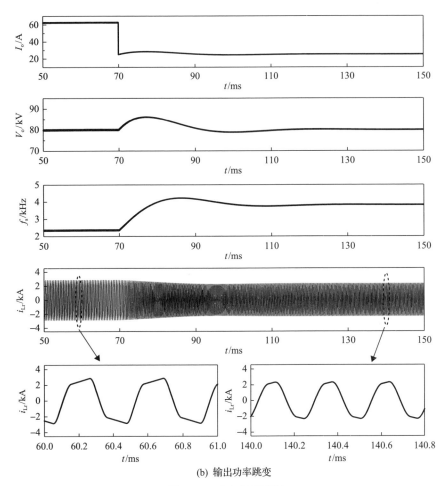

(b) 输出功率跳变

图 3.11 动态仿真波形

表 3.2 SRS 变换器仿真模型的参数

| 参数 | 数值 |
| --- | --- |
| $V_{in}$ | 4kV |
| $V_o$ | 80kV |
| $L_r$ | 3.413mH |
| $C_r$ | 1.855μF |
| $C_o$ | 22μF |
| $f_s$ | 2kHz |

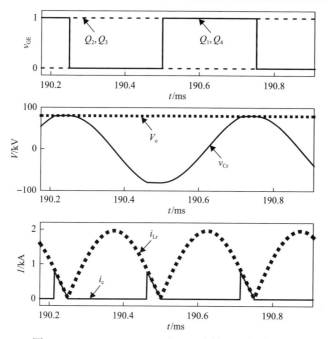

图 3.12　4kV/80kV/5MW 时 SRS 变换器的仿真波形

表 3.3　SRS 变换器的仿真结果

| 参数 | $D_{R1}$ | $D_{R2}$ | $D_{R3}$ | $D_{R4}$ | $Q_1$ | $Q_2$ | $Q_3$ | $Q_4$ |
|------|------|------|------|------|------|------|------|------|
| $v_p$/kV | 80 | 80 | 80 | 80 | 80 | 80 | 80 | 80 |
| $i_p$/A | 756 | 756 | 756 | 756 | 1953 | 1953 | 1953 | 1953 |
| $i_{ave}$/A | 30 | 30 | 30 | 30 | 622.5 | 622.5 | 622.5 | 622.5 |

表 3.4　本章提出的谐振变换器的仿真结果

| 参数 | $D_{b1}$ | $D_{b2}$ | $D_{R1}$ | $D_{R2}$ | $Q_1$ | $Q_2$ | $Q_3$ | $Q_4$ |
|------|------|------|------|------|------|------|------|------|
| $v_p$/kV | 36 | 36 | 80 | 80 | 4 | 4 | 40 | 40 |
| $i_p$/A | 2285 | 2285 | 2008 | 2008 | 2285 | 2285 | 2285 | 2285 |
| $i_{ave}$/A | 624 | 624 | 62.6 | 62.6 | 624 | 624 | 624 | 624 |

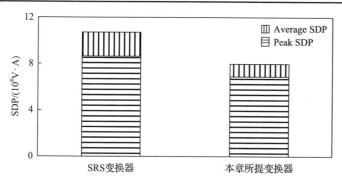

图 3.13　两种变换器的 Peak SDP 和 Average SDP

从图 3.13 可以很容易看出本章提出的谐振升压变换器在电压电流应力上相比 SRS 变换器有明显的优势，电压电流应力的降低不仅有利于器件选型，减少串并联器件的个数，也有利于减少器件的损耗，提高整个变换器的效率，以及延长器件的寿命。

# 3.4　实　验　验　证

## 3.4.1　控制电路设计

由以上分析可知，本章所提变换器可以采用定占空比的变频控制，主要控制电路框图如图 3.14 所示。本章采用 SG3525 作为 PWM 的产生芯片，通过外围电路的设计使芯片工作于变频方式。SG3525 的 2 脚连接一个恒定电压用来得到恒定的占空比。SG3525 的振荡频率是由 $R_T$ 和 $C_T$ 决定的，它们分别接在 6 脚和 5 脚。因此连接一个外围电阻 $R_{T2}$ 到 6 脚，通过调节 $R_{T2}$ 另一端的电压 $v_{FB}$ 就可以实现对振荡频率的控制。由式 (3.25) 可知，在其他参数固定的情况下，当频率变大时输出电压减小，所以电压调节的过程可以这样表示为

$$V_o \uparrow \to v_f \uparrow \to v_{FB} \downarrow \to f_s \uparrow \to V_o \downarrow \to V_o \text{ 恒定}$$

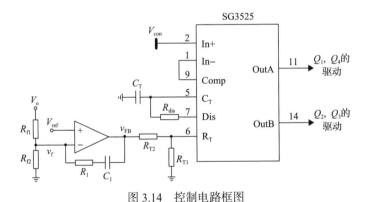

图 3.14　控制电路框图

## 3.4.2　样机参数

为了验证所提出的谐振升压变换器的可行性，本节设计了一台最大负载功率为 1kW 的原理样机。具体参数如下：输入电压 $V_{in} = 100 \times (\pm 20\%)$ V，输出电压 $V_o = 1000$V，输出满载电流 $I_{omax} = 1$A，最高开关频率 $f_{smax} = 10$kHz，由于实际产品选型限制，选 $C_r = 0.8\mu F$，$L_r = 1200\mu H$。表 3.5 给出了具体器件的选型。

表 3.5　实验器件选型

| 器件 | 型号 |
|---|---|
| $D_{b1}$、$D_{b2}$ | FF200R17KE3 |
| $Q_1 \sim Q_4$ | FF200R17KE3 |
| $D_{R1}$、$D_{R2}$ | IXYSDSDI60-18A |
| $L_r$ | 两副 EE110 磁芯 |
| $C_r$ | RMJ-MT0.5μF4000V.DC |
| $C_{o1}$、$C_{o2}$ | DMJ-MC150μF1200V.DC |
| IGBT 驱动 | TX-DA962D4 |

### 3.4.3　稳态实验

图 3.15 给出了输入电压为 100V 时负载分别为 1kW[(a)～(c)]和 200W[(d)～(f)]时的实验波形(C1 代表示波器中的通道 1，余同)，图 3.16 给出了输入电压为 120V 时负载分别为 1kW[(a)～(c)]和 200W[(d)～(f)]时的实验波形。从图 3.15 可以看出，$Q_1$ 的电压应力为 100V，等于输入电压，$Q_4$ 的电压应力为 500V，等于输出电压的一半，$D_{b1}$ 的电压应力约为 400V，等于输出电压的一半减去输入电压，LC 谐振单元上的最大电压为 500V，等于输出电压的一半；$Q_4$ 开通时，其发射极和集电极之间的电压已为零，当 $Q_4$ 关断时，发射极和集电极之间的电压上升很小，可见其实现了开关管的零电压开通和关断，与前面的理论分析相一致。需要说明的是 $i_{Q4}$ 的振荡是由电路寄生参数引起的。

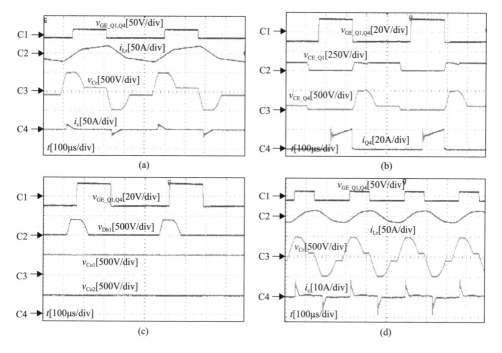

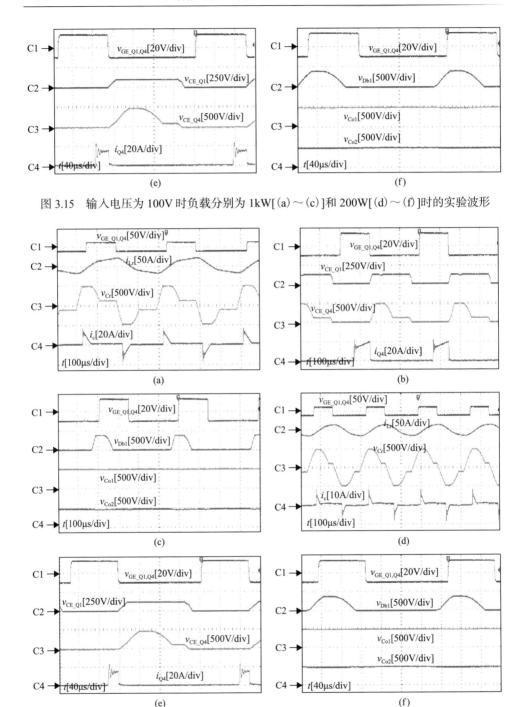

图 3.15 输入电压为 100V 时负载分别为 1kW[(a)～(c)]和 200W[(d)～(f)]时的实验波形

图 3.16 输入电压为 120V 时负载分别为 1kW[(a)～(c)]和 200W[(d)～(f)]时的实验波形

### 3.4.4　动态实验

图 3.17 给出了输入电压在 80V 与 120V 之间突变时的实验波形, 图 3.18 给出了负载电流在 1A 与 0.4A 之间突变时的实验波形, 从动态实验波形中可以看出, 输出电压经过调节后可很好地稳定在 1000V。

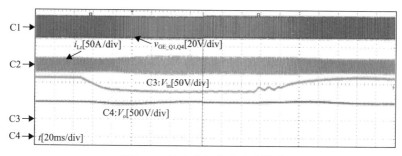

图 3.17　输入电压突变实验波形

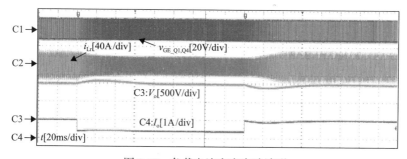

图 3.18　负载电流突变实验波形

图 3.19 为测试的变换器效率曲线, 图 3.19(a) 为额定输入电压不同负载时的效率曲线, 图 3.19(b) 为不同输入电压满载时的效率曲线, 最高效率达 95.2%。从

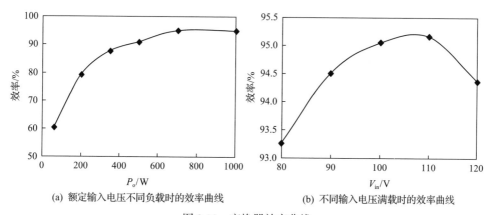

(a) 额定输入电压不同负载时的效率曲线　　　　　(b) 不同输入电压满载时的效率曲线

图 3.19　变换器效率曲线

图 3.19(a)可以看出变换器的效率随着输出功率的减小而减小，这是因为相同输入输出电压情况下变换器的功率越小，开关频率越大，开关管的导通损耗越大。在轻载情况下开关管的开关损耗是整个变换器的主要损耗。

如果输出功率固定，则输入电流的平均值随着输入电压的增大而减小，因此，开关管的导通损耗随着输入电压的增大而减小。但是从图 3.8 可以看出开关频率随着输入电压的增加而增加，因此开关损耗随着输入电压的增加而增加，综合上面两个因素，随着输入电压的增大，变换器的效率先增大后减小，如图 3.19(b)所示。

## 3.5 本 章 小 结

本章提出了一种新型 LC 谐振升压变换器，详细分析了其工作原理以及工作特性，在此基础上提出了其控制策略，并给出了具体实现方案，最后通过搭建 4kV/80kV/5MW 的仿真平台以及研制了一台 100V/1000V/1kW 的原理样机对理论分析和设计进行了验证。仿真和实验验证表明，本章提出的 LC 谐振升压变换器具有如下优点：①所有开关管均实现 ZVS；②开关频率变化范围较小，易于优化设计磁性元件；③相比于传统的谐振变换器，元器件的电压应力较低，其中全桥的两个桥臂的上管的电压应力仅为输入电压，下管的电压应力为输出电压的一半，谐振电容和谐振电感的电压应力为输出电压的一半，原边二极管的电压应力为输出电压的一半减去输入电压。

# 第4章 支干分流型零电流开关全桥变换器

由第 1 章所述的适用于新能源发电 MVDC 汇集的隔离型单模块大容量类 DC/DC 变换器可知，现有拓扑能实现主开关管的 ZCS，但存在开关管数量偏多和高压电感制作困难等问题。为此，采用元件复用思想，如通过复用一个半桥电路，可以节省两个开关管。此外，融合 SAB 变换器中只含原边低压电感的结构特点，可以避免使用高压电感。基于上述两点，本章提出一种输出容性滤波的支干分流型 ZCS 全桥变换器，只需六个开关管即可组成两个全桥单元，且保留了主开关管的 ZCS。本章将详细介绍该变换器的工作原理、软开关特性和变压器匝比等主要参数的设计方法，并进行仿真和实验验证。

## 4.1 变换器主电路及其工作原理

本章所提出的支干分流型 ZCS 全桥变换器如图 4.1 所示，所有开关管均选用 IGBT。四个开关管 $Q_1 \sim Q_4$、电感 $L_t$ 和主变压器 $T_{r1}$ 的原边绕组组成主全桥电路，其中 $L_t$ 可以是 $T_{r1}$ 的漏感或者外串电感与 $T_{r1}$ 漏感之和。四个开关管 $Q_3 \sim Q_6$ 和辅变压器 $T_{r2}$ 的原边绕组组成辅助全桥电路，其中 $Q_5$ 和 $Q_6$ 分别额外有一个并联电容 $C_5$ 和 $C_6$。显然，$Q_3$ 和 $Q_4$ 为两个全桥电路所共用。$T_{r1}$ 和 $T_{r2}$ 的副边绕组直接串联在一起作为倍压整流电路(由两个整流二极管 $D_{R1}$ 和 $D_{R2}$、两个输出滤波电容 $C_{o1}$ 和 $C_{o2}$ 组成)的输入，两个变压器的副边绕组匝数与原边绕组匝数之比分别为 $N_1$ 和 $N_2$。为使变换器能正常工作，$N_1$ 应大于 $N_2$，详细的参数设计在 4.2.1 节中给出。通过合理设计 $N_1$ 和 $N_2$，主全桥电路将传输总功率的绝大部分，如 90%或者更高，而剩下的小部分功率则由辅助全桥电路传输。因此，主全桥电路中 $T_{r1}$ 的原边电流 $i_{p1}$ 也可称为主干路电流，辅助全桥电路中 $T_{r2}$ 的原边电流 $i_{p2}$ 则称为辅助支路电流。

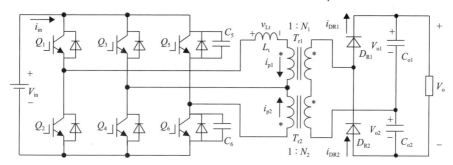

图 4.1 支干分流型 ZCS 全桥变换器

图 4.2 给出了该变换器的典型工作波形。主全桥电路对角线上的开关管($Q_1$ 和 $Q_4$，$Q_2$ 和 $Q_3$)以 50%的固定占空比(已考虑足够的死区时间)同时开通和关断。$Q_5$ 和 $Q_6$ 则采用 PWM 斩波控制，且分别与 $Q_1$ 和 $Q_2$ 有相同的开通起点。在详细分析之前，先做如下假设:

(1)所有开关管、二极管、电感和电容都是理想元器件;

(2)$C_{o1}$ 和 $C_{o2}$ 完全相等且足够大，因此认为输出电压 $V_o$ 恒定，另外，两个滤波电容电压满足 $V_{o1}=V_{o2}=V_o/2$;

(3)$T_{r2}$ 的漏感足够小且可忽略不计。

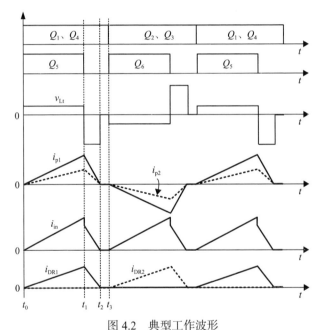

图 4.2 典型工作波形

由图 4.2 可知，该变换器在半个开关周期内有三个开关模态，其等效电路分别如图 4.3 所示。

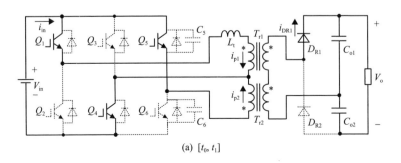

(a) $[t_0, t_1]$

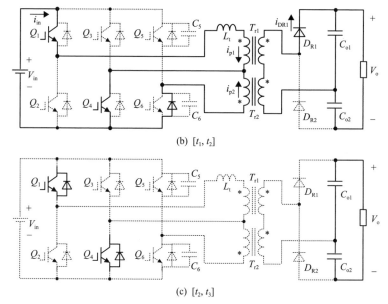

(b) [$t_1$, $t_2$]

(c) [$t_2$, $t_3$]

图 4.3　各开关模态的等效电路

1) 开关模态 1[$t_0$, $t_1$]

$t_0$ 是一个新开关周期的起点，在该时刻，$Q_2$ 和 $Q_3$ 被关断，而 $Q_1$、$Q_4$ 和 $Q_5$ 则被开通。从图 4.2 所示的电流波形可知，在 $t_0$ 时刻之前所有开关管中都没有电流流过。因此，$Q_2$ 和 $Q_3$ 是 ZCS 关断，而 $Q_1$、$Q_4$ 和 $Q_5$ 是 ZCS 开通。$Q_1$、$Q_4$ 和 $Q_5$ 开通后，能量通过 $Q_1$、$Q_4$、$Q_5$、$L_t$、$T_{r1}$、$T_{r2}$ 和 $D_{R1}$ 由输入电压源 $V_{in}$ 传输到负载，如图 4.3(a) 所示。本模态中，$T_{r2}$ 副边绕组电压为 $N_2V_{in}$，因此，$T_{r1}$ 副边绕组电压为 $V_o/2-N_2V_{in}$，且 $L_t$ 两端电压 $v_{Lt}$ 为

$$v_{Lt} = V_{in} + N_2 V_{in}/N_1 - V_o/(2N_1) \tag{4.1}$$

为使得变换器正常工作，本模态中 $v_{Lt}$ 要大于零，从而使得 $i_{p1}$ 线性增加，同时 $i_{p2}$ 和 $D_{R1}$ 的电流 $i_{DR1}$ 也线性增加，因此可得

$$i_{p1}(t) = \frac{V_{in} + N_2 V_{in}/N_1 - V_o/(2N_1)}{L_t}(t - t_0) \tag{4.2}$$

$$i_{DR1}(t) = i_{p1}(t)/N_1 \tag{4.3}$$

$$i_{p2}(t) = i_{p1}(t) N_2/N_1 \tag{4.4}$$

如图 4.3(a) 所示，$i_{p1}$ 流经 $Q_1$、$L_t$、$T_{r1}$ 原边绕组、$Q_4$，$i_{p2}$ 流经 $Q_5$、$T_{r2}$ 原边绕组、$Q_4$，所以流经 $Q_4$ 的电流为 $i_{p1}$、$i_{p2}$ 两者之和。

2)开关模态 2[$t_1$, $t_2$]

在 $t_1$ 时刻关断 $Q_5$，$C_5$ 和 $C_6$ 通过 $i_{p2}$ 分别进行充电和放电，因此，$C_5$ 和 $C_6$ 抑制了 $Q_5$ 端电压的快速上升，帮助 $Q_5$ 实现了 ZVS 关断。另外，$i_{p2}$ 在 $t_1$ 时刻达到峰值，所以 $C_5$ 和 $C_6$ 的充放电时间很短，可忽略不计。当 $C_6$ 放电至零时，$i_{p2}$ 则从 $Q_6$ 的反并联二极管流过，$T_{r2}$ 原边绕组电压也随之下降为零。因此，$T_{r2}$ 副边绕组电压也为零，$T_{r1}$ 副边绕组电压则上升为 $V_o/2$，$v_{Lt}$ 可表示为

$$v_{Lt} = V_{in} - V_o/(2N_1) \tag{4.5}$$

为使得该变换器正常工作，本模态中 $v_{Lt}$ 要小于零，所以 $i_{p1}$、$i_{p2}$、$i_{DR1}$ 线性下降，有

$$i_{p1}(t) = \frac{V_{in} + N_2 V_{in}/N_1 - V_o/(2N_1)}{L_t} DT_s + \frac{V_{in} - V_o/(2N_1)}{L_t}(t - t_1) \tag{4.6}$$

$$i_{DR1}(t) = i_{p1}(t)/N_1 \tag{4.7}$$

$$i_{p2}(t) = i_{p1}(t) N_2/N_1 \tag{4.8}$$

式中，$D$ 为 $Q_5$ 的占空比；$T_s$ 为开关周期。如图 4.3(b)所示，流经 $Q_4$ 的电流仍为 $i_{p1}$、$i_{p2}$ 两者之和。

3)开关模态 3[$t_2$, $t_3$]

通过合理设计 $L_t$、$N_1$ 和 $N_2$，使 $i_{p1}$、$i_{p2}$ 和 $i_{DR1}$ 均在 $t_2$ 时刻下降为零，$D_{R1}$ 实现了 ZCS 关断。此时尽管 $Q_1$ 和 $Q_4$ 处于开通状态，但由于折算到 $T_{r1}$ 副边绕组的电压低于整流输出侧电压，即 $N_1 V_{in} < V_o/2$，所以没有电流流经 $Q_1$ 和 $Q_4$，$i_{p1}$、$i_{p2}$、$i_{DR1}$ 一直为零，负载由两个输出滤波电容供电。$t_3$ 时刻是上半个开关周期的结束点，也是下半个开关周期的起点。在 $t_3$ 时刻，$Q_1$ 和 $Q_4$ 显然实现了 ZCS 关断，$Q_2$、$Q_3$ 和 $Q_6$ 则由于 $L_t$ 抑制了电流的快速上升从而实现了 ZCS 开通。此外，由于开关模态 2 和开关模态 3 中 $Q_6$ 的端电压已经为零，所以 $Q_6$ 的开通实际上实现了零电压零电流开关(zero-voltage zero-current-switching，ZVZCS)。

下半个开关周期与所述上半个开关周期[$t_0$,$t_3$]有类似的工作原理和开关特性，因此六个开关管的软开关特性可以总结为表 4.1。由于主全桥电路传输的功率是辅助全桥电路的数倍，所以 $Q_1 \sim Q_4$ 的额定电流要为 $Q_5$ 和 $Q_6$ 的数倍。另外，因为流经 $Q_3$ 和 $Q_4$ 的电流为 $i_{p1}$、$i_{p2}$ 两者之和，所以 $Q_3$ 和 $Q_4$ 的电流峰值会略大于 $Q_1$ 和 $Q_2$。

**表 4.1　开关管的软开关特性**

| 开关状态 | $Q_1 \sim Q_4$ | $Q_5$、$Q_6$ | $D_{R1}$、$D_{R2}$ |
|---|---|---|---|
| 开通 | ZCS | ZVZCS | 自然开通 |
| 关断 | ZCS | ZVS | ZCS |

对辅助全桥电路采用 PWM 斩波控制，其实就是通过调节 $D$ 来实现对变换器的功率或电压的调节。以变换器在额定功率下运行于电流临界连续模式为例，有

$$t_2 - t_1 = (0.5 - D)T_s \tag{4.9}$$

因此，根据在上半个开关周期内电感上的伏秒平衡可得

$$\left[ V_{in} + N_2 V_{in}/N_1 - V_o/(2N_1) \right] DT_s + \left[ V_{in} - V_o/(2N_1) \right](0.5 - D)T_s = 0 \tag{4.10}$$

解之可得

$$V_o = 2N_1 V_{in} + 4DN_2 V_{in} \tag{4.11}$$

可见，通过调节 $D$ 能够实现对 $V_o$ 的调节。理论上，$D$ 的变化范围为 $0 \sim 0.5$，所以 $V_o$ 的调节范围应满足

$$2N_1 V_{in} < V_o < 2V_{in}(N_1 + N_2) \tag{4.12}$$

支干分流型 ZCS 全桥变换器的闭环控制如图 4.4 所示。可见，输出电压参考值 $V_{o\_ref}$ 与采样的 $V_o$ 作差后经一个比例积分(PI)调节器并限幅后得到 $D$，然后分别与两个相位差 180°的三角波进行比较后可得 $Q_5$ 和 $Q_6$ 的驱动波形。第 4~6 章中的支干分流型 ZCS 全桥变换器均采用如图 4.4 所示的闭环控制实现 $V_o$ 的调节。

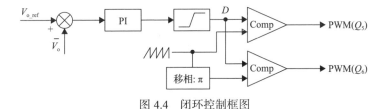

图 4.4　闭环控制框图

## 4.2　参　数　设　计

为了便于分析，本节的参数设计和 4.5 节仿真验证将采用如下变换器参数：输入电压 $V_{in}$=1.5kV，输出电压 $V_o$=15kV，额定功率 $P_N$=1MW，开关频率 $f_s$=2kHz。

### 4.2.1　匝比 $N_1$ 和 $N_2$

如前所述，应合理设计 $N_1$ 和 $N_2$，从而使得主全桥电路传输大部分功率而辅助全桥电路传输剩余小部分功率。由于变换器电路及其工作原理的对称性，下面将只分析上半个周期 $[t_0,t_3]$ 内的能量传输和分配情况。

首先，根据式(4.5)和式(4.1)分别需要小于零和大于零可得

$$\begin{cases} N_1 < V_o/(2V_{in}) \\ N_2 > V_o/(2V_{in}) - N_1 \end{cases} \tag{4.13}$$

假设变换器的传输效率为 100%，则 $[t_0,t_3]$ 内的总功率 $P_{tot}$ 可表示为

$$P_{tot} = \frac{2}{T_s}\frac{V_o}{2}\int_{t_0}^{t_3} i_{DR1}\mathrm{d}t = \frac{V_o}{T_s}\int_{t_0}^{t_2} i_{DR1}\mathrm{d}t \tag{4.14}$$

同理，主全桥电路传输的功率 $P_m$ 为

$$P_m = \frac{2}{T_s}V_{in}\int_{t_0}^{t_3} i_{p1}\mathrm{d}t = \frac{2V_{in}}{T_s}\int_{t_0}^{t_2} i_{p1}\mathrm{d}t \tag{4.15}$$

根据式(4.3)和式(4.7)，$P_m$ 也可表示为

$$P_m = \frac{2V_{in}}{T_s}\int_{t_0}^{t_2} i_{p1}\mathrm{d}t = \frac{2N_1 V_{in}}{T_s}\int_{t_0}^{t_2} i_{DR1}\mathrm{d}t \tag{4.16}$$

由式(4.14)和式(4.16)可得

$$\frac{P_m}{P_{tot}} = \frac{2N_1 V_{in}}{V_o} \tag{4.17}$$

根据能量守恒定律可知，辅助全桥电路传输的功率 $P_a$ 为

$$P_a = P_{tot} - P_m \tag{4.18}$$

由式(4.17)和式(4.18)可得功率在主辅两个全桥电路之间的分配关系为

$$\frac{P_m}{P_a} = \frac{P_m}{P_{tot} - P_m} = \frac{2N_1 V_{in}}{V_o - 2N_1 V_{in}} \tag{4.19}$$

从式(4.19)可以看出，当 $V_{in}$ 和 $V_o$ 确定时，主辅两个全桥电路传输功率的比值 $P_m/P_a$ 只与 $N_1$ 有关。根据本节开头所给的参数，$P_m$ 和 $P_a$ 分别与 $P_{tot}$ 的关系曲线可绘制为图 4.5。可见，随着 $N_1$ 的增大，$P_m/P_{tot}$ 增大而 $P_a/P_{tot}$ 减小，这意味着 $N_1$

应被设计得足够大从而保证主全桥电路传输大部分功率，这是因为主全桥的所有开关管均能实现 ZCS 开通和关断。如图 4.5 所示，当 $N_1$ 取 4.5 时，有 $P_m/P_{tot}$=90%，$P_a/P_{tot}$=10%，$P_m/P_a$=9∶1。

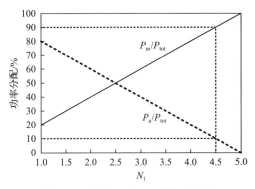

图 4.5　功率分配与 $N_1$ 的关系曲线

尽管图 4.2 所示的电流上升时间 $T_r(t_0\sim t_1)$ 大于电流下降时间 $T_f(t_1\sim t_2)$，但电流上升与下降时间之比 $r_t=T_r/T_f$ 其实是可以大于 1、小于 1 或者等于 1，$r_t$ 的值由 $N_2$ 决定。根据电感的伏秒平衡定律，以及式 (4.1) 和式 (4.5)，$r_t$ 可由式 (4.20) 表示：

$$r_t = \frac{t_1 - t_0}{t_2 - t_1} = \frac{V_o/2 - N_1 V_{in}}{N_1 V_{in} + N_2 V_{in} - V_o/2} \tag{4.20}$$

整理式 (4.20) 可得

$$N_2 = \frac{\left(V_o - 2N_1 V_{in}\right)\left(1 + r_t\right)}{2 r_t V_{in}} \tag{4.21}$$

当 $N_1$=4.5 时，根据式 (4.21) 可得 $r_t$ 与 $N_2$ 的关系曲线如图 4.6 所示。可见，随着 $N_2$ 的增大，$r_t$ 会减小，而 $r_t$ 与开关管的峰值电流有关，因此，$N_2$ 的设计将会对变换器的损耗尤其是开关损耗有显著影响，具体将会在 4.4 节中阐述。

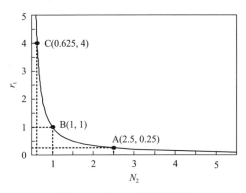

图 4.6　$r_t$ 与 $N_2$ 的关系曲线

### 4.2.2 电感 $L_t$

当变换器工作于额定功率时，$i_{p1}$ 将处于临界连续状态，也就意味着半个开关周期内 $T_r$、$T_f$ 之和刚好为 $T_s/2$。$T_r$ 和 $T_f$ 可分别表示为

$$T_r = t_1 - t_0 = T_s r_t / (2 + 2r_t) \tag{4.22}$$

$$T_f = t_2 - t_1 = T_s / (2 + 2r_t) \tag{4.23}$$

由式(4.2)和式(4.22)可得额定功率下 $L_t$ 为

$$L_t = T_s \frac{\left(N_1 V_{in} + N_2 V_{in} - V_o/2\right)\left(V_o - 2N_1 V_{in}\right)}{4N_1 N_2 V_{in} I_{peak}} \tag{4.24}$$

式中，$I_{peak}$ 为 $i_{p1}$ 在额定功率下的峰值。另外，为保证变换器工作于 DCM，电感的取值应小于式(4.24)的计算结果。

当 $N_1$=4.5 时，根据式(4.24)可得 $L_t$ 与 $N_2$ 的关系曲线如图 4.7 所示。可见，$L_t$ 随着 $N_2$ 的减小而减小。另外，相比于文献[1]中的式(7)所给出的电感计算方法，本章提出的 ZCS 全桥变换器所需电感量明显减小。比如，利用本章所给输入电压和输出电压等参数，文献[1]中所需的高压电感为 703μH，而本章中只需 6.94μH（当 $N_2$=0.625 时）的低压电感即可满足要求。可见，本章提出的 ZCS 全桥变换器不仅无需高压电感，还显著降低了传输功率所需的电感量。

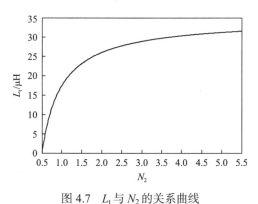

图 4.7　$L_t$ 与 $N_2$ 的关系曲线

### 4.2.3 输出滤波电容 $C_{o1}$ 和 $C_{o2}$

输出侧采用的倍压整流电路可以有效降低变压器的匝比，倍压整流电路中的两个电容也起到了输出侧滤波作用。假设在一个开关周期内负载电流 $I_{load}$ 是恒定的，则在额定功率下，输出滤波电容上的典型电流波形 $i_{Co1}$ 和原边电感电流的形

状一致,如图4.8所示。可见,区域"U"表示的是电流大于零的电容充电过程,即 $i_{Co1}=i_{DR1}-I_{load}>0$;而区域"D"表示的则是电流小于零的电容放电过程,即 $i_{Co1}<0$。在稳态下输出电压稳定,所以区域"U"和"D"的面积应该相等且 $i_{Co1}$ 的平均值为零。因此, $I_{load}$ 应该等于 $i_{DR1}$ 的平均值,即满足

$$I_{load}=\frac{P_N}{V_o}=\frac{1}{T_s}\int_{t_0}^{t_3}i_{DR1}dt=\frac{1}{4}I_{peak}/N_1 \tag{4.25}$$

式中, $I_{peak}/N_1$ 为 $i_{DR1}$ 的峰值。

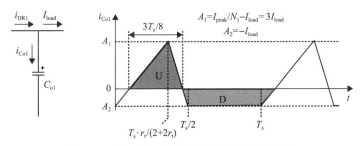

图 4.8　额定功率下输出滤波电容的电流波形

由式(4.25)可知,图4.8中的 $A_1=3I_{load}$ 和 $A_2=-I_{load}$,所以根据相似三角形的关系可得区域"U"的时间宽度为 $3T_s/8$,且与 $r_t$ 的取值大小无关。因此,通过区域"U"的面积(即充电电荷量)可计算滤波电容的峰峰值电压 $V_{pp}$ 为

$$V_{pp}=\frac{1}{C_{o1}}\left(\frac{I_{peak}/N_1-I_{load}}{2}\right)\frac{3T_s}{8} \tag{4.26}$$

结合式(4.25)和式(4.26),可得 $C_{o1}$ 和 $C_{o2}$ 的表达式为

$$C_{o1}=C_{o2}=\frac{9}{64}\frac{I_{peak}T_s}{N_1V_{pp}} \tag{4.27}$$

因此,可以通过式(4.27)计算得到相应的输出滤波电容值。

### 4.2.4　辅变压器 $T_{r2}$ 的漏感

由于变压器原副边绕组间的不完全耦合以及绕组自身漏磁通的存在,每个实际变压器中都不可避免地存在漏感。因此,在本章所提出的变换器中, $T_{r2}$ 当然也有相应的漏感。因为 $T_{r2}$ 仅处理一小部分功率,所以该漏感相对较小。此外,将该漏感和 $L_t$ 同时折算到副边可以发现,二者其实是串联工作的,即 $T_{r2}$ 的漏感可以看作 $L_t$ 的一小部分。因此, $T_{r2}$ 的漏感不会影响变换器的分析和正常工作。

## 4.3　支干分流思想

基于上述工作原理和变压器匝比的大小关系可知,本章所提变换器由支干两路电流(即 $i_{p1}$ 和 $i_{p2}$)完成功率的传输,且具有大电流的主干路中所有开关管能实现 ZCS 开通和关断,而辅助支路的开关管只是小电流关断(但能实现 ZVS)。因此,可提炼出一种支干分流思想,其核心是通过小电流关断辅助支路开关管(简单的 PWM 斩波控制即可完成)使得所有电流快速下降为零,从而实现主干路中所有开关管的 ZCS,最终显著降低变换器的开关损耗。

为了更加直观地体现支干分流思想,本节绘制了图 4.9。可见,同时开通主开关管 $S_m$ 和辅助开关管 $S_a$ 后,可将等效的辅助变压器 $T_a$(原副边绕组匝数分别为 $N_1$ 和 $N_2$)的原边电压 $V_{in}$ 折算到副边,则此时 $L_t$ 两端电压满足式(4.1),主干路电流 $i_m$ 和辅助支路电流 $i_a$ 均从零开始线性上升。当通过 PWM 斩波控制关断 $S_a$ 之后,$L_t$ 两端电压满足式(4.5),$i_m$ 和 $i_a$ 均线性下降并最终下降至零,由此可以 ZCS 关断 $S_m$。综上所述,图 4.9 和图 4.1 具有一致的支干分流特点和 ZCS 软开关特性。

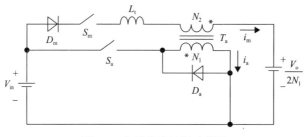

图 4.9　支干分流思想示意图

## 4.4　$N_2$ 对功率损耗的影响

尽管主全桥和辅助全桥之间的功率分配只与 $N_1$ 有关,但 $N_2$ 对功率损耗尤其是 $Q_5$ 和 $Q_6$ 的开关损耗有显著影响。本节将重点分析图 4.6 中 A($N_2$=2.5,$r_t$=0.25)、B($N_2$=1,$r_t$=1)、C($N_2$=0.625,$r_t$=4)三种工况下 $N_2$ 对变换器的影响。同时,为保证在三种工况 A、B、C 下主辅两个全桥电路传输的功率一致,均取 $N_1$ 为 4.5。工况 A、B、C 分别代表三种不同的电流波形形状,即 $T_r<T_f$、$T_r=T_f$、$T_r>T_f$。三种工况下的主要参数如表 4.2 所示,其中每种工况下的 $L_t$ 可将不同的 $N_2$ 代入式(4.24)中得到。可见,$N_2$ 越小,$L_t$ 越小。

表 4.2  A、B、C 三种工况下的主要参数

| 参数 | A | B | C |
|---|---|---|---|
| $N_1$ | 4.5 | 4.5 | 4.5 |
| $N_2$ | 2.5 | 1 | 0.625 |
| $P_m : P_a$ | 9 : 1 | 9 : 1 | 9 : 1 |
| $r_t$ | 0.25 | 1 | 4 |
| $L_t/\mu H$ | 27.78 | 17.36 | 6.94 |

由式 (4.25) 可知，$P_N$ 和 $V_o$ 相同时，$i_{p1}$ 的峰值和平均值只与 $N_1$ 有关，所以三种工况下 $i_{p1}$ 的峰值和平均值相同。主辅两个变压器的副边绕组电流完全一致，因此，$N_2$ 越小，$i_{p2}$ 越小，流经 $Q_5$ 和 $Q_6$ 的电流也越小。由于流经 $Q_3$ 和 $Q_4$ 的电流是 $i_{p1}$、$i_{p2}$ 两者之和，所以也会随着 $N_2$ 的变小而下降。另外，由表 4.2 可知，$N_2$ 越小，所需电感量越小。

通过 PLECS 软件搭建了三种工况下的仿真模型，为保证变换器工作于 DCM，总功率被设计得比额定功率 1MW 略小。图 4.10 给出了 A、B、C 三种工况下 $i_{p1}$、$i_{p2}$ 和流经 $Q_4$ 的电流 $i_{Q4}$ 的仿真波形。如图 4.10 (a) 所示，三种工况下的 $i_{p1}$ 有相同的峰值和平均值，与理论分析相吻合。因此，$Q_1$ 和 $Q_2$ 的损耗在三种不同 $N_2$ 的工况下相差不大，即不会随着 $N_2$ 的变化而显著变化。而如图 4.10 (b) 所示，$i_{p2}$ 的

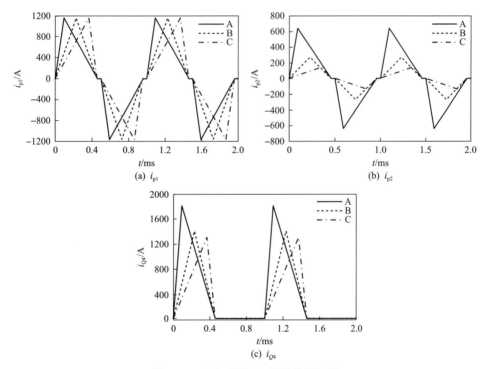

(a) $i_{p1}$

(b) $i_{p2}$

(c) $i_{Q4}$

图 4.10  三种工况下电流的仿真波形

峰值和平均值有着显著的不同，且呈现为 C<B<A，说明在工况 C 下 $Q_5$ 和 $Q_6$ 的导通损耗最小。另外，由于 $Q_5$ 和 $Q_6$ 的关断电流刚好是 $i_{p2}$ 的峰值，因此，工况 C 下 $Q_5$ 和 $Q_6$ 的开关损耗也最小。流经 $Q_3$ 和 $Q_4$ 的电流是 $i_{p1}$、$i_{p2}$ 两者之和，所以工况 C 下流经 $Q_3$ 和 $Q_4$ 的电流最小，如图 4.10(c) 所示。表 4.3 给出了六个开关管在半个导通周期内的电流峰值和平均值。可见，$N_2$ 越小，$Q_3 \sim Q_6$ 的电流峰值和平均值越小，从而变换器的导通损耗和开关损耗也应越小。

表 4.3　A、B、C 三种工况下的开关管电流　　　（单位：A）

| 电流 | 开关管 | A | B | C |
|---|---|---|---|---|
| 电流峰值 | $Q_1$、$Q_2$ | 1180 | 1180 | 1180 |
| | $Q_3$、$Q_4$ | 1835.6 | 1442.2 | 1343.9 |
| | $Q_5$、$Q_6$ | 655.6 | 262.2 | 163.9 |
| 电流平均值 | $Q_1$、$Q_2$ | 579 | 579 | 579 |
| | $Q_3$、$Q_4$ | 900.7 | 707.7 | 659.4 |
| | $Q_5$、$Q_6$ | 321.7 | 128.7 | 80.4 |

为了进一步比较三种工况下详细的功率损耗，基于 PLECS 软件搭建了热仿真模型，可以得到半导体器件开关损耗和导通损耗的仿真结果。在该热仿真模型中，需要添加每个半导体器件的一个 3D 查询表，其中开关损耗结果可以通过不同温度和电流下的开通和关断耗散功率得到，而导通损耗结果可以通过不同温度和电流下的集射极饱和电压和正向导通压降得到。3D 查询表中所需的数据可从半导体器件的用户手册中获取。

半导体器件型号根据表 4.3 中工况 B 下的电压和电流大小来选取，且三种工况下用到的半导体器件型号、数量和连接方式完全相同。本节选取了 Infineon 的 FZ1500R33HE3 和 DD500S65K3 分别作为功率开关管和整流二极管，考虑 2 倍左右的电压和电流裕量，所需的半导体器件个数和连接方式如表 4.4 所示。

表 4.4　半导体器件个数和连接方式

| 项目 | | $Q_1$、$Q_2$ | $Q_3$、$Q_4$ | $Q_5$、$Q_6$ | $D_{R1}$、$D_{R2}$ |
|---|---|---|---|---|---|
| 器件型号(V/A) | | FZ1500R33HE3 (3300/1500) | | | DD500S65K3 (6500/500) |
| 连接方式 | 串联个数 | 1 | 1 | 1 | 5 |
| | 并联个数 | 2 | 2 | 1 | 1 |

图 4.11 给出了三种工况下半导体器件损耗的动态仿真波形，图中的实线代表半导体器件的耗散功率，虚线代表传递至散热器上的功率。当散热器的温度上升

并稳定至设定的 60℃时,实线和虚线将会重合,表明热仿真模型已经达到热平衡。如图 4.11 所示,半导体器件总损耗结果呈现为 C<B<A,和前述的理论分析相符。表 4.5 给出了各半导体器件详细的开关损耗和导通损耗,并根据此表绘制了如图 4.12 所示的器件总损耗对比图。可见,由于具有相同的 $N_1$,三种工况下 $Q_1$、$Q_2$、$D_{R1}$、$D_{R2}$ 的导通损耗相差不大。另外,因为三种工况下都实现了 ZCS 开通和关断,所以 $Q_1 \sim Q_4$、$Q_5$ 和 $Q_6$ 的反并联二极管、$D_{R1}$ 和 $D_{R2}$ 的开关损耗可忽略不计。然而,由于工况 A 中 $i_{p2}$ 的峰值明显大于其他两种工况,所以工况 A 中 $Q_3$ 和 $Q_4$ 的导通损耗、$Q_5$ 和 $Q_6$(含其反并联二极管)的开关损耗和导通损耗明显要大于其他两种工况,且工况 C 下的损耗最小,验证了上述理论分析。

　　热仿真模型中的两个变压器都采用了理想变压器,所以上述结果中的损耗不包括变压器损耗。不同工况下的主变压器传输的功率相同,且电流峰值和平均值也相同,所以主变压器的损耗在三种工况下基本一致。虽然辅变压器在三种工况

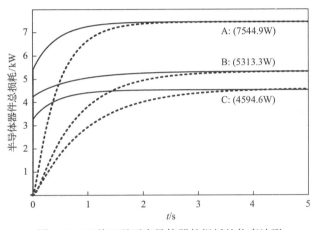

图 4.11　三种工况下半导体器件损耗的仿真波形

表 4.5　损耗分布　　　　　　　　　　　　　(单位：W)

| 工况 | 损耗 | $Q_1$、$Q_2$ | $Q_3$、$Q_4$ | $Q_5$、$Q_6$ | $Q_5$、$Q_6$ 的反并联二极管 | $D_{R1}$、$D_{R2}$ | 总损耗 |
|---|---|---|---|---|---|---|---|
| A | 导通损耗 | 949.9 | 1658.5 | 108.1 | 522.6 | 1289.3 | 7544.9 |
| | 开关损耗 | 0 | 0 | 3016.5 | 0 | 0 | |
| B | 导通损耗 | 1010 | 1312.3 | 87.5 | 78.9 | 1196 | 5313.3 |
| | 开关损耗 | 0 | 0 | 1628.6 | 0 | 0 | |
| C | 导通损耗 | 961.1 | 1126.6 | 73.4 | 23.1 | 1311.4 | 4594.6 |
| | 开关损耗 | 0 | 0 | 1099 | 0 | 0 | |

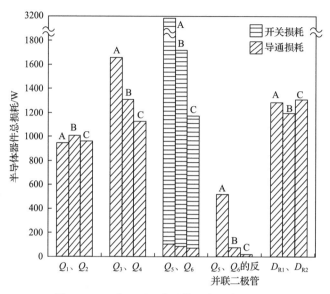

图 4.12　三种工况下半导体器件的损耗分布

下传输的功率也相同且副边绕组的电流峰值和平均值也相同，但工况 C 下原边绕组的电流最小，所以，工况 C 下的辅变压器的损耗也最小。

综上所述，$N_2$ 越小，所需电感量越小，损耗也越低，变换器传输效率越高。

另外，为了验证两个输出滤波电容上的电压平衡问题，不失一般性，以工况 C 为例进行分析。首先假设 $C_{o1}=C_{o2}$，但 $V_{o1}\neq V_{o2}$，如 $V_{o1}>V_o/2>V_{o2}$，且根据式（4.1）～式（4.3）可得流经 $D_{R1}$ 和 $D_{R2}$ 的电流为

$$\begin{cases} i_{DR1}(t)=\dfrac{V_{in}+N_2V_{in}/N_1-V_{o1}/N_1}{N_1L_t}(t-t_0) \\ i_{DR2}(t)=\dfrac{V_{in}+N_2V_{in}/N_1-V_{o2}/N_1}{N_1L_t}(t-t_0) \end{cases} \tag{4.28}$$

由式（4.28）可知，$D_{R1}$ 的电流峰值小于 $D_{R2}$ 的电流峰值，也就意味着流入 $C_{o1}$ 的电流平均值要小于流入 $C_{o2}$ 的电流平均值，即 $C_{o1}$ 的充电量小于 $C_{o2}$。又由于 $C_{o1}$ 和 $C_{o2}$ 始终都是同时向负载供电的，即两者放电量相同，所以 $V_{o1}$ 将下降而 $V_{o2}$ 将上升，直至两者相等，反之亦然。如图 4.13（a）所示，当 $C_{o1}=C_{o2}$ 时，$V_{o1}$ 和 $V_{o2}$ 的峰值、平均值和纹波均相等。另外，即使 $C_{o1}$ 和 $C_{o2}$ 两者大小不一致，$V_{o1}$ 和 $V_{o2}$ 也能保证平均值相等，如图 4.13（b）所示。可见，$C_{o1}$ 和 $C_{o2}$ 相差 20%，两者的峰值和纹波不等，但平均值仍然保持一致。

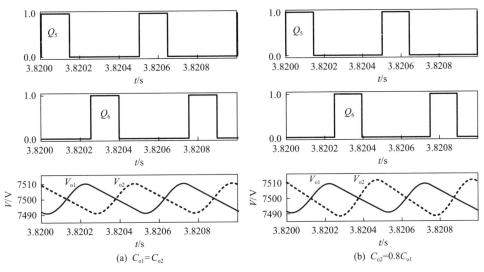

(a) $C_{o1}=C_{o2}$　　　　　　　　　(b) $C_{o2}=0.8C_{o1}$

图 4.13　工况 C 下输出滤波电容电压

## 4.5　实 验 验 证

　　为了进一步验证所提变换器的工作原理和性能，本书制作了一台 120V/1200V/1kW 原理样机。同样地，对不同的 $N_2$ 进行了比较，详细参数如表 4.6 所示。

表 4.6　样机参数

| 参数 | A | B | C |
|---|---|---|---|
| 额定功率 $P_N$/kW | 1 | 1 | 1 |
| 输入电压 $V_{in}$/V | 120 | 120 | 120 |
| 输出电压 $V_o$/V | 1200 | 1200 | 1200 |
| 开关频率 $f_s$/kHz | 2 | 2 | 2 |
| 匝比 $N_1$ | 4.5 | 4.5 | 4.5 |
| 匝比 $N_2$ | 2.5 | 1 | 0.625 |
| 电感 $L_t$/μH | 160 | 100 | 40 |
| 电容 $C_{o1}$、$C_{o2}$/μF | 12.5 | 12.5 | 12.5 |

　　图 4.14 给出了三种工况下 $i_{p1}$、$i_{p2}$、$i_{DR1}$ 的实验波形，$D_{R1}$ 显然实现了自然开通和 ZCS 关断。另外，由于 $N_2$ 的不同，电流上升、下降时间比 $r_t$ 在三种工况下是不同的。$i_{p1}$、$i_{DR1}$ 的峰值在三种工况下基本一致，而 $i_{p2}$ 的峰值呈现为 C＜B＜A，

说明工况 C 中的损耗最小,实验结果与理论分析和仿真波形吻合。相比于图 4.14(a)和(b)中线性上升的电流,图 4.14(c)中的电流并非完全线性上升,上升斜率发生了轻微下降。显然,$v_{Lt}$ 的下降会引起电流斜率的变化。尽管式(4.1)显示理想条件下的 $v_{Lt}$ 在$[t_0,t_1]$内是恒定的,但在原理样机中,IGBT 的集射极饱和电压、整流二极管的正向导通电压、变压器绕组电阻上的压降都会随着电流的上升而增加,将这些影响因素集中到一起可以等效为一个非线性电阻 $R_n$,同时,可将式(4.1)改写为

$$v_{Lt}(t) = V_{in} + N_2 V_{in}/N_1 - V_o/(2N_1) - R_n i_{p1}(t) \tag{4.29}$$

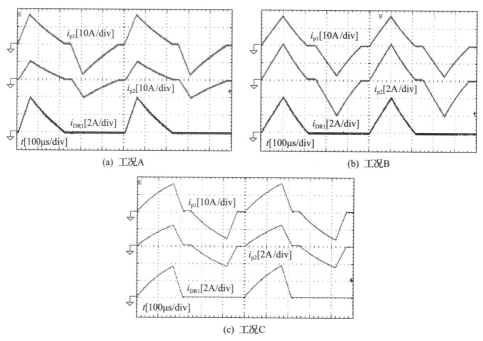

(a) 工况A　　　　　　　　　　(b) 工况B

(c) 工况C

图 4.14　三种工况下电流 $i_{p1}$、$i_{p2}$、$i_{DR1}$ 的波形

将表 4.6 中的数据代入式(4.29)可得

$$v_{Lt}(t) = \begin{cases} 53.33 - R_n i_{p1}(t) & \text{(A)} \\ 13.33 - R_n i_{p1}(t) & \text{(B)} \\ 3.33 - R_n i_{p1}(t) & \text{(C)} \end{cases} \tag{4.30}$$

由式(4.30)可知,当 $R_n$=0 时,工况 C 下的 $v_{Lt}$ 只有 3.33V,而工况 A 和 B 下的 $v_{Lt}$ 分别为 53.33V 和 13.33V。因此,在工况 C 下,$v_{Lt}$ 更容易被 $R_n$ 和电流大小所影响,并最终导致电流上升斜率的轻微下降。

图 4.15 给出了三种工况下 $Q_1$ 的栅极驱动电压 $v_{GE\_Q1}$、集射极电压 $v_{CE\_Q1}$ 和电流 $i_{Q1}$ 的波形。可见，流经 $Q_1$ 的电流峰值和平均值在三种工况下基本一致。不失一般性，以图 4.15(c) 的工况 C 为例，当 $Q_1$ 开通时，由于 $L_t$ 的限制，$i_{Q1}$ 缓慢上升。而当 $Q_1$ 关断时，显然，实现了 ZCS 关断。

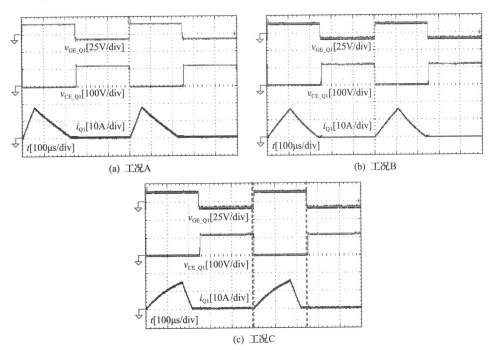

(a) 工况A

(b) 工况B

(c) 工况C

图 4.15　三种工况下 $Q_1$ 的栅极驱动电压 $v_{GE\_Q1}$、集射极电压 $v_{CE\_Q1}$、电流 $i_{Q1}$ 的波形

图 4.16 给出了三种工况下 $Q_3$ 的栅极驱动电压 $v_{GE\_Q3}$、集射极电压 $v_{CE\_Q3}$ 和电流 $i_{Q3}$ 的波形。显然，电流峰值和平均值呈现为 C＜B＜A。以图 4.16(c) 的工况 C 为例，当 $Q_3$ 开通时，由于 $L_t$ 的限制，$i_{Q3}$ 缓慢上升。而当关断 $Q_3$ 时，实现了 ZCS 关断。图 4.17 则给出了三种工况下 $Q_5$ 的栅极驱动电压 $v_{GE\_Q5}$、集射极电压 $v_{CE\_Q5}$ 和电流 $i_{Q5}$ 的波形。可见，$Q_5$ 的关断电流呈现为 C＜B＜A，意味着工况 C 下的开关损耗最小。另外，同样以图 4.17(c) 的工况 C 为例，$Q_5$ 很显然实现了 ZVZCS 开通。

为了简洁，只给出工况 C 下 $Q_5$ 的关断情况，如图 4.18 所示。可见，$Q_5$ 实现了 ZVS 关断。综上所述，实验中的 $Q_1 \sim Q_4$ 实现了 ZCS 开通和关断，而 $Q_5$ 和 $Q_6$ 则实现了 ZVZCS 开通和 ZVS 关断，所有开关管的软开关特性与理论分析完全吻合。另外，$Q_1 \sim Q_4$ 的峰值电流、$Q_5$ 和 $Q_6$ 的峰值电流和关断电流也与理论分析和仿真结果吻合。

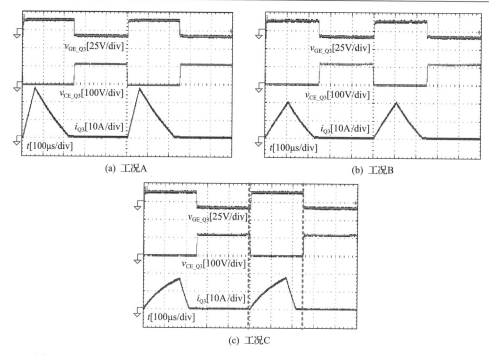

图 4.16　三种工况下 $Q_3$ 的栅极驱动电压 $v_{GE\_Q3}$、集射极电压 $v_{CE\_Q3}$、电流 $i_{Q3}$ 的波形

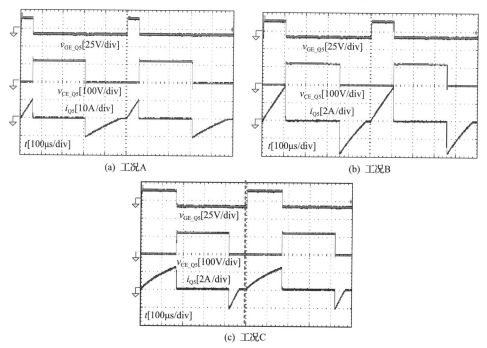

图 4.17　三种工况下 $Q_5$ 的栅极驱动电压 $v_{GE\_Q5}$、集射极电压 $v_{CE\_Q5}$、电流 $i_{Q5}$ 的波形

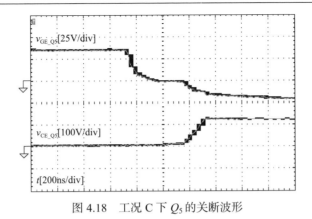

图 4.18　工况 C 下 $Q_5$ 的关断波形

利用横河 WT1800 功率分析仪同步检测输入和输出功率，且每个功率点共测 5 组数据后取平均效率(本书均采用此方案)，三种工况下原理样机在不同输出功率下的效率如图 4.19 所示。可见，工况 C 的效率最高，这是因为 $Q_5$ 和 $Q_6$ 的开关损耗在工况 C 下最小，而且 $Q_3 \sim Q_6$ 的导通损耗在工况 C 下也有所减小。因此，$N_2$ 越小，效率越高。

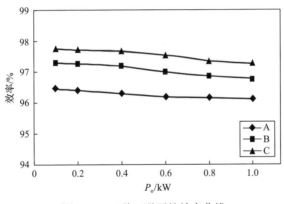

图 4.19　三种工况下的效率曲线

## 4.6　本　章　小　结

针对适用于新能源发电 MVDC 汇集的单模块大容量类 DC/DC 变换器的技术特点和要求，本章提出了一种支干分流型 ZCS 全桥变换器，含主辅两个全桥电路，两者共享两个开关管 IGBT，所以只有六个开关管 IGBT。两个全桥电路所传输功率的分配情况只由主变压器的匝比决定，通过合理设计该匝比可以使得主全桥电路传输大部分功率而辅助全桥电路只传输剩余的小部分功率。主全桥电路的四个主开关管 IGBT 能够实现 ZCS 开通和关断，辅助全桥电路中另外两个小电流的开关管 IGBT 则能实现 ZVZCS 开通和 ZVS 关断,有效减少了变换器的总开关损耗。辅助变压器的匝比越小,传输能量所需的电感量较小,开关管的峰值电流和关断电流也越小,有助于进一步降低总的导通损耗和开关损耗,提高变换器的传输效率。仿真和实验结果都验证了该变换器的软开关特性和高效率。另外,根据所提出的 ZCS 全桥变换器的结构特点和工作特性,本章提炼了一种支干分流思想,其核心是通过辅助支路的小电流关断(但能实现 ZVS)使得所有电流快速下降为零,实现主干路中所有开关管的 ZCS,从而显著降低变换器的开关损耗。

## 参 考 文 献

[1] Park K, Chen Z. A double uneven power converter-based DC-DC converter for high-power DC grid systems[J]. IEEE Transactions on Industrial Electronics, 2015, 62(12): 7599-7608.

# 第5章  支干分流型零电流开关谐振全桥变换器

第 4 章所提出的 ZCS 全桥变换器的电流波形为三角形，峰值偏高，且辅助开关管的关断电流为其峰值电流。为此，本章在支干分流思想的基础上引入 LC 谐振技术，提出一种支干分流型 ZCS 谐振全桥变换器。在相同输入电压、输出电压和传输功率的情况下，该变换器具有更低的峰值电流，并可以实现辅助开关管的关断电流低于其峰值电流，有助于进一步降低开关损耗。本章将详细介绍该变换器的工作原理及软开关特性，分析变压器匝比和谐振参数之间的相互影响以及二者对峰值电流和关断电流的影响，最后搭建一台 150V/1500V/2kW 原理样机，并进行三种不同变压器匝比和谐振参数下的仿真和实验验证。

## 5.1  变换器主电路及其工作原理

本章所提出的支干分流型 ZCS 谐振全桥变换器如图 5.1 所示，同样由主辅两个全桥电路组成，且二者同样复用一个开关桥臂。同样可以通过合理设计 $T_{r1}$ 和 $T_{r2}$ 主辅两个变压器的匝比 $N_1$ 和 $N_2$，使得主全桥电路传输大部分功率，而辅助全桥电路只传输剩下的小部分功率。但与如图 4.1 所示的变换器不同的是，主全桥电路中的电感 $L_r$ 作为谐振电感工作，并且在 $T_{r2}$ 的原边绕组串联了一个谐振电容 $C_r$。

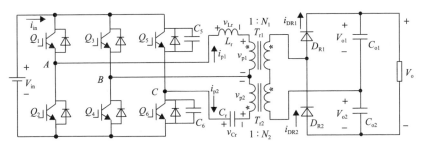

图 5.1  支干分流型 ZCS 谐振全桥变换器

该变换器的典型波形如图 5.2 所示，其中 $v_{p1}$ 和 $v_{p2}$ 分别是 $T_{r1}$ 和 $T_{r2}$ 的原边绕组电压，$v_{Lr}$ 和 $v_{Cr}$ 分别为 $L_r$ 和 $C_r$ 的端电压。驱动波形与第 4 章完全一致，此处不再赘述。在详细分析之前，先做与 3.1 节相同的假设，此处不再赘述。

由图 5.2 可知，支干分流型 ZCS 谐振全桥变换器在半个开关周期内有三个开关模态，其等效电路分别如图 5.3 所示。

1) 开关模态 1[$t_0$, $t_1$]

$t_0$ 是一个新开关周期的起点，在该时刻关断 $Q_2$ 和 $Q_3$，同时开通 $Q_1$、$Q_4$ 和 $Q_5$。从图 5.2 所示的电流波形可知，在 $t_0$ 时刻之前所有开关管中都没有电流流过。显

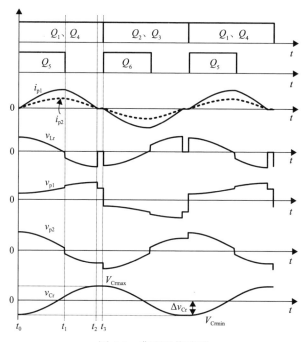

图 5.2　典型工作波形

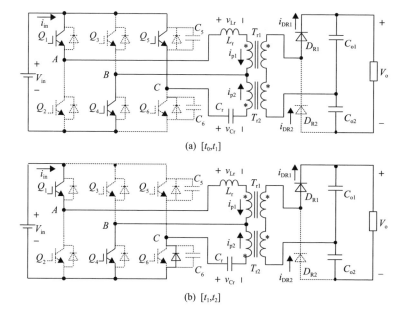

(a) [$t_0$, $t_1$]

(b) [$t_1$, $t_2$]

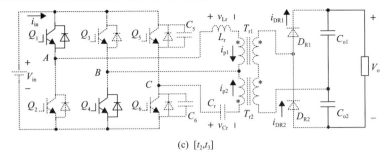

(c) $[t_2,t_3]$

图 5.3　各开关模态的等效电路

然，$Q_2$ 和 $Q_3$ 在 $t_0$ 时刻是 ZCS 关断，而 $Q_1$、$Q_4$ 和 $Q_5$ 则是 ZCS 开通。本模态中 $v_{p2}=V_{in}-v_{Cr}$，所以 $T_{r2}$ 的副边绕组电压为 $N_2(V_{in}-v_{Cr})$。由于 $v_{Cr}$ 在 $t_0$ 时刻为负值，所以 $D_{R1}$ 自然导通从而有 $v_{Lr}=V_{in}+N_2(V_{in}-v_{Cr})/N_1-V_o/(2N_1)>0$。因此，能量通过 $Q_1$、$Q_4$、$Q_5$、$L_r$、$C_r$、$T_{r1}$、$T_{r2}$ 和 $D_{R1}$ 由输入电压源 $V_{in}$ 传输到输出侧，其中 $T_{r1}$ 的原边电流 $i_{p1}$ 流经 $Q_1$、$L_r$、$T_{r1}$ 原边绕组、$Q_4$，$T_{r2}$ 的原边电流 $i_{p2}$ 流经 $Q_5$、$C_r$、$T_{r2}$ 原边绕组、$Q_4$，所以流经 $Q_4$ 的电流为 $i_{p1}$、$i_{p2}$ 两者之和。另外，本模态中的 $L_r$ 与 $C_r$ 发生谐振，导致 $i_{p1}$ 和 $i_{p2}$ 谐振变化，而 $v_{Cr}$ 则从最小值 $V_{Crmin}$ 开始增加。

2) 开关模态 2$[t_1, t_2]$

在 $t_1$ 时刻关断 $Q_5$，$C_5$ 和 $C_6$ 通过 $i_{p2}$ 分别进行充电和放电，因此，$C_5$ 和 $C_6$ 抑制了 $Q_5$ 端电压的快速上升，帮助 $Q_5$ 实现了 ZVS 关断。当 $C_6$ 放电至零时，$i_{p2}$ 则从 $Q_6$ 的反并联二极管流过，此时 $C$ 和 $B$ 两节点间的电压跳变为零，导致 $v_{p2}$ 也发生跳变，下降为 $-v_{Cr}$，如图 5.2 所示。同时，$T_{r1}$ 的副边绕组电压上升为 $V_o/2+N_2v_{Cr}$，所以 $v_{p1}$ 跃升为 $N_2v_{Cr}/N_1+V_o/(2N_1)$，而 $v_{Lr}$ 则跌落为 $V_{in}-N_2v_{Cr}/N_1-V_o/(2N_1)$。为保证变换器的正常运行，本模态中 $v_{Lr}$ 应小于零，从而使得 $i_{p1}$ 下降，$i_{DR1}$ 和 $i_{p2}$ 亦如此。本模态中 $L_r$ 和 $C_r$ 继续谐振，且由于电流方向和模态 1 中相同（流经 $Q_4$ 的电流为 $i_{p1}$、$i_{p2}$ 两者之和），所以 $v_{Cr}$ 继续上升，且在 $t_2$ 时刻上升至最大值 $V_{Crmax}$。稳态下 $v_{Cr}$ 在一个周期内的平均值为零，所以 $\Delta v_{Cr}=V_{Crmax}=-V_{Crmin}$。

3) 开关模态 3$[t_2, t_3]$

通过合理设计 $L_r$、$N_1$、$N_2$、$C_r$ 等重要参数，$i_{p1}$、$i_{p2}$、$i_{DR1}$ 在 $t_2$ 时刻均下降为零，而 $v_{Lr}$ 也跳变为零。折算到 $T_{r1}$ 和 $T_{r2}$ 副边绕组的电压要小于整流后的电压，即 $N_1V_{in}-N_2V_{Crmax}<V_o/2$，从而使得 $D_{R1}$ 反向阻断（在下半个开关周期，则满足 $V_o/2-N_2V_{Crmax}+N_1V_{in}>0$，$D_{R2}$ 反向阻断）。此模态中，尽管开关管 $Q_1$ 和 $Q_4$ 处于开通状态，但所有电流一直为零，所以 $v_{Cr}$ 保持不变，如图 5.2 所示。负载由两个输出滤波电容供电。显然，在 $t_3$ 时刻，$Q_1$ 和 $Q_4$ 实现了 ZCS 关断，$Q_2$、$Q_3$ 和 $Q_6$ 则由于 $L_r$ 抑制了电流的快速上升从而实现了 ZCS 开通。此外，由于模态 2 和模态 3 中 $Q_6$ 的端电压已经为零，所以 $Q_6$ 实际上实现了 ZVZCS 开通。

综合上述分析可知，本章所提出的 ZCS 谐振全桥变换器与第 4 章所提出的变换器有相同的开关特性，因此该变换器的六个开关管的软开关特性可参见表 4.1。此外，变换器的功率分配和开关管的电流峰值特性也与第 4 章相同，此处不再赘述。

## 5.2　参　数　设　计

为了便于分析，下列变换器参数将用于本节的参数设计和 5.3 节仿真验证：输入电压 $V_{in}$=1.5kV，输出电压 $V_o$=15kV，额定功率 $P_N$=1MW，开关频率 $f_s$=2kHz。

如图 5.1 所示，$v_{p1}$ 和 $v_{p2}$ 可分别表示为

$$\begin{cases} v_{p1} = v_{AB} - v_{Lr} \\ v_{p2} = v_{CB} - v_{Cr} \end{cases} \tag{5.1}$$

式中，$v_{AB}$ 为 $A$ 和 $B$ 两节点间的电压；$v_{CB}$ 为 $C$ 和 $B$ 两节点间的电压。

在模态 1 和模态 2 中，将 $v_{p1}$ 和 $v_{p2}$ 折算至变压器副边，且两个变压器副边绕组的电压之和被分压电容箝位在 $V_o/2$，因此有

$$N_1\left(v_{AB} - v_{Lr}\right) + N_2\left(v_{CB} - v_{Cr}\right) = V_o/2 \tag{5.2}$$

另外，根据图 5.3(a) 可知，在模态 1 中，满足 $v_{AB}=v_{CB}=V_{in}$，所以有

$$\left(N_1 + N_2\right)V_{in} - V_o/2 = N_1 v_{Lr} + N_2 v_{Cr} \tag{5.3}$$

$N_1 v_{Lr}$ 和 $N_2 v_{Cr}$ 可分别看作折算至变压器副边的谐振电感电压和谐振电容电压，因此，$L_r$ 其实是与 $C_r$ 发生串联谐振。同理，模态 2 也是如此，只是模态 2 中满足 $v_{AB}=V_{in}$ 和 $v_{CB}=0$。

基于上述分析，将主要谐振元件 $L_r$ 和 $C_r$ 折算至输出侧可得如图 5.4 所示的等效电路，其中等效谐振电感 $L_{r\_s}=N_1^2 L_r$，等效谐振电容 $C_{r\_s}=C_r/N_2^2$。等效电路的谐振角频率和谐振阻抗可分别表示为

$$\begin{cases} \omega_r = 1/\sqrt{L_{r\_s}C_{r\_s}} = 1/\sqrt{N_1^2 L_r C_r / N_2^2} \\ Z_r = \sqrt{L_{r\_s}/C_{r\_s}} = N_1 N_2 \sqrt{L_r/C_r} \end{cases} \tag{5.4}$$

根据图 5.4(a) 和基尔霍夫电压定律(KVL)，模态 1 的等效电路可由二阶微分方程表示为

$$\left(N_1 + N_2\right)V_{\text{in}} - \frac{V_{\text{o}}}{2} = N_1^2 L_{\text{r}} \frac{C_{\text{r}}}{N_2^2} \frac{\mathrm{d}^2 v_{\text{Cr\_s}}(t)}{\mathrm{d}t^2} + v_{\text{Cr\_s}}(t) \tag{5.5}$$

式中，$v_{\text{Cr\_s}}$ 为 $C_{\text{r\_s}}$ 的端电压。

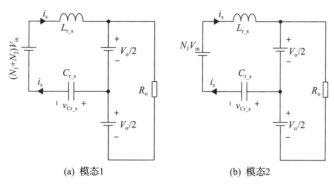

(a) 模态1　　　　　　　　　　　　(b) 模态2

图 5.4　各开关模态的进一步等效电路

同理，模态 2 的等效电路也可由二阶微分方程表示为

$$N_1 V_{\text{in}} - \frac{V_{\text{o}}}{2} = N_1^2 L_{\text{r}} \frac{C_{\text{r}}}{N_2^2} \frac{\mathrm{d}^2 v_{\text{Cr\_s}}(t)}{\mathrm{d}t^2} + v_{\text{Cr\_s}}(t) \tag{5.6}$$

同时对式(5.5)式(5.6)进行降阶计算可得

$$\begin{cases} \left\{v_{\text{Cr\_s}}(t) - \left[\left(N_1 + N_2\right)V_{\text{in}} - V_{\text{o}}/2\right]\right\}^2 + \left[Z_{\text{r}} i_{\text{s}}(t)\right]^2 \\ \quad = \left[\left(N_1 + N_2\right)V_{\text{in}} - V_{\text{o}}/2 - V_{\text{Cr\_smin}}\right]^2, \quad 模态1 \\ \left[v_{\text{Cr\_s}}(t) - \left(N_1 V_{\text{in}} - V_{\text{o}}/2\right)\right]^2 + \left[Z_{\text{r}} i_{\text{s}}(t)\right]^2 \\ \quad = \left[V_{\text{Cr\_smax}} - \left(N_1 V_{\text{in}} - V_{\text{o}}/2\right)\right]^2, \quad 模态2 \end{cases} \tag{5.7}$$

式中，$V_{\text{Cr\_smax}}$ 和 $V_{\text{Cr\_smin}}$ 分别为 $v_{\text{Cr\_s}}$ 的最大值和最小值，并且满足 $\Delta v_{\text{Cr\_s}} = V_{\text{Cr\_smax}} = -V_{\text{Cr\_smin}}$；$i_{\text{s}}$ 为流过 $C_{\text{r\_s}}$ 的电流，所以有 $i_{\text{s}}(t) = C_{\text{r\_s}} \mathrm{d}v_{\text{Cr\_s}}(t)/\mathrm{d}t$。

如果将 $v_{\text{Cr\_s}}(t)$ 和 $Z_{\text{r}} i_{\text{s}}(t)$ 分别看成平面直角坐标系中的横轴变量和纵轴变量，则模态 1 和模态 2 的轨迹分别是该坐标系上的一段圆弧。因此，根据式(5.7)可绘制如图 5.5 所示的稳态轨迹路线。横轴表示电压 $v_{\text{Cr\_s}}$，纵轴表示 $i_{\text{s}}$ 乘以 $Z_{\text{r}}$，因此两轴共用相同的单位：伏特。$A_1 \rightarrow B_1$ 表示模态 1 的过程，而 $B_1 \rightarrow A_2$ 表示模态 2 的过程。节点 $A_2$ 表示模态 3，因为该阶段电流为零，电压 $v_{\text{Cr\_s}}$ 不变。同理，下半个开关周期的轨迹 $A_2 \rightarrow B_2 \rightarrow A_1$ 也由两段圆弧组成。根据电路对称性，下面只分析上半个开关周期的模态 1 到模态 3。

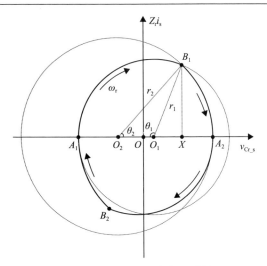

图 5.5　变换器的稳态轨迹路线

由图 5.5 可知，节点 $A_1(V_{Cr\_smin},\ 0)$ 表示开关周期的起点状态，而节点 $A_2(V_{Cr\_smax},\ 0)$ 是上半个开关周期的结束点状态。因此，圆弧 $A_1B_1$ 和 $B_1A_2$ 的半径可以表示为

$$\begin{cases} r_1 = |A_1O_1| = (N_1 + N_2)V_{in} - V_o/2 - V_{Cr\_smin} \\ r_2 = |O_2A_2| = V_{Cr\_smax} - (N_1V_{in} - V_o/2) \end{cases} \tag{5.8}$$

因此，圆心 $O_1$ 和 $O_2$ 的横坐标分别为 $(N_1+N_2)V_{in}-V_o/2$ 和 $N_1V_{in}-V_o/2$。节点 $B_1$ 的横坐标 $x(B_1)$ 可以通过解式(5.7)所示的方程组得到，有

$$x(B_1) = \left(V_o - (2N_1 + N_2)V_{in}\right)\frac{\Delta v_{Cr\_s}}{N_2V_{in}} \tag{5.9}$$

$\theta_1$ 和 $\theta_2$ 分别表示模态 1 和模态 2 的角度，且满足

$$\begin{cases} \theta_1 = \omega_r(t_1 - t_0) = \arccos\left(\dfrac{(N_1 + N_2)V_{in} - V_o/2 - x(B_1)}{r_1}\right) \\ \theta_2 = \omega_r(t_2 - t_1) = \arccos\left(\dfrac{x(B_1) - N_1V_{in} + V_o/2}{r_2}\right) \end{cases} \tag{5.10}$$

另外，根据图 5.5 可知，$i_s$ 可表示为

$$i_s(t) = \begin{cases} r_1 \sin\left(\omega_r(t - t_0)\right)/Z_r, & t_0 < t \leqslant t_1 \\ r_2 \sin\left(\omega_r(t_2 - t)\right)/Z_r, & t_1 < t < t_2 \end{cases} \tag{5.11}$$

### 5.2.1　匝比 $N_1$ 和 $N_2$

如前所述，通过合理设计 $N_1$ 和 $N_2$，可以使得主全桥电路传输大部分功率而辅助全桥电路传输剩余小部分功率。

根据变换器电路及其工作原理的对称性，假设变换器传输效率为100%，则上半个周期$[t_0,t_3]$内主全桥电路传输的功率 $P_m$ 为

$$
\begin{aligned}
P_m &= \frac{2}{T_s}V_{in}\int_{t_0}^{t_3} i_{p1}\mathrm{d}t = 2f_s N_1 V_{in}\left(\int_{t_0}^{t_1} i_s\mathrm{d}t + \int_{t_1}^{t_2} i_s\mathrm{d}t\right) = \frac{2f_s N_1 V_{in}}{\omega_r Z_r}\left(r_1 + r_2 - r_1\cos\theta_1 - r_2\cos\theta_2\right) \\
&= \frac{2f_s C_r N_1 V_{in}}{N_2^2}\left(|O_1 A_1| + |O_2 A_2| + |O_1 X| - |O_2 X|\right) = \frac{2f_s C_r N_1 V_{in}}{N_2^2}|A_1 A_2| \\
&= \frac{4f_s C_r N_1 V_{in}\Delta v_{Cr\_s}}{N_2^2}
\end{aligned}
$$

$$(5.12)$$

式中，$T_s=1/f_s$，为开关周期；$X$ 为节点 $B$ 在横轴上的映射。

同理，辅助全桥电路的传输功率 $P_a$ 为

$$
P_a = \frac{2}{T_s}V_{in}\int_{t_0}^{t_3} i_{p2}\mathrm{d}t = 2f_s N_2 V_{in}\int_{t_0}^{t_1} i_s\mathrm{d}t = \frac{2f_s C_r\left(V_o - 2N_1 V_{in}\right)\Delta v_{Cr\_s}}{N_2^2} \tag{5.13}
$$

因此，$[t_0,t_3]$内的总功率 $P_{tot}$ 可表示为

$$
P_{tot} = P_m + P_a = \frac{2f_s C_r V_o \Delta v_{Cr\_s}}{N_2^2} \tag{5.14}
$$

由式(5.12)和式(5.14)可得

$$
\frac{P_m}{P_{tot}} = \frac{2N_1 V_{in}}{V_o} \tag{5.15}
$$

对比式(5.15)和式(4.17)易知二者完全相同，也就意味着两种变换器的功率分配也完全一致。因此，主辅两个全桥电路间的功率分配只与 $N_1$ 有关，且随着 $N_1$ 的增大，$P_m/P_{tot}$ 增大而 $P_a/P_{tot}$ 减小。因为主全桥的所有开关管均能实现 ZCS 开通和关断，所以 $N_1$ 应被设计得足够大从而保证主全桥电路传输大部分功率。

实际上，$N_1$ 也会影响所有半导体器件的峰值电流和辅助开关管的关断电流，从而影响效率。比如，当 $N_1$ 增大时，$P_m/P_{tot}$ 增大，$Q_1$ 和 $Q_2$ 的峰值电流也增大，但 $Q_5$ 和 $Q_6$ 的峰值电流和关断电流会减小。然而，$Q_3$ 和 $Q_4$ 的峰值电流分别是 $Q_2$ 和 $Q_6$、$Q_1$ 和 $Q_5$ 的峰值电流之和，因此它们受 $N_1$ 变化的影响较小。当总功率相同

时，半导体器件的总导通损耗变化不明显，但 $Q_5$ 和 $Q_6$ 的关断电流会随着 $N_1$ 的增大而减小，开关损耗也减小。因此，$N_1$ 越大，效率会越高，5.3.2 节将对此进行仿真验证。

另外，由图 5.5 可知，坐标原点 $O$ 在圆心 $O_1$ 和 $O_2$ 之间，所以可得

$$N_1 V_{in} - V_o/2 < 0 < (N_1 + N_2) V_{in} - V_o/2 \tag{5.16}$$

因此，$N_1$ 和 $N_2$ 应满足

$$\begin{cases} N_1 < V_o/(2V_{in}) \\ N_2 > V_o/(2V_{in}) - N_1 \end{cases} \tag{5.17}$$

不失一般性，当 $N_1$=4.5 时，$N_2$ 应大于 0.5。

### 5.2.2　谐振电容 $C_r$

在上半个开关周期 $[t_0, t_3]$ 内，输出功率 $P_o$ 等于 $P_{tot}$，可表示为

$$P_o = P_{tot} = \frac{2 f_s C_r V_o \Delta v_{Cr\_s}}{N_2^2} \tag{5.18}$$

由于 $\Delta v_{Cr\_s} = N_2 \Delta v_{Cr}$，$C_r$ 可表示为

$$C_r = \frac{N_2^2 P_o}{2 f_s V_o \Delta v_{Cr\_s}} = \frac{N_2 P_o}{2 f_s V_o \Delta v_{Cr}} \tag{5.19}$$

可见，在本节开始所给参数的基础上，$C_r$ 与 $\Delta v_{Cr\_s}$ 和 $N_2$ 有关。当 $N_2$ 确定时，$C_r$ 越大时，$\Delta v_{Cr\_s}$ 越小，也就意味着图 5.5 中节点 $A_1$ 和 $A_2$ 的位置不是固定的。比如，当 $C_r$ 足够大时，$\Delta v_{Cr\_s}$ 将变得非常小，以至于节点 $A_1$ 可以移动到圆心 $O_2$ 的右侧，而节点 $A_2$ 将更靠近圆心 $O_1$，但这些位置变化不会对分析过程和结果的正确性产生影响。

另外，根据模态 3 中的分析可知，$\Delta v_{Cr}$ 应满足

$$\Delta v_{Cr} = V_{Crmax} < \frac{N_1 V_{in} + V_o/2}{N_2} \tag{5.20}$$

综合 $\Delta v_{Cr\_s} = N_2 \Delta v_{Cr}$、式 (5.19) 和式 (5.20) 可知，$C_r$ 应满足

$$C_r > \frac{N_2^2 P_o}{f_s V_o (2 N_1 V_{in} + V_o)} = C_{r\_min} \tag{5.21}$$

式中，$C_{r\_min}$ 为设计 $C_r$ 时所需考虑的下限值。

基于所给变换器参数，同时取 $N_1$=4.5，可绘制如图 5.6 所示的 $C_{r\_min}$ 与 $N_2$ 的关系曲线。可见，$C_{r\_min}$ 随着 $N_2$ 的变大而变大。

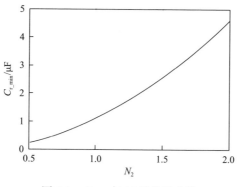

图 5.6　$C_{r\_min}$ 与 $N_2$ 的关系曲线

### 5.2.3　谐振电感 $L_r$

由式(5.19)可知，当 $C_r$ 和 $N_2$ 确定时，$\Delta v_{Cr\_s}$ 将确定下来，$\theta_1$ 和 $\theta_2$ 也将由式(5.9)和式(5.10)共同确定下来，但模态 1 和模态 2 的时间之和应小于半个开关周期，因此有

$$\frac{\theta_1 + \theta_2}{\omega_r} \leqslant \frac{T_s}{2} \tag{5.22}$$

将式(5.4)代入式(5.22)可得

$$L_r \leqslant \frac{N_2^2}{4f_s^2 N_1^2 C_r \left(\theta_1 + \theta_2\right)^2} = L_{r\_max} \tag{5.23}$$

式中，$L_{r\_max}$ 为设计 $L_r$ 时所需考虑的上限值。

另外，由图 5.4 的等效电路可知，$L_r$(可由 $T_{r1}$ 的原边漏感 $L_{lk1}$ 提供) 和 $C_r$ 是等效串联的，而 $T_{r2}$ 的原边漏感 $L_{lk2}$ 是和 $C_r$ 直接串联的，所以 $L_{lk2}$ 和 $L_{lk1}$ 实际上也是等效串联的，但电感量的大小需要折算，如将 $L_{lk2}$ 折算至 $T_{r1}$ 的原边时，其电感量将变为 $N_2^2 L_{lk2}/N_1^2$。同时，由于 $T_{r2}$ 传输的功率很小，其漏感 $L_{lk2}$ 本身就可以设计得较小。而且由之前和后续的分析可知，$N_1$ 至少数倍于 $N_2$，所以 $N_2^2 L_{lk2}/N_1^2$ 会更小，从而忽略不计。

### 5.2.4　匝比 $N_2$ 和谐振电容 $C_r$ 的优化设计

在大功率场合，半导体器件的开关损耗是影响变换器传输效率的一个重要因素，其次则是器件的导通损耗。由 5.1 节的工作原理分析可知，本章所提谐振变换器的开关损耗主要是由 $Q_5$ 和 $Q_6$ 的关断电流 $I_{off}$ 产生的。另外，$i_{p1}$ 和 $i_{p2}$ 的峰值 $I_{peak1}$ 和 $I_{peak2}$ 也会影响到半导体器件的导通损耗和磁性元件(谐振电感和变压器)的损耗。峰值电流太高也不利于功率器件的选择。为此，下面将分析不同的 $N_2$ 和 $C_r$ 对变换器 $I_{off}$、$I_{peak1}$、$I_{peak2}$ 等的影响。

$I_{off}$ 可由图 5.5 中节点 $B_1$ 的纵坐标 $y(B_1)$ 获取，因此将式(5.9)代入式(5.7)中的模态 2 可得

$$I_{off} = N_2 \frac{y(B_1)}{Z_r}$$

$$= \sqrt{\frac{\left(N_1 V_{in} - \Delta v_{Cr} N_2 - \dfrac{V_o}{2}\right)^2 - \left(\dfrac{\Delta v_{Cr}\left(V_o - (2N_1 + N_2)V_{in}\right) - \left(N_1 V_{in} - \dfrac{V_o}{2}\right)}{V_{in}}\right)^2}{N_1^2 L_r / C_r}} \quad (5.24)$$

考虑 $C_r$ 取值的下界 $C_{r\_min}$，根据式(5.24)可得 $I_{off}$ 随 $N_2$ 和 $C_r$ 的变化曲线(其中，$L_r$ 取其上限值 $L_{r\_max}$)，如图 5.7 所示。可见，$Q_5$ 和 $Q_6$ 的 $I_{off}$ 随着 $N_2$ 的减小而迅速降低，但随着 $C_r$ 的减小只呈现略微下降的趋势。因此，$I_{off}$ 的大小受 $N_2$ 的影响比较大，从减小 $I_{off}$ 降低关断损耗的角度出发，应选择较小的 $N_2$。

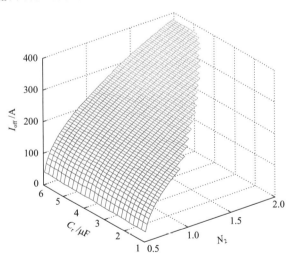

图 5.7 $I_{off}$ 随 $N_2$ 和 $C_r$ 的变化曲线

从图 5.5 中可以看出，$Z_r i_s$ 的最大值与节点 $B_1$ 的位置以及 $\theta_1$ 和 $\theta_2$ 的大小有关。比如，当节点 $B_1$ 处于第一象限时，因为圆心 $O_2$ 在负半轴，所以 $\theta_2$ 是肯定小于 $\pi/2$ 的。而圆心 $O_1$ 虽然在正半轴，但可能在映射点 $X$ 的左边或右边。显然，当圆心 $O_1$ 在映射点 $X$ 的左边时，$\theta_1$ 大于 $\pi/2$，$Z_r i_s$ 的最大值为半径 $r_1$；当圆心 $O_1$ 在映射

点 X 的右边时，$\theta_1$ 小于 $\pi/2$，$Z_r i_s$ 的最大值为节点 $B_1$ 的纵坐标 $y(B_1)$。同理，当节点 $B_1$ 处于第二象限时，可根据 $\theta_2$ 与 $\pi/2$ 的大小来获取 $Z_r i_s$ 的最大值。在相同的参数下，$Z_r i_s$ 的最大值确定时，$i_s$ 的峰值也就确定了，$I_{peak1}$ 和 $I_{peak2}$ 也随之确定，即

$$I_{peakj} = \begin{cases} N_j r_1/Z_r, & x>0, \theta_1 \geqslant \pi/2 \\ N_j r_1 \sin\theta_1/Z_r, & x>0, \theta_1 < \pi/2 \\ N_j r_2/Z_r, & x<0, \theta_2 \geqslant \pi/2 \\ N_j r_2 \sin\theta_2/Z_r, & x<0, \theta_2 < \pi/2 \end{cases} \tag{5.25}$$

式中，$j$=1,2。

根据式(5.25)可绘制不同 $N_2$ 和 $C_r$ 下 $I_{peak1}$ 和 $I_{peak2}$ 的变化曲线，如图 5.8 所示。可见，当 $N_2$ 略高于 0.5 时，随着 $C_r$ 的不同，$I_{peak1}$ 和 $I_{peak2}$ 略有变化。但当 $N_2>1$ 时，$I_{peak1}$ 随 $N_2$ 的增加而降低，但仍高于 $N_2$ 接近 0.5 时的值。此外，随着 $N_2$ 的增加，$I_{peak2}$ 迅速增加。可见，$N_2$ 的设计应尽可能小，以获得较低的导通损耗，并便于选择功率器件。

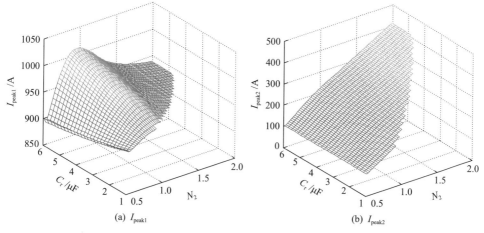

图 5.8　$I_{peak1}$ 和 $I_{peak2}$ 随 $N_2$ 和 $C_r$ 的变化曲线

虽然 $C_r$ 的减小有利于降低变换器的峰值电流和关断电流，但 $\Delta v_{Cr}$ 也会随 $C_r$ 以及 $N_2$ 的变化而变化，而 $\Delta v_{Cr}$ 的大小也关系着 $C_r$ 电压应力的选取。为此，还应考虑 $\Delta v_{Cr}$ 的变化情况，如图 5.9 所示。可见，$\Delta v_{Cr}$ 随着 $N_2$ 的减小而减小，但会随着 $C_r$ 的减小而快速增大。$C_r$ 的电压应力越大，其体积越大、成本越高。因此，从谐振电容选型的角度出发，依旧应选择较小的 $N_2$，而 $C_r$ 则应设计得稍大一些。

此外，$L_{r\_max}$ 的变化曲线如图 5.10 所示，与 $\Delta v_{Cr}$ 类似，$L_{r\_max}$ 随着 $N_2$ 的减小而减小，但会随着 $C_r$ 的减小而快速增大。一般而言，小电感的体积和损耗都相对小一些，因此，从设计谐振电感的角度出发，依旧应选择较小的 $N_2$，而 $C_r$ 则应设

计得稍大一些。

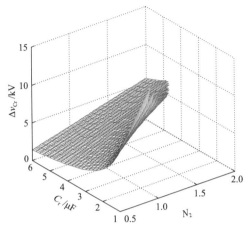

图 5.9　$\Delta v_{Cr}$ 随 $N_2$ 和 $C_r$ 的变化曲线

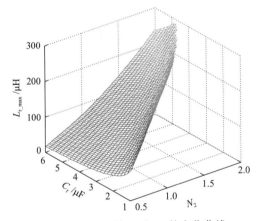

图 5.10　$L_{r\_max}$ 随 $N_2$ 和 $C_r$ 的变化曲线

综上所述，$N_2$ 越小，开关管峰值电流和关断电流、谐振电容电压峰值、谐振电感值都越小，而 $C_r$ 的减小有利于降低变换器的峰值电流和关断电流，但会使得谐振电容电压峰值和谐振电感值迅速增大。因此，$N_2$ 在满足式(5.17)的前提下应设计得尽量小，而 $C_r$ 的选值应折中考虑。

## 5.3　仿　真　验　证

### 5.3.1　匝比 $N_2$ 和谐振电容 $C_r$ 的影响

为了验证不同 $N_2$ 和 $C_r$ 的具体影响，基于 PLECS 软件仿真了 A、B、C 三种不同工况，如表 5.1 所示，其中工况 A 和 B 的 $C_r$ 相同而 $N_2$ 不同，而工况 B 和 C

的 $N_2$ 相同而 $C_r$ 不同。三种工况具有相同的 $N_1$，因此主辅两个全桥电路的功率分配($P_m$：$P_a$)情况相同。另外，$L_r$ 是按照 $L_{r\_max}$ 的计算结果给出的。

表 5.1　A、B、C 三种工况下的主要参数

| 参数 | A | B | C |
|---|---|---|---|
| $N_1$ | 4.5 | 4.5 | 4.5 |
| $N_2$ | 0.8 | 0.55 | 0.55 |
| $P_m$：$P_a$ | 9：1 | 9：1 | 9：1 |
| $C_r/\mu F$ | 2 | 2 | 1 |
| $L_r/\mu H$ | 110 | 49 | 96 |

图 5.11 给出了 A、B、C 三种工况下的仿真波形，可见，因为具有相同的 $N_1$，所以三种工况下 $i_{p1}$ 的峰值基本相同。另外，B 和 C 两种工况下的 $N_2$ 较小，所以 $i_{p2}$ 的峰值、$Q_5$ 和 $Q_6$ 的关断电流(竖直虚线对应的电流)都比工况 A 小。对比图 5.11(b)和(c)可知，B 和 C 两种工况下的峰值电流和关断电流几乎相同，这表明 $N_2$ 相同时 $C_r$ 对峰值电流和关断电流几乎没有影响，与图 5.7 和图 5.8 的结论一致。$v_{Cr}$ 的最大值在三种工况下呈现为 B<A<C，说明 $v_{Cr}$ 的最大值随 $N_2$ 的增大而增大但随 $C_r$ 的增大而减小，这与理论分析相符。

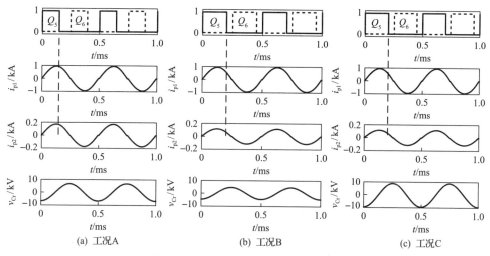

图 5.11　A、B、C 三种工况的仿真波形

为了更具体地比较三种工况下的开关管电流和谐振电容电压，以及仿真结果和理论计算值之间的差别，详细的电流和电压如表 5.2 所示。一方面，仿真结果和理论计算值几乎相同。另一方面，所有开关管的峰值电流、$Q_5$ 和 $Q_6$ 的关断电流都呈现为 C<B<A。B 和 C 两种工况下的所有电流值都非常接近，并且低于工况 A，这意味着工况 B 和 C 的导通损耗和开关损耗要低于工况 A。同时，考虑到工况 B

中 $L_r$ 较小且 $\Delta v_{Cr}$ 较低，所以具有更小的 $N_2$ 和更大的 $C_r$ 的工况 B 更符合实际需求。

**表 5.2　仿真结果和理论计算值**

| 参数 | | A | | B | | C | |
|---|---|---|---|---|---|---|---|
| | | 仿真结果 | 理论计算值 | 仿真结果 | 理论计算值 | 仿真结果 | 理论计算值 |
| 峰值电流/A | $Q_1$、$Q_2$ | 975.55 | 974.78 | 955.19 | 955.52 | 950.43 | 949.49 |
| | $Q_3$、$Q_4$ | 1148.98 | 1148.07 | 1071.94 | 1070.06 | 1066.59 | 1065.54 |
| | $Q_5$、$Q_6$ | 175.43 | 175.29 | 116.75 | 116.54 | 116.16 | 116.05 |
| 关断电流/A | $Q_5$、$Q_6$ | 171.40 | 171.26 | 75.14 | 74.97 | 71.05 | 70.92 |
| 谐振电压峰值/kV | $\Delta v_{Cr}$ | 6.667 | 6.667 | 4.583 | 4.583 | 9.166 | 9.167 |

采用表 4.4 所示的半导体器件型号和连接方式，对该谐振变换器进行热仿真。图 5.12 给出了三种工况下半导体器件损耗的动态仿真波形，图中的实线代表半导体器件的耗散功率，虚线代表传递至散热器上的功率。可见，实线和虚线在散热器的温度稳定后重合，表明所搭建的热仿真模型已经达到了新的热平衡。如图 5.12 所示，对于半导体器件的总损耗，很明显工况 A 最大，而工况 B 几乎与工况 C 相同，这与前面的分析一致。半导体器件的具体导通损耗和开关损耗见表 5.3，因为 A、B、C 三种工况下都实现了 ZCS 开通和关断，所以 $Q_1 \sim Q_4$、$Q_5$ 和 $Q_6$ 的反并联二极管、$D_{R1}$ 和 $D_{R2}$ 的开关损耗都可忽略不计。由于 $N_1$ 相同，三种工况下 $Q_1$、$Q_2$、$D_{R1}$、$D_{R2}$ 的导通损耗相差不大。但工况 A 下 $Q_3$ 和 $Q_4$ 的导通损耗、$Q_5$ 和 $Q_6$ 的开关损耗均高于工况 B 和 C。从表 5.3 可以看出，半导体器件的总损耗小于 5kW，即低于额定功率的 0.5%，表明本章所提的谐振变换器具有较高的传输效率。另外，工况 B 和 C 二者的半导体器件总损耗相差不大，但工况 B 中的 $\Delta v_{Cr}$ 仅为工况 C 中的一半，意味着工况 B 中 $C_r$ 的电压应力只需工况 C 中的一半即可满足要求。图 5.13 给出了三种工况下 $i_{p1}$ 和 $v_{Cr}$ 之间的仿真稳态轨迹，可以更加直观地看出工

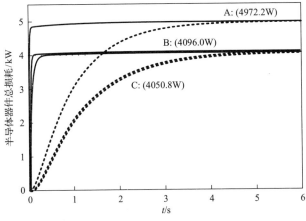

图 5.12　三种工况下半导体器件损耗的仿真波形

表 5.3　损耗分布　　　　　　　　（单位：W）

| 工况 | 损耗 | $Q_1$、$Q_2$ | $Q_3$、$Q_4$ | $Q_5$、$Q_6$ | $Q_5$、$Q_6$的反并联二极管 | $D_{R1}$、$D_{R2}$ | 总损耗 |
|---|---|---|---|---|---|---|---|
| A | 导通损耗 | 1049 | 1297.5 | 86.8 | 45.5 | 1244.2 | 4972.2 |
|   | 开关损耗 | 0 | 0 | 1249.2 | 0 | 0 |  |
| B | 导通损耗 | 1035.8 | 1200.1 | 75.1 | 5.4 | 1240.9 | 4096.0 |
|   | 开关损耗 | 0 | 0 | 538.7 | 0 | 0 |  |
| C | 导通损耗 | 1031.5 | 1196.5 | 72.6 | 5.3 | 1236.2 | 4050.8 |
|   | 开关损耗 | 0 | 0 | 508.7 | 0 | 0 |  |

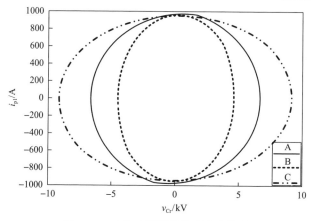

图 5.13　三种工况下的仿真稳态轨迹

况 B 中的 $\Delta v_{Cr}$ 最小。虽然谐振电流接近正弦波，导致模态 1 和模态 2 的连接节点 $B_1$ 不易区分，但还是容易发现工况 A 中的峰值电流最大。

综上所述，工况 B 和 C 的半导体器件损耗相差不大且都明显低于工况 A，同时工况 B 中 $C_r$ 的电压应力要比工况 C 中的小得多。因此，工况 B 更符合实际需求。

另外，本章变换器的工况 B 和第 4 章变换器的工况 C（表 4.3）中的峰值电流和关断电流的详细对比如表 5.4 所示。可见，在相同的 $V_{in}=1.5\text{kV}$、$V_o=15\text{kV}$、$P_N=1\text{MW}$、$f_s=2\text{kHz}$、$N_1=4.5$ 下，本章变换器的工况 B 中所有开关管的峰值电流下降了 19% 以上，其中 $Q_5$ 和 $Q_6$ 的峰值电流下降了 28.8%，而 $Q_5$ 和 $Q_6$ 的关断电流下降了 54.2%。因此，LC 串联谐振技术的引入，有效降低了开关管的峰值电流和关断电流。

### 5.3.2　匝比 $N_1$ 的影响

表 5.5 列出了在三种不同 $N_1$（4、4.5、4.75）方案下优化后的 $N_2$、$C_r$、$L_r$。三种不同 $N_1$ 方案中主全桥电路传输的功率依次为总功率的 80%、90%、95%。表 5.6 给出了所有开关管的电流值，可见，随着 $N_1$ 的增大，$Q_1$ 和 $Q_2$ 的峰值电流增大而 $Q_5$ 和 $Q_6$ 的峰值电流和关断电流均减小。因为 $Q_3$ 和 $Q_4$ 的峰值电流分别是 $Q_2$ 和 $Q_6$、

$Q_1$ 和 $Q_5$ 的峰值电流之和，因此在不同 $N_1$ 下的值变化不大。

表 5.4　本章变换器工况 B 和第 4 章变换器工况 C 的电流比较

| 参数 | | 第 4 章工况 C/A | 本章工况 B/A | 下降比例/% |
|---|---|---|---|---|
| 峰值电流 | $Q_1$、$Q_2$ | 1180 | 955.19 | 19.1 |
| | $Q_3$、$Q_4$ | 1343.9 | 1071.94 | 20.2 |
| | $Q_5$、$Q_6$ | 163.9 | 116.75 | 28.8 |
| 关断电流 | $Q_5$、$Q_6$ | 163.9 | 75.14 | 54.2 |

表 5.5　优化后的三种不同 $N_1$ 方案的主要参数

| $N_1$ | $N_2$ | $P_m/P_a$ | $C_r/\mu F$ | $L_r/\mu H$ |
|---|---|---|---|---|
| 4 | 1.05 | 8 : 2 | 2 | 218 |
| 4.5 | 0.55 | 9 : 1 | 2 | 49 |
| 4.75 | 0.27 | 19 : 1 | 0.5 | 41 |

表 5.6　三种不同 $N_1$ 方案的仿真电流值　　　　(单位：A)

| 参数 | | $N_1=4$ | $N_1=4.5$ | $N_1=4.75$ |
|---|---|---|---|---|
| 峰值电流 | $Q_1$、$Q_2$ | 844.60 | 955.19 | 1007.00 |
| | $Q_3$、$Q_4$ | 1066.31 | 1071.94 | 1064.25 |
| | $Q_5$、$Q_6$ | 221.71 | 116.75 | 57.25 |
| 关断电流 | $Q_5$、$Q_6$ | 101.38 | 75.14 | 31.99 |

为了比较不同 $N_1$ 下的半导体器件损耗，表 5.7 给出了各器件的具体导通损耗和开关损耗。可见，随着 $N_1$ 的增大，虽然 $Q_1$ 和 $Q_2$ 的导通损耗增大，但 $Q_5$ 和 $Q_6$ 的导通损耗和开关损耗、$D_{R1}$ 和 $D_{R2}$ 的导通损耗均减小。而在三种不同 $N_1$ 方案中，

表 5.7　三种不同 $N_1$ 方案的仿真损耗分布　　　　(单位：W)

| 工况 | 损耗 | $Q_1$、$Q_2$ | $Q_3$、$Q_4$ | $Q_5$、$Q_6$ | $Q_5$、$Q_6$ 的反并联二极管 | $D_{R1}$、$D_{R2}$ | 总损耗 |
|---|---|---|---|---|---|---|---|
| $N_1=4$ | 导通损耗 | 894.68 | 1207 | 189.13 | 7.64 | 1292.7 | 4324.13 |
| | 开关损耗 | 0 | 0 | 732.98 | 0 | 0 | |
| $N_1=4.5$ | 导通损耗 | 1035.8 | 1200.1 | 75.1 | 5.42 | 1240.9 | 4096.03 |
| | 开关损耗 | 0 | 0 | 538.71 | 0 | 0 | |
| $N_1=4.75$ | 导通损耗 | 1097.5 | 1091.6 | 16.5 | 2.02 | 1196.4 | 3618.59 |
| | 开关损耗 | 0 | 0 | 214.57 | 0 | 0 | |

$Q_3$ 和 $Q_4$ 的导通损耗差别不大。因此，半导体器件的总损耗随 $N_1$ 的增大而减小，但 $N_1$ 需满足式 (5.17)。总之，所有电流变化趋势和损耗结果均与 5.2.1 节的理论分析吻合。

## 5.4　实验验证

基于以上理论分析和仿真验证，并为了进一步验证本章所提谐振变换器的工作原理和软开关性能，本节搭建了一台 150V/1500V/2kW 原理样机，进行三组实验对比，详细的参数如表 5.8 所示。其中工况 A 和 B 的 $C_r$ 相同 $N_2$ 不同，而工况 B 和 C 的 $N_2$ 相同 $C_r$ 不同。

表 5.8　样机参数

| 参数 | A | B | C |
| --- | --- | --- | --- |
| 额定功率 $P_N$/kW | 2 | 2 | 2 |
| 输入电压 $V_{in}$/V | 150 | 150 | 150 |
| 输出电压 $V_o$/V | 1500 | 1500 | 1500 |
| 开关频率 $f_s$/kHz | 10 | 10 | 10 |
| 匝比 $N_1$ | 4.5 | 4.5 | 4.5 |
| 匝比 $N_2$ | 1 | 0.55 | 0.55 |
| 谐振电容 $C_r$/μF | 0.5 | 0.5 | 0.2 |
| 谐振电感 $L_r$/μH | 40 | 11.4 | 22.8 |

图 5.14 给出了三种工况下 $Q_5$ 的栅极驱动电压 $v_{GE\_Q5}$、$i_{p1}$、$i_{p2}$、$v_{Cr}$ 的波形。可见，由于 $N_2$ 较小，工况 B 和 C 下 $i_{p1}$ 和 $i_{p2}$ 的峰值要小于工况 A。通过比较图 5.14 (b) 和 (c) 可知，在 $N_2$ 相同但 $C_r$ 不同的情况下，工况 B 和 C 下的所有峰值电流和关断电流几乎相同，说明 $C_r$ 对峰值电流和关断电流的影响很小。$\Delta v_{Cr}$ 呈现为 B<A<C，说明 $\Delta v_{Cr}$ 随 $N_2$ 的增大而增大但随 $C_r$ 的增大而减小，与理论分析和仿真结果吻合。

图 5.15 给出了三种工况下 $Q_1$ 的栅极驱动电压 $v_{GE\_Q1}$、集射极电压 $v_{CE\_Q1}$ 和电流 $i_{Q1}$ 的波形。可见，具有更大 $N_2$ 的工况 A 的 $i_{Q1}$ 峰值最高，而在其他两种工况下 $i_{Q1}$ 峰值几乎相同。不失一般性，以图 5.15 (b) 的工况 B 为例，当开通 $Q_1$ 时，由于 $L_r$ 的限制，$i_{Q1}$ 缓慢上升。而当关断 $Q_1$ 时，实现了 ZCS 关断，因此，实现了 $Q_1$ 的 ZCS 开通和关断。

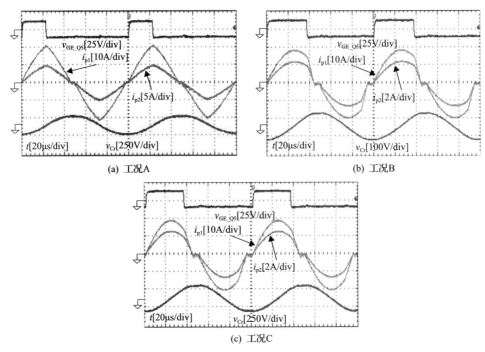

(a) 工况A

(b) 工况B

(c) 工况C

图 5.14 三种工况下 $Q_5$ 的栅极驱动电压 $v_{GE\_Q5}$、$i_{p1}$、$i_{p2}$、$v_{Cr}$ 波形

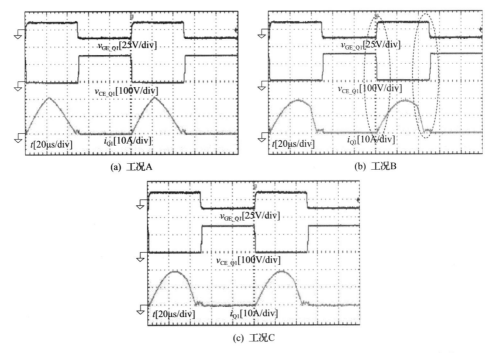

(a) 工况A

(b) 工况B

(c) 工况C

图 5.15 三种工况下 $Q_1$ 的栅极驱动电压 $v_{GE\_Q1}$、集射极电压 $v_{CE\_Q1}$、电流 $i_{Q1}$ 波形

图 5.16 给出了三种工况下 $Q_3$ 的栅极驱动电压 $v_{GE\_Q3}$、集射极电压 $v_{CE\_Q3}$ 和电流 $i_{Q3}$ 的波形。在 $N_2$ 更大的工况 A 中，$i_{Q3}$ 的峰值（即 $i_{p1}$ 和 $i_{p2}$ 的峰值之和）更高，这意味着更高的导通损耗，而在 $N_2$ 相同但 $C_r$ 不同的工况 B 和 C 之间 $i_{Q3}$ 的峰值差异则不大。显然，三种工况下的 $Q_3$ 也都实现了 ZCS 开通和关断。实际上，由图 5.15 和图 5.16 可知，所有电流下降到最低后会出现一个很小的电流，这是由于 $T_{r1}$ 的励磁电感偏小而产生的励磁电流。以表 5.9 中的工况 B 为例，$T_{r1}$ 的励磁电感仅为 5.6mH。尽管如此，励磁电流也显然要远小于 $Q_1$ 和 $Q_3$ 的峰值电流以及 $Q_5$ 的关断电流，因而仍可以得到较低的开关损耗，并实现较高的传输效率。

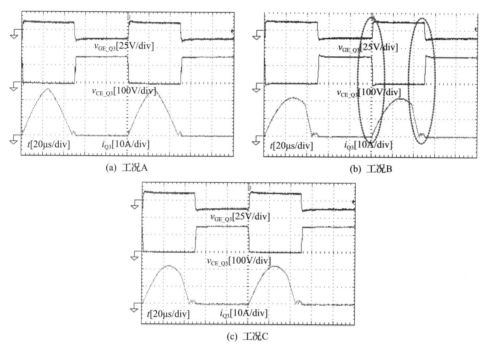

(a) 工况A　　　　(b) 工况B

(c) 工况C

图 5.16　三种工况下 $Q_3$ 的栅极驱动电压 $v_{GE\_Q3}$、集射极电压 $v_{CE\_Q3}$、电流 $i_{Q3}$ 波形

表 5.9　工况 B 中的变压器参数

| 变压器 | 磁芯材料 | 工作磁密/T | 环形磁芯尺寸/mm | | | 绕组匝数 | | 励磁电感/mH |
|---|---|---|---|---|---|---|---|---|
| | | | 外径 | 内径 | 高 | 原边 | 副边 | |
| $T_{r1}$ | 纳米晶 | 0.8 | 120 | 60 | 30 | 8 | 36 | 5.6 |
| $T_{r2}$ | 纳米晶 | 0.8 | 100 | 50 | 25 | 9 | 5 | 5.0 |

图 5.17 给出了 $Q_5$ 的栅极驱动电压 $v_{GE\_Q5}$、集射极电压 $v_{CE\_Q5}$ 和电流 $i_{Q5}$ 的波形。与图 5.15 和图 5.16 类似，在 $N_2$ 更大的工况 A 中，$Q_5$ 的峰值电流和关断电流更高，从而导致更大的开关损耗，而在 $N_2$ 相同但 $C_r$ 不同的工况 B 和 C 之间 $Q_5$

的峰值电流和关断电流差异则不大。显然，$Q_5$ 实现了 ZVZCS 开通。由图 5.16 和图 5.17 可知，$Q_3$ 和 $Q_5$ 的峰值电流以及 $Q_5$ 的关断电流主要受 $N_2$ 的影响较大而受 $C_r$ 的影响很小，这与理论分析一致。另外，不失一般性，工况 B 中 $Q_5$ 的关断波形如图 5.18 所示，$Q_5$ 明显实现了 ZVS 关断。

三种工况下 $i_{p1}$ 和 $v_{Cr}$ 之间的实验稳态轨迹如图 5.19 所示（将示波器设置为 X-Y 扫描模式即可获取），可见，工况 A 的峰值电流和关断电流最高。尽管 $C_r$ 不同，但工况 B 和 C 的峰值电流和关断电流几乎相同。相对于工况 C，工况 B 中的 $\Delta v_{Cr}$ 显然更小。

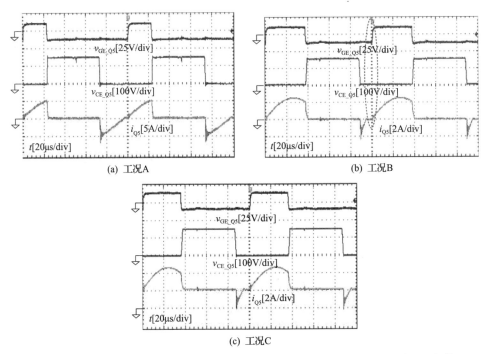

图 5.17　三种工况下 $Q_5$ 的栅极驱动电压 $v_{GE\_Q5}$、集射极电压 $v_{CE\_Q5}$、电流 $i_{Q5}$ 波形

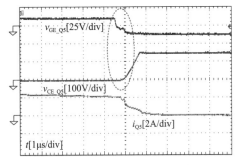

图 5.18　工况 B 中 $Q_5$ 的关断波形

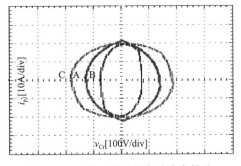

图 5.19　三种工况下的实验稳态轨迹

为了验证该谐振变换器在轻载下的软开关特性，以工况 B 在 25% 负载下的实验波形为例，可得图 5.20。由图 5.20(a) 和 (b) 可知，$Q_1$ 和 $Q_3$ 仍然能够实现 ZCS 开通和关断，只是关断处的励磁电流仍然存在。另外，轻载下的 $Q_5$ 也可以实现 ZVZCS 开通和 ZVS 关断，分别如图 5.20(c) 和 (d) 所示。因此，该谐振变换器可以实现轻载下的软开关，轻载下的损耗也较低。

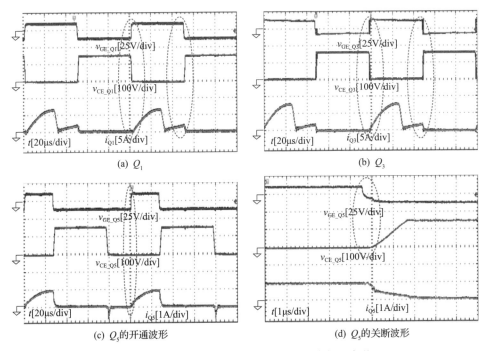

图 5.20  工况 B 中 25% 负载下的软开关实现波形

图 5.21 给出了 A、B、C 三种工况在不同输出功率下的效率曲线。结果表明，该谐振变换器能在较宽的输出功率范围内实现高效率。工况 A 中 $Q_5$ 和 $Q_6$ 的关断电流较大导致其开关损耗较大，同时 $Q_1 \sim Q_4$ 的峰值电流较大导致其导通损耗较大，所以工况 A 的效率要比工况 B 和 C 的效率低。另外，B 和 C 两种工况的所有电流几乎相同，而在工况 B 中，$L_r$ 是工况 C 中的一半(表 5.8)，这导致 $L_r$ 的损耗偏低一点。因此，工况 B 的效率要略高于工况 C。

综上所述，三种工况下的主开关管 $Q_1 \sim Q_4$ 都能实现 ZCS 开通和关断，而辅助开关管 $Q_5$ 和 $Q_6$ 则能实现 ZVZCS 开通和 ZVS 关断。工况 B 和 C 的峰值电流和关断电流相差不大且都明显低于工况 A，同时工况 B 中的 $L_r$ 和 $\Delta v_{Cr}$ 要比工况 C 中的小得多，有利于降低 $L_r$ 的损耗和选择电压应力更小的 $C_r$。因此，工况 B 更符合实际需求。

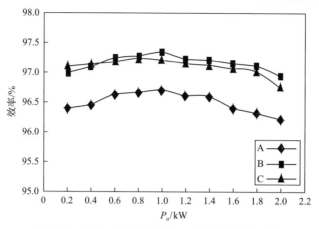

图 5.21　三种工况在不同输出功率下的效率对比

## 5.5　本 章 小 结

　　针对第 4 章变换器存在的开关管峰值电流和关断电流偏高等问题，本章引入 LC 串联谐振技术提出了一种支干分流型 ZCS 谐振全桥变换器，有效降低了开关管的峰值电流和关断电流。四个主开关管仍然能够实现 ZCS 开通和关断，两个小电流定额的辅助开关管也仍然能够实现 ZVZCS 开通和 ZVS 关断。随着 $N_1$ 的增大，变换器的半导体器件总损耗将下降，所以 $N_1$ 设计得大一些更有利。$N_2$ 越小，开关管峰值电流和关断电流、谐振电容电压峰值、谐振电感值都越小，因此 $N_2$ 在满足一定的前提下应设计得尽量小。谐振电容的减小有利于降低峰值电流和关断电流，但会使得谐振电容电压峰值和谐振电感值迅速增大，因此，谐振电容的选值应折中考虑。最后，仿真和实验都验证了本章所提变换器的工作特性和上述结论的正确性。

# 第6章 低电压应力的支干分流型 DC/DC 变换器

由第 4、5 章变换器工作原理的详细分析和实验结果可知，上述两种新型 ZCS 变换器的辅助开关管都可以实现 ZVS 开通和关断。如第 1 章所述，ZVS 更适用于 MOSFET，所以如果辅助开关管采用 MOSFET，则实现其 ZVS 更有利于降低变换器的开关损耗，但 MOSFET 的额定电压不高，因此，需要想办法将辅助开关管的电压应力降低。为此，本章对辅助电路进行了改进，成功将辅助开关管的电压应力降为原来的一半，为使用 MOSFET 作为辅助开关管提供了有利条件，并提出了一种辅助开关管低电压应力的支干分流型 ZCS 谐振全桥变换器。另外，将支干分流思想运用于传统三电平电路，从而使得所有主开关管的电压应力降为原来的一半，并提出了一种支干分流型 ZCS 谐振三电平变换器。进一步将三电平电路和改进的辅助支路相结合，可得一种辅助开关管低电压应力的支干分流型 ZCS 谐振三电平变换器。本章将分别介绍上述三种低电压应力 ZCS DC/DC 变换器的工作原理，并分别进行实验验证。

## 6.1 辅助开关管低电压应力的支干分流型 ZCS 谐振全桥变换器

### 6.1.1 变换器主电路及其工作原理

辅助开关管低电压应力的支干分流型 ZCS 谐振全桥变换器如图 6.1 所示，主全桥电路及输出侧电路和第 4、5 章的变换器完全相同，主全桥电路和辅助电路之

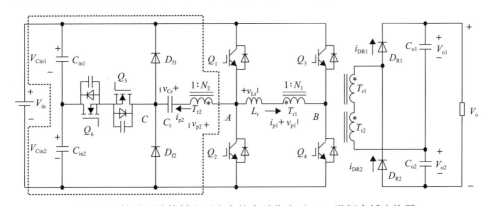

图 6.1 辅助开关管低电压应力的支干分流型 ZCS 谐振全桥变换器

间的功率分配情况也和第 4、5 章一致，此处均不再赘述。改进的辅助电路如图 6.1 中的虚线框内所示，由两个分压电容 $C_{in1}$ 和 $C_{in2}$（电容电压分别为 $V_{Cin1}$ 和 $V_{Cin2}$）、两个反串联的 MOSFET $Q_5$ 和 $Q_6$（包括它们的体二极管和寄生电容）、两个续流二极管 $D_{f1}$ 和 $D_{f2}$、谐振电容 $C_r$、辅变压器 $T_{r2}$ 的原边绕组组成。

该变换器的典型工作波形如图 6.2 所示，可见，六个开关管的驱动波形与第 4、5 章一致。其中 $v_{p1}$、$i_{p1}$ 和 $v_{p2}$、$i_{p2}$ 分别为 $T_{r1}$ 和 $T_{r2}$ 的原边绕组电压、电流，$v_{Lr}$ 和 $v_{Cr}$ 分别为 $L_r$ 和 $C_r$ 的端电压。在详细分析之前，先做与 4.1 节中相同的假设，另外，还假设 $C_{in1}$ 和 $C_{in2}$ 相等且足够大，因此，$V_{Cin1}=V_{Cin2}=V_{in}/2$。

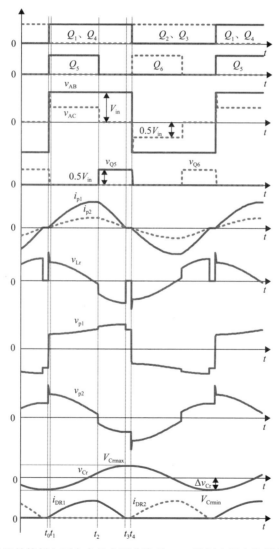

图 6.2　辅助开关管低电压应力的支干分流型 ZCS 谐振全桥变换器典型工作波形

由图 6.2 可知,该变换器在半个开关周期内有四个开关模态,分别如图 6.3 所示。

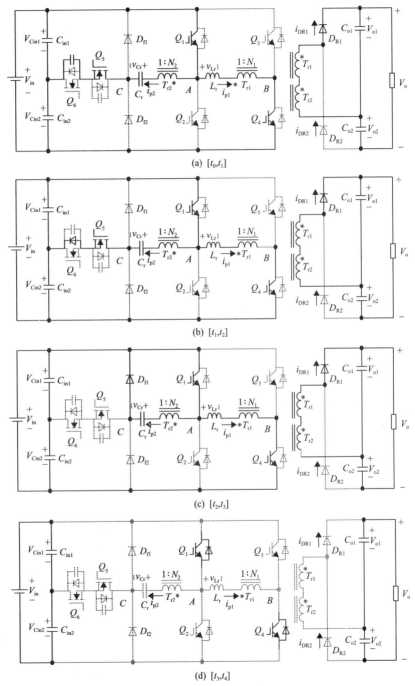

(a) [$t_0, t_1$]

(b) [$t_1, t_2$]

(c) [$t_2, t_3$]

(d) [$t_3, t_4$]

图 6.3　辅助开关管低电压应力的支干分流型 ZCS 谐振全桥变换器各开关模态的等效电路

1) 开关模态 1$[t_0, t_1]$

$t_0$ 是一个新开关周期的起点，在该时刻关断 $Q_2$ 和 $Q_3$，同时开通 $Q_1$、$Q_4$ 和 $Q_5$。从图 6.2 所给的电流波形可知，在 $t_0$ 时刻之前所有开关管中都没有电流流过。因此，$Q_2$ 和 $Q_3$ 实现了 ZCS 关断，$Q_1$、$Q_4$ 和 $Q_5$ 则实现了 ZCS 开通。此外，$Q_5$ 和 $Q_6$ 的端电压分别为零和 $V_{in}/2$。因此，$Q_5$ 实现了 ZVZCS 开通。本模态中，$i_{p1}$ 流过 $Q_1$、$L_r$、$T_{r1}$ 原边绕组、$Q_4$，因此，$A$ 和 $B$ 两节点间的电压为输入电压 $V_{in}$，即 $v_{AB}=V_{in}$。同理，$i_{p2}$ 流过 $Q_1$、$T_{r2}$ 原边绕组、$C_r$、$Q_5$、$Q_6$ 的寄生电容、$C_{in1}$。因为 $Q_6$ 端电压在 $t_0$ 时刻为 $V_{in}/2$，而且在本模态中 $Q_6$ 的寄生电容通过 $i_{p2}$ 放电至零，所以 $A$ 和 $C$ 两节点间的电压 $v_{AC}$ 是从 $V_{in}$ 下降至 $V_{in}/2$。本模态中，$L_r$ 与 $C_r$ 和 $Q_6$ 的寄生电容三者一起谐振，$C_r$ 端电压 $v_{Cr}$ 从最小值 $V_{Crmin}$ 开始上升。另外，流经 $Q_1$ 的电流为 $i_{p1}$ 和 $i_{p2}$ 两者之和。$Q_6$ 的寄生电容电压从 $V_{in}/2$ 放电至零所需的时间即为本阶段的持续时间，由于寄生电容放电时间相对很短，所以该模态内所有电流的变化也较小。

2) 开关模态 2$[t_1, t_2]$

$t_1$ 时刻 $Q_6$ 端电压下降至零，$i_{p2}$ 从 $Q_6$ 的体二极管流过而 $i_{p1}$ 的电流通路不变，因此，$L_r$ 只与 $C_r$ 进行谐振，电流在模态 1 的基础上开始谐振上升。流经 $Q_1$ 的电流仍然为 $i_{p1}$ 和 $i_{p2}$ 两者之和。同时，易知 $v_{AB}=V_{in}$ 和 $v_{AC}=V_{in}/2$。

3) 开关模态 3$[t_2, t_3]$

在 $t_2$ 时刻关断 $Q_5$，$i_{p2}$ 开始给 $Q_5$ 的寄生电容充电，所以 $Q_5$ 可以实现 ZVS 关断且该充电电流远大于在模态 1 中 $Q_6$ 的寄生电容的放电电流，因此，$Q_5$ 的寄生电容充电时间更短，可以忽略不计。当 $Q_5$ 端电压上升为 $V_{in}/2$ 时，$i_{p2}$ 通过续流二极管 $D_{f1}$ 流回 $Q_1$，则有 $v_{AC}=0$。从而可知，$T_{r1}$ 副边绕组电压为 $V_o/2+N_2v_{Cr}$，同时 $v_{Cr}$ 持续上升，使得 $v_{Lr}$ 跳变为负值，所以电流开始谐振下降。$v_{Cr}$ 在 $t_3$ 时刻上升至最大值 $V_{Crmax}$，因为 $v_{Cr}$ 在一周期内的平均值为零，所以 $\Delta v_{Cr}=V_{Crmax}=-V_{Crmin}$。由于本模态中不再有电流流经 $Q_5$ 和 $Q_6$，两者的端电压分别保持为 $V_{in}/2$ 和零不变。

4) 开关模态 4$[t_3, t_4]$

通过合理设计 $N_1$、$N_2$、$L_r$、$C_r$ 等重要参数，所有电流在 $t_3$ 时刻下降为零，$D_{f1}$ 和整流二极管 $D_{R1}$ 实现了 ZCS 关断。$T_{r1}$ 和 $T_{r2}$ 副边绕组电压要小于整流后的电压，即 $N_1V_{in}-N_2V_{Crmax}<V_o/2$，从而使得 $D_{R1}$ 反向阻断（在下半个开关周期，则满足 $V_o/2+N_2V_{Crmax}-N_1V_{in}>0$，整流二极管 $D_{R2}$ 反向阻断）。此模态中，尽管 $Q_1$ 和 $Q_4$ 处于开通状态，但 $i_{p1}$、$i_{p2}$、$i_{DR1}$ 一直为零，负载由输出滤波电容供电。本模态中 $Q_5$ 和 $Q_6$ 的端电压依然分别保持为 $V_{in}/2$ 和零不变。$t_4$ 时刻是上半个开关周期的结束点，也是下半个开关周期的起点。显然，$Q_1$ 和 $Q_4$ 是 ZCS 关断，$Q_2$、$Q_3$ 和 $Q_6$ 是 ZCS 开通。另外，由于模态 3 和模态 4 中 $Q_6$ 的端电压已经为零，所以 $Q_6$ 实现了 ZVZCS 开通。

下半个开关周期与上半个开关周期的分析类似，该变换器与第 4、5 章变换器有相同的软开关特性，且 $D_{f1}$ 和 $D_{f2}$ 也实现了 ZCS 关断。另外，因为 $Q_5$ 和 $Q_6$ 所需承受的最大阻断电压只有 $V_{in}/2$，且能够实现 ZVZCS 开通和 ZVS 关断，所以该变换器中 $Q_5$ 和 $Q_6$ 适合选用 MOSFET。综上所述，该变换器中半导体器件的开关特性和电压应力可以总结为表 6.1。另外，各开关管的峰值电流特点也与前两章的类似，此处不再赘述。

表 6.1　半导体器件的开关特性和电压应力

| 开关和电压应力 | $Q_1 \sim Q_4$ | $Q_5$、$Q_6$ | $D_{f1}$、$D_{f2}$ | $D_{R1}$、$D_{R2}$ |
|---|---|---|---|---|
| 开通 | ZCS | ZVZCS | 硬开通 | 自然开通 |
| 关断 | ZCS | ZVS | ZCS | ZCS |
| 电压应力 | $V_{in}$ | $V_{in}/2$ | $V_{in}$ | $V_o$ |

### 6.1.2　实验验证

因为模态 1 的持续时间较短，且该阶段谐振电流和谐振电压的变化甚微，所以模态 2 和模态 3 的等效电路如图 6.4 所示，其中 $L_{r\_s} = N_1^2 L_r$ 和 $C_{r\_s} = C_r / N_2^2$。可见，该等效电路与第 5 章的等效电路类似，所以参数设计和优化过程与第 5 章也类似，此处不再赘述。

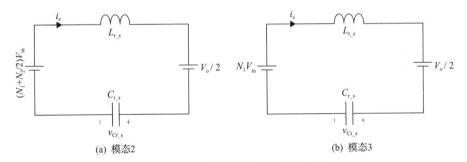

(a) 模态2　　　　　　　　　　　　　　　　(b) 模态3

图 6.4　开关模态的进一步等效电路

为了验证该变换器的工作原理、软开关特性和开关管电压应力等，本节研制了一台 200V/2000V/3kW 原理样机，具体参数见表 6.2。

图 6.5(a) 给出了 $v_{AB}$、$v_{AC}$、$i_{p1}$、$v_{Cr}$ 的波形，可见，$v_{AB}$ 在整个上半个开关周期内都保持为 200V($=V_{in}$)，而 $v_{AC}$ 在每半个开关周期的起始点处都存在一个电压尖峰，且在上半个开关周期内先保持为 100V($=V_{in}/2$)后在模态 2 切换至模态 3 时下降为零，均与上述理论分析相符。稍后将讨论电流下降为零后 $v_{AC}$ 中出现的电压尖峰。$v_{Cr}$ 的平均值为零，在每个开关周期的起点处电压为最低值，然后随 $i_{p1}$

的变化而变化。原边和副边电流波形则如图 6.5(b)所示,可见,原边和副边电流具有一致的变化趋势。另外,两个整流二极管的电流都会随着原边谐振减小到零,这表明两个整流二极管都实现了 ZCS 关断,从而避免了二极管的反向恢复问题。

表 6.2　辅助开关管低电压应力的支干分流型 ZCS 谐振全桥变换器原理样机的主要参数

| 参数 | 数值 | 参数 | 数值 |
|---|---|---|---|
| 额定功率 $P_N$/kW | 3 | 匝比 $N_1$ | 4.5 |
| 输入电压 $V_{in}$/V | 200 | 匝比 $N_2$ | 1.1 |
| 输出电压 $V_o$/V | 2000 | 谐振电容 $C_r$/μF | 0.5 |
| 开关频率 $f_s$/kHz | 10 | 谐振电感 $L_r$/μH | 36 |

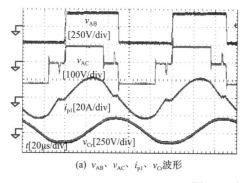 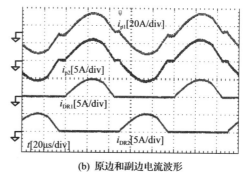

(a) $v_{AB}$、$v_{AC}$、$i_{p1}$、$v_{Cr}$波形　　　(b) 原边和副边电流波形

图 6.5　主要实验波形

主开关管 IGBT $Q_1$ 和 $Q_3$ 的栅极驱动电压波形、集射极电压波形和电流波形分别如图 6.6(a)和(b)所示。显然,$Q_1$ 和 $Q_3$ 可以实现 ZCS 开通和关断。$T_{r1}$ 的励磁电感偏小,导致所有电流下降到最低后会出现一个很小的励磁电流。在额定功率下,励磁电流远小于 $Q_1$ 和 $Q_3$ 的峰值电流,也小于 $Q_5$ 的关断电流。因此,该励磁电流对开关损耗的影响不大。图 6.7 给出了辅助开关管 MOSFET 的栅极驱动电压 $v_{GS\_Q5}$、漏源极电压 $v_{DS\_Q5}$ 和电流 $i_{Q5}$ 的波形,其中 $v_{DS\_Q5}$ 最高为 100V,说明辅助开关管的电压应力仅为输入电压的一半。由图 6.7(a)可知,$Q_5$ 实现了 ZVZCS 开通,而根据图 6.7(b)所示放大的关断波形可知,$Q_5$ 也实现了 ZVS 关断。因此,所有开关管的软开关特性和电压应力都与理论分析一致。

图 6.8(a)给出了 $v_{AC}$、$v_{Lr}$、$v_{p1}$ 的波形,可见,$v_{AC}$ 中的电压尖峰是由 $L_r$ 上的谐振电压引起的。以上半个开关周期为例,在模态 4([$t_3$, $t_4$])期间,尽管 $Q_1$ 和 $Q_4$ 处于开通状态,但由于没有电流流过 $L_r$,所以 $v_{Lr}$ 应保持为零。然而,$T_{r1}$ 的励磁电感偏小,其产生的励磁电流(图 6.6)导致 $L_r$ 中存在一个轻微的电压振荡,进而导致 $T_{r1}$ 原边绕组电压的变化。由于两个变压器的副绕组是直接串联的,且两者的电压之和被限制在 $V_o$/2(模态 4 中副边绕组无电流,见图 6.5 中的 $i_{DR1}$ 和 $i_{DR2}$),

所以折算至 $T_{r2}$ 原边绕组的电压以及 $v_{AC}$ 中出现一个电压尖峰，如图 6.8(b) 所示。尽管如此，但该电压峰值不会影响理论分析结果和实验结论。

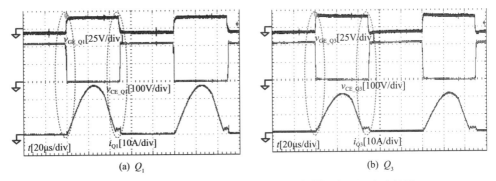

(a) $Q_1$　　　　　　　　　　　(b) $Q_3$

图 6.6　主开关管 IGBT 的栅极驱动电压、集射极电压、电流波形

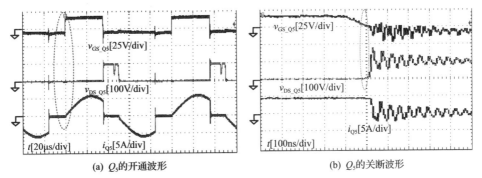

(a) $Q_5$ 的开通波形　　　　　　　(b) $Q_5$ 的关断波形

图 6.7　辅助开关管 MOSFET 的栅极驱动电压 $v_{GS\_Q5}$、漏源极电压 $v_{DS\_Q5}$、电流 $i_{Q5}$ 波形

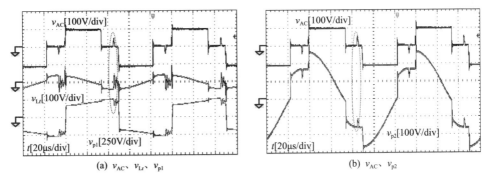

(a) $v_{AC}$、$v_{Lr}$、$v_{p1}$　　　　　　　(b) $v_{AC}$、$v_{p2}$

图 6.8　关键电压波形

额定功率下的实验稳态轨迹如图 6.9 所示，与图 5.5 所示的理论稳态轨迹相似，表明了理论分析的正确性。原理样机的效率如图 6.10 所示，可见，本节所提出的变换器在宽负载范围内都具有较高的效率。另外，本节根据文献[1]搭建了传统 ZVZCS 全桥变换器的原理样机，并进行了效率对比。为了使测试结果更加可靠，

两套样机的电压、额定功率和开关频率等主要参数完全相同。从图 6.10 可见，满载情况下，本节所提出的变换器效率比传统 ZVZCS 全桥变换器高 1.5% 左右，在轻载下的效率更是远高于传统 ZVZCS 全桥变换器，具有明显的优越性。

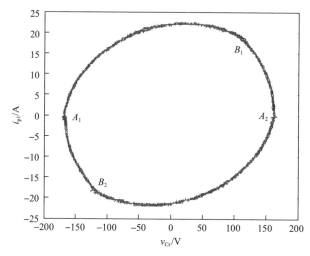

图 6.9　实验稳态轨迹

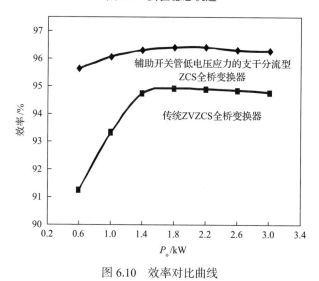

图 6.10　效率对比曲线

## 6.2　支干分流型 ZCS 谐振三电平变换器

### 6.2.1　变换器主电路及其工作原理

随着新能源发电单元电压和功率的增长，系统对 MV DC/DC 变换器新能源侧开关管的电压应力也提出了更高的要求，而多电平电路能够显著降低开关器件的电压应力，如在常见的三电平电路中，开关器件的电压应力就只有输入电压的一半。为此，结合本书提出的支干分流思想和传统 NPC 三电平电路，本节提出了一种支干分流型 ZCS 谐振三电平变换器，如图 6.11 所示，其中 $C_{ss}$ 为飞跨电容。可见，该变换器其实就是 NPC 三电平电路和第 4 章变换器辅助电路的结合，因此，与图 5.1 和图 6.1 所示的两个变换器均具有类似的工作原理、软开关特性和功率分配特性。图 6.12 和图 6.13 分别为该变换器的典型波形和各开关模态电流通路，下面将简要介绍该变换器的各工作模态，相关的参数优化设计则不再赘述。

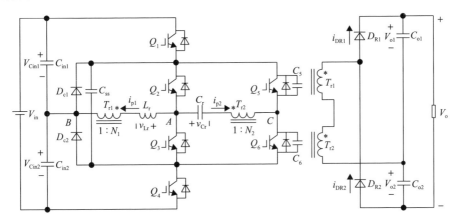

图 6.11　支干分流型 ZCS 谐振三电平变换器

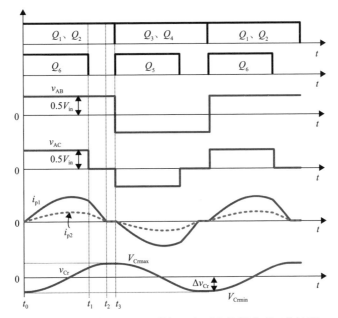

图 6.12　支干分流型 ZCS 谐振三电平变换器典型工作波形

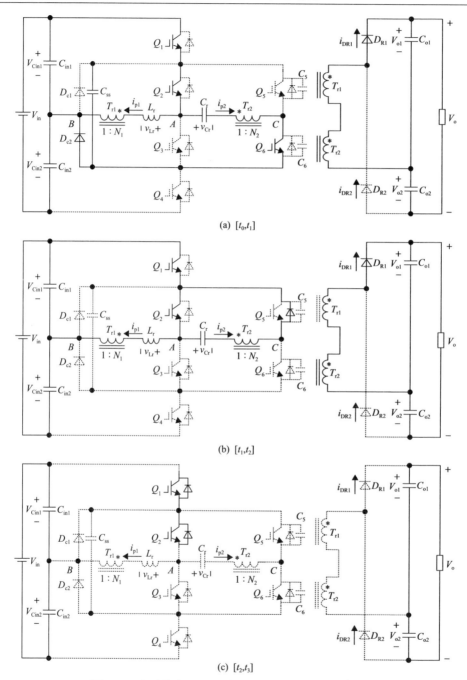

(a) $[t_0, t_1]$

(b) $[t_1, t_2]$

(c) $[t_2, t_3]$

图 6.13　支干分流型 ZCS 谐振三电平变换器各开关模态

1)开关模态 1$[t_0, t_1]$

在 $t_0$ 时刻，ZCS 关断 $Q_3$ 和 $Q_4$，ZCS 开通 $Q_1$、$Q_2$ 和 $Q_6$。本模态中 $T_{r1}$ 的原边

电流 $i_{p1}$ 流过 $Q_1$、$Q_2$、$L_r$、$T_{r1}$ 原边绕组和 $C_{in1}$，因此，$A$ 和 $B$ 两节点间的电压是输入电压的一半，即 $v_{AB}=V_{in}/2$。同理，$T_{r2}$ 的原边电流 $i_{p2}$ 流过 $Q_1$、$Q_2$、$C_r$、$T_{r2}$ 原边绕组、$Q_6$、$D_{c2}$ 和 $C_{in1}$，所以 $A$ 和 $C$ 两节点间的电压 $v_{AC}=V_{in}/2$，此时 $Q_5$ 的电压应力正好为 $V_{in}/2$。由图 6.13(a) 可知，$Q_3$ 和 $Q_4$ 的电压应力显然均为 $V_{in}/2$，而流经 $Q_1$ 和 $Q_2$ 的电流为 $i_{p1}$ 和 $i_{p2}$ 两者之和。

2) 开关模式 2$[t_1, t_2]$

在 $t_1$ 时刻关断 $Q_6$，之后，$i_{p2}$ 流过 $Q_2$、$C_r$、$T_{r2}$ 原边绕组以及 $Q_5$ 的反并联二极管，而 $i_{p1}$ 保持和模态 1 的流向相同。因此，$v_{AB}=V_{in}/2$ 而 $v_{AC}=0$。本模态中，只有流经 $Q_2$ 的电流为 $i_{p1}$ 和 $i_{p2}$ 两者之和。

3) 开关模式 3$[t_2, t_3]$

在 $t_2$ 时刻，$i_{p1}$、$i_{DR1}$、$i_{p2}$ 下降为零，$D_{R1}$ 实现了 ZCS 关断。本模态内，尽管 $Q_1$ 和 $Q_2$ 处于开通状态，但 $i_{p1}$、$i_{DR1}$、$i_{p2}$ 一直为零，负载由输出滤波电容供电。在 $t_3$ 时刻 ZCS 关断 $Q_1$ 和 $Q_2$，ZCS 开通 $Q_3$、$Q_4$ 和 $Q_5$。另外，由于模态 2 和模态 3 中 $Q_5$ 两端电压已经为零，所以 $Q_5$ 实现了 ZVZCS 开通。

基于上述分析及电路的对称性可知，六个开关管的软开关特性也如表 4.1 所示，且所有开关管的电压应力均为 $V_{in}/2$。

## 6.2.2 实验验证

本节搭建了一台 400V/2000V/3kW 原理样机，进行三组实验对比，详细参数如表 6.3 所示。工况 A 和 B 的 $C_r$ 相同而 $N_2$ 不同，而工况 B 和 C 的 $N_2$ 相同 $C_r$ 不同。下面将简要介绍相关的实验波形。

**表 6.3 支干分流型 ZCS 谐振三电平变换器样机参数**

| 参数 | A | B | C | 参数 | A | B | C |
|---|---|---|---|---|---|---|---|
| 额定功率 $P_N$/kW | 3 | 3 | 3 | 匝比 $N_1$ | 4.5 | 4.5 | 4.5 |
| 输入电压 $V_{in}$/V | 400 | 400 | 400 | 匝比 $N_2$ | 1 | 0.55 | 0.55 |
| 输出电压 $V_o$/V | 2000 | 2000 | 2000 | 谐振电容 $C_r$/μF | 0.5 | 0.5 | 0.2 |
| 开关频率 $f_s$/kHz | 10 | 10 | 10 | 谐振电感 $L_r$/μH | 44.5 | 11 | 22 |

图 6.14 给出了三种工况下的 $v_{AB}$、$v_{AC}$、$i_{p1}$、$i_{p2}$、$v_{Cr}$ 的实验波形，可见，上半个开关周期内，关断 $Q_6$ 之前，$v_{AB}=v_{AC}=200V(=V_{in}/2)$，关断 $Q_6$ 之后，$v_{AB}$ 保持不变而 $v_{AC}$ 下降为零。由于工况 A 的 $N_2$ 更大，所以 $i_{p1}$ 和 $i_{p2}$ 的峰值要更大。谐振电容电压峰值 $\Delta v_{Cr}$ 呈现为 B<A<C，说明 $\Delta v_{Cr}$ 随着 $N_2$ 的增大而增大但随着 $C_r$ 的增大而减小。

图 6.15 和图 6.16 分别给出了三种工况下 $Q_1$ 和 $Q_2$ 的栅极驱动电压、集射极电

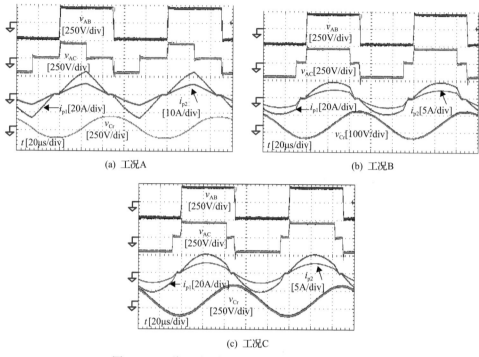

图 6.14　三种工况下的 $v_{AB}$、$v_{AC}$、$i_{p1}$、$i_{p2}$、$v_{Cr}$ 波形

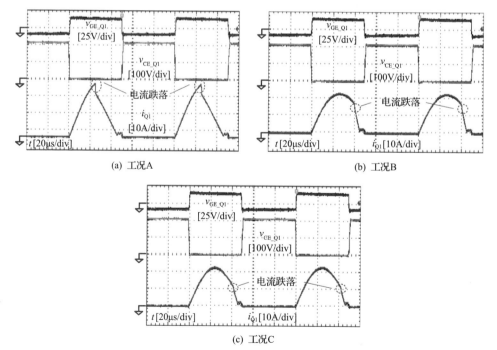

图 6.15　三种工况下 $Q_1$ 的栅极驱动电压 $v_{GE\_Q1}$、集射极电压 $v_{CE\_Q1}$、电流 $i_{Q1}$ 波形

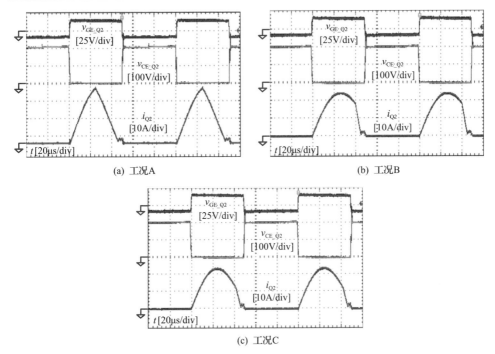

(a) 工况A    (b) 工况B

(c) 工况C

图 6.16  三种工况下 $Q_2$ 的栅极驱动电压 $v_{GE\_Q2}$、集射极电压 $v_{CE\_Q2}$、电流 $i_{Q2}$ 波形

压、电流 $i_{Q1}$ 和 $i_{Q2}$ 的波形。可见，工况 A 中的 $i_{Q1}$ 和 $i_{Q2}$ 峰值最高，而在其他两种工况下 $i_{Q1}$ 和 $i_{Q2}$ 峰值几乎相同，这是由于工况 A 具有更大的 $N_2$。由于模态 1 中的 $i_{Q1}$ 为 $i_{p1}$ 和 $i_{p2}$ 两者之和但在模态 2 中仅为 $i_{p1}$，所以三种工况下的 $i_{Q1}$ 都存在一个电流跌落现象，如图 6.15 中的虚线框所示。另外，三种工况下都实现了 $Q_1$ 和 $Q_2$ 的 ZCS 开通和关断。图 6.17 给出了 $Q_5$ 的栅极驱动电压 $v_{GE\_Q5}$、集射极电压 $v_{CE\_Q5}$、电流 $i_{Q5}$ 的波形，可见，三种工况下都实现了 $Q_5$ 的 ZVZCS 开通。在 $N_2$ 更大的工况 A 中，$Q_5$ 的峰值电流和关断电流更高，从而导致开关损耗更大。图 6.18 给出了三种工况下 $Q_5$ 的关断波形，可见，$Q_5$ 实现了 ZVS 关断。

　　三种工况下 $i_{p1}$ 和 $v_{Cr}$ 之间的实验稳态轨迹如图 6.19 所示，显然工况 A 的峰值电流和关断电流最高。工况 B 和 C 的峰值电流几乎相同，但工况 C 的关断电流略低一些。相对于工况 C，工况 B 中的 $\Delta v_{Cr}$ 显然更小。

　　图 6.20 给出了 A、B、C 三种工况在不同输出功率下的效率曲线。可见，工况 A 的效率要比工况 B 和 C 的效率低，这是因为工况 A 中 $Q_5$ 和 $Q_6$ 的关断电流较大导致其开关损耗较大，且 $Q_1 \sim Q_4$ 的峰值电流较大导致其导通损耗较大。另外，B 和 C 两种工况的所有峰值电流几乎相同，但工况 C 中 $Q_5$ 和 $Q_6$ 的关断电流更小。因此，工况 C 的效率要略高于工况 B。总之，该变换器能在较宽的输出功率范围内实现高效率。

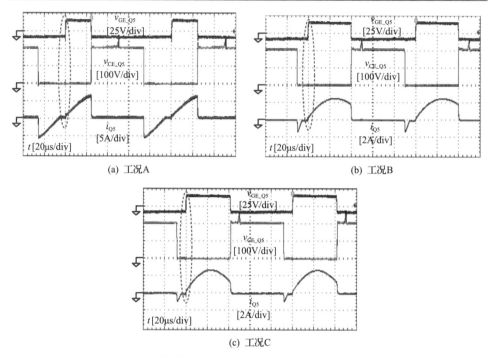

(a) 工况A　　　　　　　　　　　　　(b) 工况B

(c) 工况C

图 6.17　三种工况下 $Q_5$ 的栅极驱动电压 $v_{GE\_Q5}$、集射极电压 $v_{CE\_Q5}$、电流 $i_{Q5}$ 波形

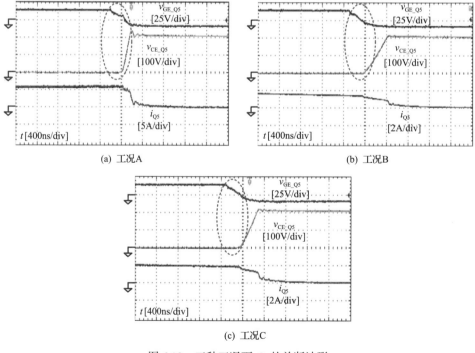

(a) 工况A　　　　　　　　　　　　　(b) 工况B

(c) 工况C

图 6.18　三种工况下 $Q_5$ 的关断波形

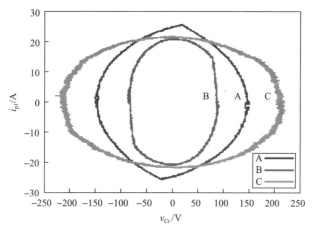

图 6.19　三种工况下的实验稳态轨迹

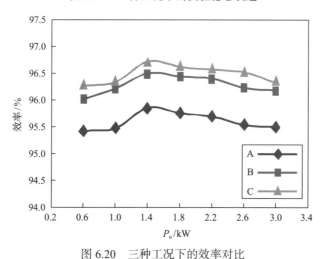

图 6.20　三种工况下的效率对比

## 6.3　辅助开关管低电压应力的支干分流型 ZCS 谐振三电平变换器

### 6.3.1　变换器主电路及其工作原理

为进一步降低辅助支路中开关管的电压应力,结合传统 NPC 三电平电路和图 6.1 中的辅助电路,本节提出了一种辅助开关管低电压应力的支干分流型 ZCS 谐振三电平变换器,如图 6.21 所示,比图 6.11 多两个支路分压电容($C_{d1}$ 和 $C_{d2}$,两者电压均为 $V_{in}/4$)和两个续流二极管($D_{f1}$ 和 $D_{f2}$),但少一个飞跨电容($C_{ss}$),这是因为 $C_{d1}$ 和 $C_{d2}$ 能起到 $C_{ss}$ 的作用。该变换器和之前所提出的谐振变换器都具有类似的工作原理、软开关特性、功率分配特性、参数优化特性等。

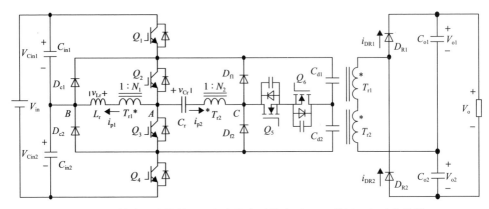

图 6.21　辅助开关管低电压应力的支干分流型 ZCS 谐振三电平变换器

图 6.22 和图 6.23 分别为该变换器的典型波形和各开关模态,下面将简要介绍该变换器的各开关模态,相关的参数优化设计不再赘述。

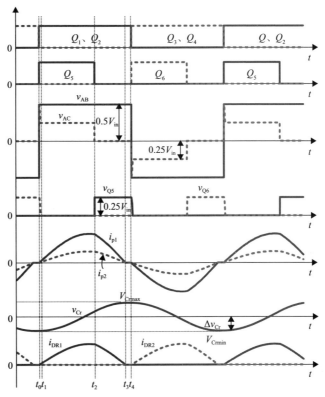

图 6.22　辅助开关管低电压应力的支干分流型 ZCS 谐振三电平变换器典型波形

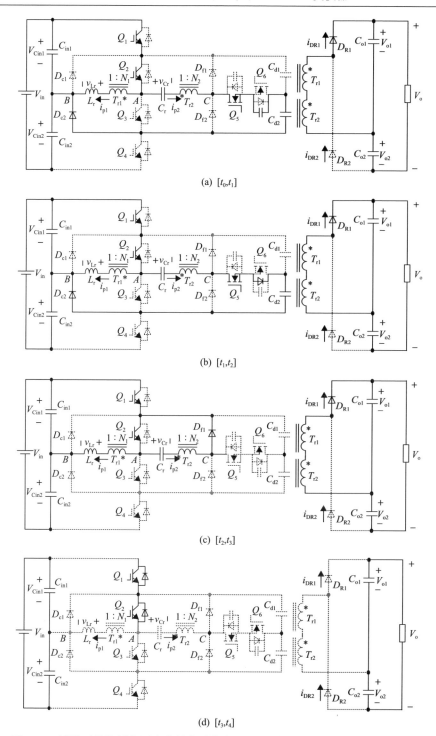

图 6.23　辅助开关管低电压应力的支干分流型 ZCS 谐振三电平变换器各开关模态

1)开关模态 1[$t_0$, $t_1$]

在 $t_0$ 时刻 ZCS 关断 $Q_3$ 和 $Q_4$，ZCS 开通 $Q_1$、$Q_2$、$Q_5$。本模态中，$T_{r1}$ 的原边电流 $i_{p1}$ 流过 $Q_1$、$Q_2$、$T_{r1}$ 原边绕组、$L_r$ 和 $C_{in1}$，因此，$A$ 和 $B$ 两点间电压是输入电压的一半，即 $v_{AB}=V_{in}/2$。同理，$T_{r2}$ 的原边电流 $i_{p2}$ 流过 $Q_1$、$Q_2$、$C_r$、$T_{r2}$ 原边绕组、$Q_5$、$Q_6$ 的寄生电容、$C_{d2}$、$D_{c2}$ 和 $C_{in1}$。因为 $Q_6$ 端电压在 $t_0$ 时刻为 $V_{in}/4$，而且在本模态放电至零，所以 $A$ 和 $C$ 两点间电压 $v_{AC}$ 从 $V_{in}/2$ 下降至 $V_{in}/4$。另外，流经 $Q_1$ 和 $Q_2$ 的电流为 $i_{p1}$ 和 $i_{p2}$ 两者之和。

2)开关模态 2[$t_1$, $t_2$]

$t_1$ 时刻 $Q_6$ 端电压下降至零，$i_{p2}$ 从 $Q_6$ 的体二极管流过而 $i_{p1}$ 的电流通路不变，$v_{AB}=V_{in}/2$ 和 $v_{AC}=V_{in}/4$ 保持不变。另外，流经 $Q_1$ 和 $Q_2$ 的电流仍然为 $i_{p1}$ 和 $i_{p2}$ 两者之和，$Q_5$ 和 $Q_6$ 的端电压均为零。

3)开关模态 3[$t_2$, $t_3$]

在 $t_2$ 时刻关断 $Q_5$，$i_{p2}$ 开始给 $Q_5$ 的寄生电容充电，当 $Q_5$ 两端的电压迅速上升为 $V_{in}/4$ 时，$i_{p2}$ 通过续流二极管 $D_{f1}$ 流回 $Q_2$，则有 $v_{AC}=0$，所以电流开始谐振下降。由于本模态中不再有电流流经 $Q_5$ 和 $Q_6$，两者的端电压分别保持为 $V_{in}/4$ 和零不变。

4)开关模态 4[$t_3$, $t_4$]

所有电流在 $t_3$ 时刻下降为零，尽管 $Q_1$ 和 $Q_2$ 处于开通状态，但 $i_{p1}$、$i_{p2}$、$i_{DR1}$ 一直为零，负载由输出滤波电容供电。在 $t_4$ 时刻 ZCS 关断 $Q_1$ 和 $Q_2$，ZCS 开通 $Q_3$、$Q_4$ 和 $Q_6$。另外，由于模态 3 和模态 4 中 $Q_6$ 端电压已经为零，所以 $Q_6$ 实现了 ZVZCS 开通。

基于上述分析及电路的对称性可知，六个开关管的开关特性也如表 4.1 所示。另外，四个主开关管的电压应力为 $V_{in}/2$，两个辅助开关管的电压应力仅为 $V_{in}/4$，所以可以选用 MOSFET 作为辅助开关管。

### 6.3.2 实验验证

根据表 6.4 所给的参数搭建了一台 300V/1500V/2kW 原理样机。

**表 6.4 辅助开关管低电压应力的支干分流型 ZCS 谐振三电平变换器原理样机参数**

| 参数 | 数值 | 参数 | 数值 |
| --- | --- | --- | --- |
| 额定功率 $P_N$/kW | 2 | 匝比 $N_1$ | 4.5 |
| 输入电压 $V_{in}$/V | 300 | 匝比 $N_2$ | 1.2 |
| 输出电压 $V_o$/V | 1500 | 谐振电容 $C_r$/μF | 2 |
| 开关频率 $f_s$/kHz | 10 | 谐振电感 $L_r$/μH | 15 |

图 6.24 为 $v_{AB}$、$v_{AC}$、$i_{p1}$、$i_{p2}$、$v_{Cr}$ 的实验波形，可见，$v_{AB}$ 的幅值为 150V=$V_{in}$/2。而 $v_{AC}$ 在每半个开关周期的起点处存在一个小尖峰，且在 MOSFET $Q_5$ 和 $Q_6$ 关断之前的时刻幅值为 75V=$V_{in}$/4，与理论分析相吻合。$i_{p1}$ 和 $i_{p2}$ 在每半个开关周期的起点存在一段较为快速上升的过程，实际上这个过程对应的是模态 1，即 $L_r$ 与 $C_r$ 和 $Q_6$ 的寄生电容三者一起谐振，其中 $Q_6$ 的寄生电容远小于 $C_r$，导致模态 1 的谐振周期较小，因此存在一小段电流快速上升的现象，如图 6.25 所示。

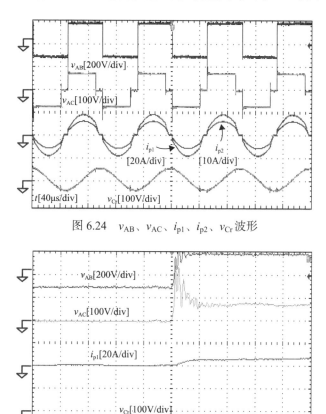

图 6.24　$v_{AB}$、$v_{AC}$、$i_{p1}$、$i_{p2}$、$v_{Cr}$ 波形

图 6.25　放大的电流起点

如图 6.26 所示，$Q_1$ 和 $Q_2$ 需承受的最大阻断电压为 150V=$V_{in}$/2，而 $Q_5$ 仅为 75V=$V_{in}$/4，且 $Q_1$ 和 $Q_2$ 实现了 ZCS 关断。同样由于模态 1 的存在，$Q_1$、$Q_2$、$Q_5$ 的电流起点有一个较为快速上升的过程。另外，在开通 $Q_5$ 之前，其电压一直为零，电流也已下降为零。因此，$Q_5$ 实现了 ZVZCS 开通。因为 $Q_5$ 存在关断电流，所以拥有足够的能量去完成 $Q_5$ 和 $Q_6$ 寄生电容的充放电，从而实现其 ZVS 关断，如图 6.26(d) 所示。

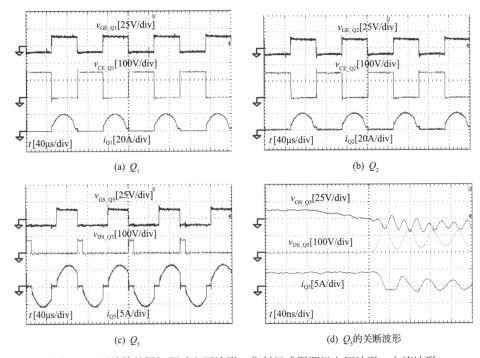

图 6.26　开关管的栅极驱动电压波形、集射极或漏源极电压波形、电流波形

　　稳态轨迹如图 6.27 所示，每个模态的节点从图中也能够明显区分开来。根据稳态轨迹图可以很清晰地判断出变换器的关断电流和谐振电容电压大小，二者分别对应图中的节点 $B_1$ 和 $A_2$。最后，本节给出了实验平台的效率曲线，如图 6.28 所示。可见，在宽负载范围内，该变换器的传输效率都在 96% 以上。

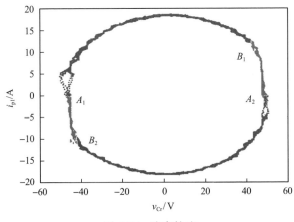

图 6.27　稳态轨迹

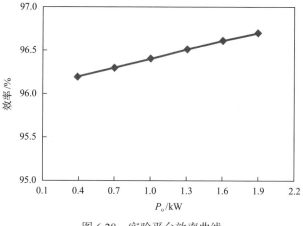

图 6.28　实验平台效率曲线

## 6.4　本 章 小 结

　　本章对第 5 章变换器的辅助电路进行了改进，并提出了一种辅助开关管低电压应力的支干分流型 ZCS 谐振全桥变换器，成功将辅助开关管的电压应力降为输入电压的一半，并且保留了所有开关管的软开关特性，即主开关管的 ZCS 开通和关断、辅助开关管的 ZVZCS 开通和 ZVS 关断。搭建了一台原理样机，并实验验证了该变换器的软开关特性和电压应力特性，结果表明了理论分析的正确性。另外，结合本书所提出的支干分流思想和 NPC 三电平电路，提出了一种所有开关管电压应力都仅为 $V_{in}/2$ 的支干分流型 ZCS 谐振三电平变换器。进一步，结合改进的辅助电路和 NPC 三电平电路，提出了一种主开关管电压应力均只为 $V_{in}/2$ 而辅助开关管电压应力仅为 $V_{in}/4$ 的辅助开关管低电压应力的支干分流型 ZCS 谐振三电平变换器。本章还搭建了实验平台，并分别验证了上述两种 ZCS 谐振三电平变换器的软开关特性和电压应力特性。

### 参 考 文 献

[1] Cho J G, Baek J W, Jeong C Y, et al. Novel zero-voltage and zero-current-switching full-bridge PWM converter using a simple auxiliary circuit[J]. IEEE Transactions on Industrial Applications, 1999, 35（1）: 15-20.

# 第7章 电流断续模式大功率高压串联谐振变换器

由前文可知，LC 串联谐振技术有利于开关管 ZCS 的实现，因此，输出侧为容性滤波的电流断续模式(DCM)大功率高压串联谐振变换器(series resonant converter，SRC)也是一种可行的 MV DC/DC 变换器，并且已得到了多种实际应用[1-8]。再者，SRC 本身可看作电流源，其与之俱来的输出短路保护功能[1,2]，非常适用于中高压输出场合。另外，高频变压器是大功率 DCM-SRC 的核心设备，为了保证变换器在中高压输出场合中的正常运行，在任一输出电压下都应该避免大功率高频变压器发生磁芯饱和现象。为此，有必要对 DCM-SRC 在宽输出电压范围内进行详细的磁密分析和有效的磁密控制。本章将在对比不同控制策略下 DCM-SRC 的磁密特性和输出特性的基础上，详细分析定脉宽变频调制下的磁密变化情况，同时提出一种非对称定脉宽变频调制策略，详细分析其磁密控制效果，并进行仿真和实验验证。

## 7.1 定脉宽变频调制

根据不同的控制策略和工作模式，DCM-SRC 主要可分为四种类型。第一种类型称为半开关周期 DCM-SRC(half cycle DCM-SRC, HC-DCM-SRC)[3,4]，广泛应用于牵引系统中的电力电子变压器中，但无法控制传输功率或电压的大小。第二种 DCM-SRC 采用 50%固定占空比的变频控制策略[5]，能够实现调节电压的目的，而且也能实现所有开关管的 ZCS。但其中的大功率高频变压器的磁密最大值出现在开关频率最低处，即变压器需要根据最低开关频率来设计，这无疑导致了该变压器体积大、成本高。为了降低低频下的变压器磁密，文献[9]和[10]提出了一种脉冲移除技术的控制方案(图 1.21)，保证了变压器磁密不随开关频率的变化而变化，这里将其称为第三种 DCM-SRC。虽然能够实现传输功率的调节，但同样地，第三种类型的 DCM-SRC 无法实现电压的调节。第四种 DCM-SRC 是采用固定脉宽的变频控制[6-8](开关频率需低于谐振频率的一半)，既能实现所有开关管的 ZCS，也能实现电压和功率的调节，但实际工作中发现变压器磁芯的磁密会随着输出电压的变化而变化，甚至可能会出现变压器磁芯饱和的现象，从而影响 SRC 的正常运行。尤其是在这种中高压大功率场合，变压器的磁密应该控制在一个低值来保证低的变压器磁芯损耗，同时变压器磁芯饱和也是应该彻底避免的。然而，关于第四种 DCM-SRC 中变压器磁密变化的研究几乎没有文献提及。

为了全面彻底地研究变压器磁芯的磁密变化，本节选择在一个较宽的输出电压范围内详细分析采用传统定脉宽变频调制的第四种大功率 DCM-SRC 的基本工作原理。

### 7.1.1　基本工作原理

SRC 的拓扑如图 7.1 所示，其中谐振电感 $L_r$ 和谐振电容 $C_r$ 组成谐振腔，$L_m$ 是变压器的励磁电感，且远大于 $L_r$。图 7.2 给出了传统定脉宽变频调制下 DCM-SRC 的典型波形，可见，开关管 $Q_1$ 和 $Q_4$、$Q_2$ 和 $Q_3$ 分别具有完全一样的驱动波形，但 $Q_2$ 和 $Q_3$ 相对于 $Q_1$ 和 $Q_4$ 滞后了半个开关周期。另外，四个开关管的驱动脉宽完全相同且是固定的，即不随频率的变化而变化。通常，通过合理的设计，变压器的漏感可以作为 $L_r$ 而无须额外串联电感。因此，图 7.1 中的变压器原边绕组电压 $v_p$ 包含 $L_r$ 的电压。基于 SRC 结构和工作原理的对称性，本章将只分析半个开关周

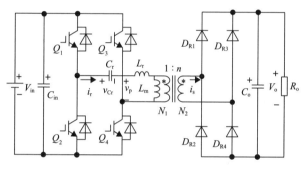

图 7.1　SRC 拓扑结构

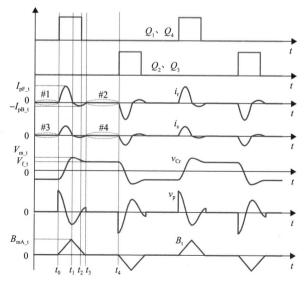

图 7.2　传统定脉宽变频调制下 DCM-SRC 的典型波形（模式 A）

期$[t_0, t_4]$内的工作原理。在$[t_0, t_4]$内，可分为三个阶段：正向谐振阶段$[t_0, t_1]$、反向谐振阶段$[t_1, t_3]$、零电流阶段$[t_3, t_4]$。同时，为了保证 SRC 能正常工作于 DCM，开关频率$f_s$需小于$L_r$和$C_r$谐振频率$f_r$的一半。在具体分析之前，先做如下假设：

(1) 所有的开关管、整流二极管、电感、电容、变压器都是理想元器件；

(2) 输出滤波电容$C_o$足够大，输出电压$V_o$的纹波可忽略；

(3) 大功率高频变压器的高压侧绕组电容不大[10]，而且可以采用多槽多层的方式进一步优化并降低[11,12]，所以绕组电容的影响可以忽略不计。

在$t_0$时刻，同时开通$Q_1$和$Q_4$，$L_r$开始和$C_r$谐振，变压器原边谐振电流$i_r$和副边电流$i_s$同时从零开始上升，因此，实现了$Q_1$和$Q_4$的 ZCS 开通，工作模式如图 7.3(a) 所示。$[t_0, t_1]$是 DCM-SRC 的正向谐振阶段，根据文献[8]和[13]可得在此阶段内$i_r$的表达式为

$$i_r(t) = I_{pF\_t} \sin[\omega_r(t - t_0)] = \frac{V_{in} + V_o/n}{Z_r} \sin[\omega_r(t - t_0)] \tag{7.1}$$

式中，$n$ 为变压器副边绕组与原边绕组的匝比；$I_{pF\_t}$为正向谐振阶段的电流峰值，且有

$$\omega_r = 1 \Big/ \sqrt{L_r C_r}, \quad Z_r = \sqrt{L_r/C_r} \tag{7.2}$$

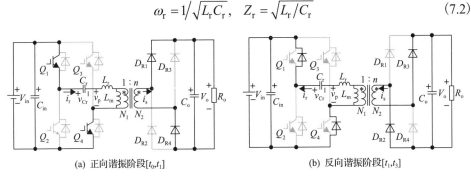

(a) 正向谐振阶段$[t_0, t_1]$      (b) 反向谐振阶段$[t_1, t_3]$

图 7.3   不同工作模式

由图 7.3(a) 可知，变压器副边绕组电压被箝位为$V_o$(同时，$v_p$随着谐振电感电压的变化而变化)，导致变压器磁芯一直在励磁，磁密$B_t$呈现为如图 7.2 所示的线性上升。

在如图 7.3(b) 所示的反向谐振阶段$[t_1, t_3]$内，$i_r$从$t_1$时刻开始反向谐振上升，且可表示为[8,13]

$$i_r(t) = -I_{pB\_t} \sin[\omega_r(t - t_1)] = \frac{-(V_{in} - V_o/n)}{Z_r} \sin[\omega_r(t - t_1)] \tag{7.3}$$

式中，$I_{pB\_t}$为反向谐振阶段的电流峰值。

类似地，变压器副边绕组电压被箝位为$-V_o$($v_p$仍然随着谐振电感电压的变化

而变化），导致变压器磁芯一直在退磁，$B_t$ 呈现为如图 7.2 所示的线性下降。另外，为了实现 $Q_1$ 和 $Q_4$ 的 ZCS 关断，可将二者在 $[t_1, t_3]$ 内的任一时刻关断。不失一般性，可选择在 $t_2$ 时刻关断 $Q_1$ 和 $Q_4$。因此，四个开关管驱动波形的固定脉宽应该小于 $L_r$ 和 $C_r$ 的谐振周期 $T_r\,(=1/f_r)$ 但大于它的一半。

由文献[8]和[13]可知，$C_r$ 的电压 $v_{Cr}$ 满足：

$$\begin{cases} v_{Cr}(t_3) = -v_{Cr}(t_0) = V_{f\_t} = 2V_o\,/\,n \\ v_{Cr}(t_1) = V_{m\_t} = 2V_{in} \end{cases} \tag{7.4}$$

式中，$V_{m\_t}$ 为谐振电容电压峰值；$V_{f\_t}$ 为零电流阶段的谐振电容电压值。

同时，在 $[t_1, t_3]$ 内，由于 $C_r$ 一直处于放电状态，所以满足 $v_{Cr}(t_1) > v_{Cr}(t_3)$ 和 $V_{m\_t} > V_{f\_t}$，也即

$$n > V_o/V_{in} \tag{7.5}$$

因此，$n$ 的设计应该满足式(7.5)，以此来保证 DCM-SRC 的正常运行以及所有开关管的 ZCS。

进一步分析如图 7.3(b)所示的反向谐振阶段 $[t_1, t_3]$ 可知，当 $|v_{Cr}| > V_{in}$ 时，可通过对角线上两只开关管的反并联二极管形成电流通路。同理，对于零电流阶段 $[t_3, t_4]$，也需要具体分析 $V_{f\_t}$ 和 $V_{in}$ 两者的大小。比如，当 $V_{f\_t} < V_{in}$ 时，反并联二极管被反向阻断，从而没有电流流经谐振腔和变压器。而由式(7.4)可知，随着 $V_o$ 的增大，$V_{f\_t}$ 会逐渐变大，并出现 $V_{f\_t} \geq V_{in}$ 的情况，此时对角线上两只开关管的反并联二极管同样会自然导通从而形成电流通路，$B_t$ 会发生相应变化，导致变压器最大磁密 $B_{m\_t}$ 上升，可能影响 SRC 的正常运行。下面将详细介绍两种情况下 DCM-SRC 的磁密分析。

### 7.1.2　磁密分析

基于上述分析可知，根据 $V_{f\_t}$ 和 $V_{in}$ 的比较结果可以将 DCM-SRC 在零电流阶段分为两种不同的工作模式 A 和 B：当 $V_{f\_t} < V_{in}$ 即 $n > 2V_o/V_{in}$ 时，DCM-SRC 工作于模式 A；当 $V_{f\_t} \geq V_{in}$ 且满足式(7.5)即 $V_o/V_{in} < n \leq 2V_o/V_{in}$ 时，DCM-SRC 工作于模式 B。

#### 1. 模式 A

在零电流阶段 $[t_3, t_4]$，因为模式 A 中的 $V_{in}$ 大于 $|v_{Cr}|$，所以 $i_r$ 和 $i_s$ 都为零，如图 7.2 中的虚线椭圆圈所示。$v_p$ 和 $B_t$ 也保持为零不变，也就意味着变压器磁芯的励磁和退磁在 $[t_0, t_3]$ 内全部完成。显然，励磁过程从 $t_0$ 时刻开始到 $t_1$ 时刻结束，且在 $t_1$ 时刻 $B_t$ 达到最大值，并在 $[t_1, t_3]$ 内退磁到零。因此，根据法拉第电磁感应定律可得

$$\frac{V_\text{o}}{n} = N_1 \frac{\text{d}\phi}{\text{d}t} = \frac{N_1 B_\text{t}(t_1) A_\text{e}}{\pi\sqrt{L_\text{r} C_\text{r}}} \tag{7.6}$$

式中，$N_1$ 为变压器原边绕组匝数；$A_\text{e}$ 为变压器磁芯有效导磁面积；$\phi$ 为磁通量。

由式(7.6)可知，模式 A 中的磁密最大值 $B_\text{mA\_t}$ 可表示为

$$B_\text{mA\_t} = B_\text{t}(t_1) = \frac{\pi V_\text{o}\sqrt{L_\text{r} C_\text{r}}}{n N_1 A_\text{e}} \tag{7.7}$$

可见，$B_\text{mA\_t}$ 随着 $V_\text{o}$ 的增大而线性上升。

2. 模式 B

模式 B 的典型波形如图 7.4(a)所示，而放大的 $[t_0', t_0]$ 和 $[t_3, t_4]$ 内的 $i_\text{r}$ 和 $i_\text{s}$ 如图 7.4 (b)所示。因此，在半个开关周期 $[t_0, t_4]$ 内，DCM-SRC 在模式 B 中有四个开关模态。

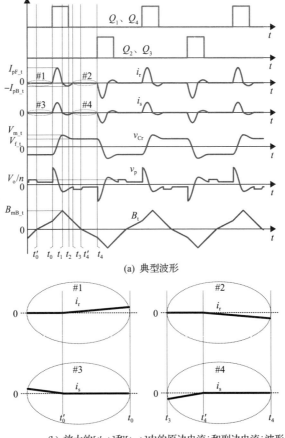

(a) 典型波形

(b) 放大的 $[t_0', t_0]$ 和 $[t_3, t_4]$ 内的原边电流 $i_\text{r}$ 和副边电流 $i_\text{s}$ 波形

图 7.4　传统定脉宽变频调制下 DCM-SRC 的典型波形(模式 B)

1) 开关模态 1$[t'_0, t_0]$

在 $t'_0$ 时刻，$L_r$ 两端电压和 $i_r$ 均为零，且有 $v_{Cr}=-V_{f\_t}$。由于模式 B 中的 $V_{f\_t}$ 大于 $V_{in}$，所以 $Q_2$ 和 $Q_3$ 的反并联二极管自然导通，且 $t'_0$ 时刻 $v_p$ 为

$$v_p(t'_0) = -v_{Cr}(t'_0) - V_{in} = 2V_o / n - V_{in} \tag{7.8}$$

根据式 (7.5) 和式 (7.8) 可知，满足 $v_p < V_o/n$，即 $L_m$ 两端电压小于 $V_o/n$（$t'_0$ 时刻 $L_r$ 两端电压为零），所以副边整流二极管被反向阻断。也就是说，在本阶段，只有原边谐振腔中有电流流过，即 $i_r$ 不为零而 $i_s$ 为零，分别如图 7.4(b) 中的虚线椭圆圈#1 和#3 所示。如图 7.5(a) 所示，本开关模态中 $L_r$、$C_r$、$L_m$ 三个元件一起谐振，由于 $L_m$ 远大于 $L_r$，所以 $[t'_0, t_0]$ 内的谐振电流很小（具体的数值比较会在 7.1.3 节仿真验证中给出），对 $i_r$ 的瞬时表达式没有影响，可以忽略。同理，$v_{Cr}$ 端电压的变化也很小，为了简洁，并未给出 $v_{Cr}$ 在 $[t'_0, t_0]$ 内波动的放大波形。其实，$L_r$ 端电压的变化也可以忽略不计，因而可得

$$v_p(t) = 2V_o/n - V_{in}, \quad t \in [t'_0, t_0] \tag{7.9}$$

显然，根据模式 B 的基本条件（即 $V_o/V_{in} < n \leqslant 2V_o/V_{in}$），$v_p$ 大于零，$B_t$ 将开始线性上升，如图 7.4(a) 所示，且根据法拉第电磁感应定律可得

$$B_t(t_0) = \frac{2V_o / n - V_{in}}{N_1 A_e}(t_0 - t'_0) \tag{7.10}$$

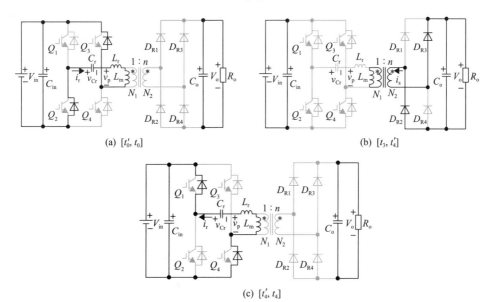

(a) $[t'_0, t_0]$　　　　　　　　　　　　　　(b) $[t_3, t'_4]$

(c) $[t'_4, t_4]$

图 7.5　模式 B 的不同工作模态

2) 开关模态 2$[t_0, t_1]$和$[t_1, t_3]$

正向谐振阶段$[t_0, t_1]$和反向谐振阶段$[t_1, t_3]$与图 7.3 所示模式 A 中一样，在 $t_2$ 时刻关断 $Q_1$ 和 $Q_4$，可以实现其 ZCS。这两个阶段的电流通路也完全和模式 A 中的一样，$B_t$ 的变化情况也相同。因此，可得

$$B_t(t_1) - B_t(t_0) = \frac{\pi V_o \sqrt{L_r C_r}}{n N_1 A_e} \tag{7.11}$$

$$B_t(t_3) = B_t(t_0) \tag{7.12}$$

3) 开关模态 3$[t_3, t_4']$

从图 7.4(a)和式(7.12)可以看出，变压器磁芯并未在 $t_3$ 时刻退磁到零，而在 $[t_3, t_4']$ 内 $B_t$ 的下降斜率与$[t_1, t_3]$内相同，说明本阶段内变压器副边绕组电压也被箱位为$-V_o$，则有 $v_p = -V_o/n$（$L_r$ 端忽略不计），也意味着整流二极管 $D_{R2}$ 和 $D_{R3}$ 处于导通状态，如图 7.5(b)所示。因此，在 $[t_3, t_4']$ 内，SRC 副边绕组存在电流，如图 7.4(b) 中的虚线椭圆圈#4 所示。虽然原边有没有电流暂时不好确定，但可以先假设原边存在电流，且该电流只能流经 $Q_1$ 和 $Q_4$ 的反并联二极管，这是因为所有开关管驱动信号均为低且 $v_{Cr}$ 为正值（即 $v_{Cr} = V_{f\_t} = 2V_o/n$）。那么通过原边电流通路可知，$v_p$ 应为

$$v_p(t) = V_{in} - V_{f\_t} = V_{in} - 2V_o/n, \quad t \in [t_3, t_4'] \tag{7.13}$$

根据式(7.13)以及 $v_p = -V_o/n$ 可得 $V_o/n = V_{in}$，这显然不满足式(7.5)的约束条件。因此假设不成立，换句话说，$[t_3, t_4']$ 内的 $i_r$ 为零，如图 7.4(b)中的虚线椭圆圈#2 所示，所以电流只流经 $L_m$，且易得

$$v_p(t) = -V_o/n, \quad t \in [t_3, t_4'] \tag{7.14}$$

$$B_t(t_4') - B_t(t_3) = -B_t(t_3) = -\frac{V_o}{n N_1 A_e}(t_4' - t_3) \tag{7.15}$$

根据式(7.10)、式(7.12)、式(7.15)可得

$$(t_0 - t_0')(2V_o/n - V_{in}) = (t_4' - t_3)V_o/n \tag{7.16}$$

4) 开关模态 4$[t_4', t_4]$

根据 SRC 结构和工作原理的对称性可知，$[t_0', t_0]$ 内的分析和结果也适用于 $[t_4', t_4]$，但由于 $v_{Cr} = V_{f\_t} > V_{in}$，所以 $i_r$ 的方向变为流经 $Q_1$ 和 $Q_4$ 的反并联二极管，如图 7.5(c)所示。类似地，$L_r$ 端电压的变化也可以忽略不计，因而可得

$$v_p(t) = V_{in} - 2V_o / n, \quad t \in [t_4', \, t_4] \tag{7.17}$$

根据法拉第电磁感应定律可得

$$B_t(t_4) = \frac{V_{in} - 2V_o / n}{N_1 A_e}(t_4 - t_4') \tag{7.18}$$

另外，由 SRC 的对称性可知：

$$B_t(t_4) = -B_t(t_0), \quad t_4 - t_4' = t_0 - t_0' \tag{7.19}$$

因此，可得

$$(t_0 - t_0') + (t_4' - t_3) = T_s / 2 - (t_3 - t_0) = 1 / (2f_s) - 2\pi\sqrt{L_r C_r} \tag{7.20}$$

式中，$T_s = 1/f_s$，为开关周期。

根据式(7.16)和式(7.20)可得

$$t_0 - t_0' = \frac{V_o / n}{3V_o / n - V_{in}}\left(\frac{1}{2f_s} - 2\pi\sqrt{L_r C_r}\right) \tag{7.21}$$

$$B_t(t_0) = B_t(t_3) = -B_t(t_4) = \frac{2V_o / n - V_{in}}{N_1 A_e}\frac{V_o / n}{3V_o / n - V_{in}}\left(\frac{1}{2f_s} - 2\pi\sqrt{L_r C_r}\right) \tag{7.22}$$

将式(7.22)代入式(7.11)中，则可得模式 B 中的变压器最大工作磁密 $B_{mB\_t}$ 为

$$B_{mB\_t} = B_t(t_1) = \frac{\pi V_o \sqrt{L_r C_r}}{nN_1 A_e} + \frac{2V_o/n - V_{in}}{N_1 A_e}\frac{V_o/n}{3V_o/n - V_{in}}\left(\frac{1}{2f_s} - 2\pi\sqrt{L_r C_r}\right) \tag{7.23}$$

可见，$B_{mB\_t}$ 可分为两部分，其中第一部分与 $B_{mA\_t}$ 的表达式完全一样，所以，显然 $B_{mB\_t}$ 更大。

由上述分析可知，尽管在模式 B 中存在如图 7.5 所示的开关模态，但由于 $L_m$ 远大于 $L_r$，在零电流阶段的 $i_r$ 和 $v_{Cr}$ 变化很小且可以忽略(具体的数值比较会在 7.1.3 节仿真验证中给出)，所以模式 A 中 $i_r$ 和 $v_{Cr}$ 的瞬时表达式仍然适用于模式 B。同时，模式 B 中[$t_3, t_4$]也因此可以称为零电流阶段。

传统定脉宽变频调制下 DCM-SRC 传输功率的通用表达式为(假设传输效率为 100%)

$$
\begin{aligned}
P_{o\_t} &= 2f_s V_{in}\left(\int_0^{\pi\sqrt{L_r C_r}} I_{pF\_t}\sin\omega_r t\,dt - \int_0^{\pi\sqrt{L_r C_r}} I_{pB\_t}\sin\omega_r t\,dt\right) \\
&= \frac{4f_s V_{in}\left(I_{pF\_t} - I_{pB\_t}\right)}{\omega_r} = \frac{V_o^2}{R_o}
\end{aligned} \tag{7.24}
$$

式中，$R_o$ 为负载电阻。

将式(7.1)和式(7.3)代入式(7.24)可得

$$V_o = \frac{8f_sV_{in}R_oC_r}{n} \tag{7.25}$$

可见，$V_o$ 会随着 $f_s$ 的升高而线性增大。进一步由式(7.7)可知，$B_{mA\_t}$ 同样会随着 $f_s$ 的升高而线性增大。因此，$B_{mA\_t}$ 在开关频率最低时的值最小，所以变压器可以根据最高开关频率进行设计。

### 7.1.3 仿真验证

本节基于 PLECS 软件搭建了大功率 SRC 的仿真模型，其中的变压器模型具有实际磁芯特性，SRC 的关键参数见表 7.1。变压器磁芯材料选择的是高相对磁导率 $\mu_{r,unsat}$、高饱和磁密 $B_{sat}$ 且适用于大功率高频应用场合的纳米晶。磁芯型号选为安泰科技股份有限公司的 CN-280*150*45*40[①]，磁芯具体尺寸结构如图 7.6 所示，该款磁芯的 $A_e$ 和磁路长度 $l$ 也能从其官网获取。

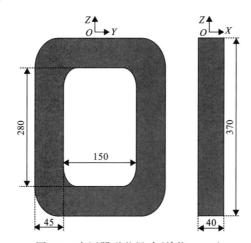

图 7.6　变压器磁芯尺寸(单位：mm)

**表 7.1　仿真参数**

| $V_{in}$/V | $L_r$/μH | $C_r$/μF | $f_r$/kHz | $N_1$ | $N_2$ |
|---|---|---|---|---|---|
| 540 | 8 | 6 | 23 | 12 | 1920 |
| $n$ | $R_o$/kΩ | $A_e$/cm² | $l$/cm | $\mu_{r,unsat}$ | $B_{sat}$/T |
| 160 | 72 | 14.4 | 100 | 30000 | 1.2 |

① http://www.atmcn.com/cpyfw/cpdh/fjnmjdc/fjnmjtx/namijingtx/2015/1223/3075.html.

根据表 7.1 和式(7.25)绘制了图 7.7，可见，$V_o$ 随 $f_s$ 的增加而线性上升。模式 A 和 B 的临界输出电压为 $nV_{in}/2$($=43.2$kV)，因此，将 $nV_{in}/2$ 代入式(7.25)可得对应的临界开关频率 $f_{s\_b}$：

$$f_{s\_b} = \frac{n^2}{16R_oC_r} \tag{7.26}$$

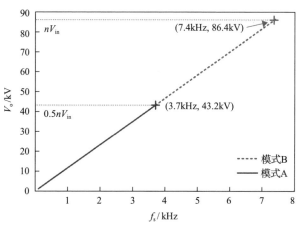

图 7.7　$V_o$ 随 $f_s$ 变化的曲线

将表 7.1 中相应的参数代入式(7.26)可知 $f_{s\_b}$ 约为 3.7kHz。另外，由式(7.5)可知，$V_o$ 应小于 $nV_{in}$($=86.4$kV)，所以 $f_s$ 应小于 7.4kHz。换句话说，$f_s$ 除了要小于 $f_r/2$ 外，还应同时满足：

$$f_s \leqslant \frac{n^2}{8R_oC_r} = f_{s\_m} \tag{7.27}$$

式中，$f_{s\_m}$ 为最高开关频率。

由于 $f_{s\_b}=3.7$kHz，所以可选择 3kHz 和 5kHz 两种不同的 $f_s$ 分别代表模式 A 和 B 进行详细的比较。

仿真结果给出了模式 A 和 B 中 $i_r$ 的波形，如图 7.8(a)所示。可见，模式 B 的电流峰值为 783A 且比模式 A 的大，与理论相符。如 7.1.2 节中的分析所述，模式 B 中 $[t_0', t_0]$ 内原边存在一个非常小的谐振电流，其中 $L_r$、$C_r$、$L_m$ 三个元件一起谐振。按照式(7.28)，可计算出仿真中的 $L_m$ 为 7.8mH，显然远大于只有 8μH 的 $L_r$。

$$L_m = \frac{\mu_{r,unsat}\mu_0 N_1^2 A_e}{l} \tag{7.28}$$

式中，$\mu_0 = 4\pi \times 10^{-7}$H/m，为真空磁导率。

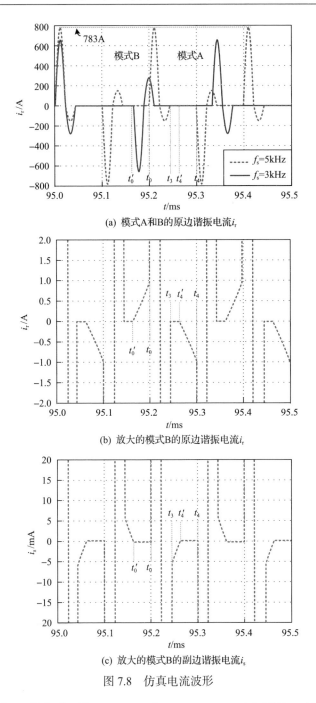

(a) 模式A和B的原边谐振电流$i_r$

(b) 放大的模式B的原边谐振电流$i_r$

(c) 放大的模式B的副边谐振电流$i_s$

图 7.8　仿真电流波形

比较 $L_m$ 和 $L_r$ 的大小可知，$[t_0', t_0]$ 内 $L_r$、$C_r$、$L_m$ 三个元件一起谐振的谐振周期应为 $T_r$ 的 30 倍以上，且 $i_r$ 可表示为

$$i_r(t) = \frac{2V_o/n - V_{in}}{Z_{r\_m}} \sin[\omega_{r\_m}(t - t_0')], \quad t \in [t_0', \ t_0] \tag{7.29}$$

式中，

$$\omega_{r\_m} = 1 / \sqrt{(L_r + L_m)C_r}, \quad Z_{r\_m} = \sqrt{(L_r + L_m)/C_r} \tag{7.30}$$

将相应的仿真参数代入式 (7.29) 和式 (7.30) 中可得

$$i_r(t) = 5.23 \sin[\omega_{r\_m}(t - t_0')], \quad t \in [t_0', \ t_0] \tag{7.31}$$

可见，$[t_0', t_0]$ 内的谐振电流峰值也只有 5.23A，况且该时间区间特别短，所以 $[t_0', t_0]$ 内的实际电流不高于 1A，如图 7.8 (b) 所示。因为整个开关周期内 $i_r$ 的峰值为 783A，所以 $[t_0', t_0]$ 内的非常小的电流变化在整个谐振电流波形中观察不到，除非该区间的波形被放大很多倍。其实，谐振电容上的电压也是如此。根据 SRC 的对称性可知，$[t_4', t_4]$ 内也存在类似的情况。如图 7.8 (c) 所示，模式 B 中 $[t_3, t_4']$ 内 $i_s$ 的绝对值不高于 6mA，同样非常小，同样在副边电流的整体波形中观察不到。可见，仿真结果和理论分析相吻合，$i_r$ 和 $i_s$ 在零电流阶段的变化都非常小，对各自的瞬时表达式没有影响，可以忽略。可见，模式 A 中的电压电流表达式可以适用于模式 B。

图 7.9 给出了模式 A 和 B 的 $v_{Cr}$、$v_p$、$B_t$ 仿真波形。从图 7.9 (a) 可以看出，模式 A 和 B 具有相同的 $V_{m\_t}$，且都等于 $2V_{in}(=1080V)$，此外，模式 B 的 $V_{f\_t}$ 大于 $V_{in}(=540V)$ 而模式 A 的 $V_{f\_t}$ 小于 $V_{in}$，这都与理论分析相符。图 7.9 (b) 给出了两种模式下 $v_p$ 的波形，显然，模式 A 中的 $v_p$ 在零电流阶段为零，而模式 B 中存在两个电压平台，分别为 190V 和 $-364$V。将仿真参数代入式 (7.9) 和式 (7.14) 中，可得模式 B 中两个电压平台的理论计算值分别为

$$v_p(t) = \begin{cases} 189\ \text{V}, & t \in [t_0', t_0] \\ -364.5\ \text{V}, & t \in [t_3, t_4'] \end{cases} \tag{7.32}$$

对比可知，仿真结果和理论计算值很接近，说明了理论分析和仿真结果的一致性和正确性。

两种模式下的磁密曲线如图 7.9 (c) 所示，模式 A 和 B 曲线形状完全不同，但分别与如图 7.2 和图 7.4 (a) 所示的理论波形一致。显然，模式 B 中的磁密最大值更高。为了更加清晰地比较 $B_{m\_t}$，图 7.10 给出了整个开关频率范围内的 $B_{m\_t}$ 曲线。可见，当 $f_s < f_{s\_b}$，即 DCM-SRC 工作于模式 A 时，$B_{m\_t}$ 随着 $f_s$ 线性变化；而当 $f_s > f_{s\_b}$ 时，DCM-SRC 进入模式 B，$B_{m\_t}$ 会随着 $f_s$ 的上升而快速变大。其实，当 $V_o$ 达到临界电压 $nV_{in}/2(=43.2\text{kV})$ 时，DCM-SRC 同样进入模式 B，$B_{m\_t}$ 同样会快速

变大，这是因为 $V_o$ 与 $f_s$ 成正比(图 7.7)。而随着 $f_s$ 或 $V_o$ 的继续上升，$B_{m\_t}$ 可能会达到磁芯的饱和磁密值，存在变压器磁芯饱和风险。因此，当 $V_{in}$ 不变，而 $V_o$

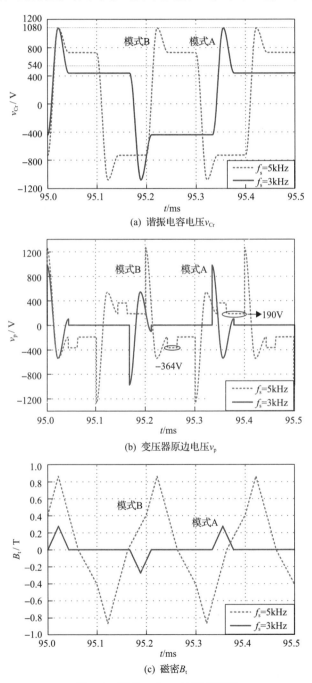

(a) 谐振电容电压 $v_{Cr}$

(b) 变压器原边电压 $v_p$

(c) 磁密 $B_t$

图 7.9　模式 A 和 B 的仿真波形

在一定范围内变化且有最大值 $V_{o\_max}$ 时，为在全输出电压范围内彻底避免 DCM-SRC 进入模式 B，$n$ 应该设计得大于 $2V_{o\_max}/V_{in}$。事实上，可以进一步推广，当 $V_{in}$ 也存在一定的变化范围且有最小值 $V_{in\_min}$ 时，$n$ 应该设计得大于 $2V_{o\_max}/V_{in\_min}$，从而在整个输入和输出电压范围内彻底避免 DCM-SRC 进入模式 B。

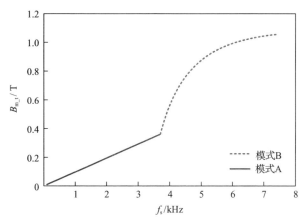

图 7.10　$B_{m\_t}$ 随 $f_s$ 的变化曲线

由式 (7.7) 和式 (7.23) 可知，$B_{m\_t}$ 显然与 $N_1$ 和 $A_e$ 成反比。另外，$L_r$ 和 $C_r$ 的选值同样会对 $B_{m\_t}$ 产生影响，如图 7.11 所示。在相同的 $C_r$=6μF 下，根据三个不同的 $L_r$（12μH、8μH、4μH）绘制了如图 7.11 (a) 所示的 $B_{m\_t}$ 曲线。可见，$L_r$ 越大，$B_{m\_t}$ 越高，但变化不是特别显著。图 7.11 (b) 给出了相同 $L_r$（8μH）不同 $C_r$（7μF、6μF、5μF）下的 $B_{m\_t}$ 曲线，可见，$f_{s\_b}$ 和 $f_{s\_m}$ 都随着 $C_r$ 的变大而下降，这与式 (7.26) 和式 (7.27) 相符。同时，根据式 (7.25) 可知，由于 $V_o$ 会随着 $C_r$ 的变大而上升，从而导致 $B_{m\_t}$ 随着 $C_r$ 的变大而快速上升，在模式 B 内尤为显著。因此，可以选取较小的 $C_r$ 来进一步降低 $B_{m\_t}$。

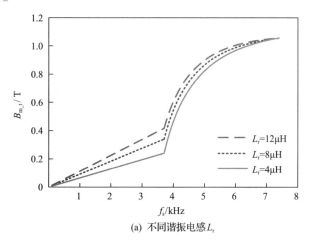

(a) 不同谐振电感 $L_r$

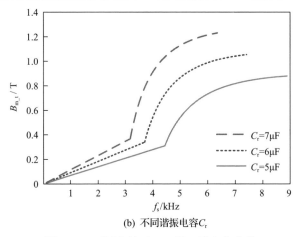

(b) 不同谐振电容$C_r$

图 7.11　不同条件下 $B_{m\_t}$ 随 $f_s$ 的变化曲线

综上所述，仿真结果很好地验证了理论分析。除了可以按照 $n>2V_{o\_max}/V_{in\_min}$ 优化规则来设计 $n$，使得 DCM-SRC 彻底避开最大磁密较高的模式 B 外，还可以进一步选取较小的 $C_r$ 来继续降低 $B_{m\_t}$。

## 7.2　非对称定脉宽变频调制

基于上述分析可知，为了避免大功率 DCM-SRC 进入最大工作磁密会出现快速上升的工作模式，大功率高频变压器的匝比需按照 $n>2V_{o\_max}/V_{in\_min}$ 的原则来设计。如此一来，最终的 $n$ 会比较大，同时副边绕组的匝数也会特别多，将会压缩原边绕组和副边绕组之间的绝缘距离从而需要窗口面积更大的磁芯。另外，传统定脉宽变频调制下的谐振电流峰值很大，需要选用额定电流更大的 IGBT。

针对上述问题，本节提出了一种适用于大功率 DCM-SRC 的非对称定脉宽变频调制策略。在全输出电压范围内，变压器磁芯的最大工作磁密随着工作频率和输出电压的上升而线性增加，从而避免了传统定脉宽变频调制下最大工作磁密快速上升的现象，并且同样可以依据最高而非最低工作频率来设计大功率变压器的匝比。同时，对匝比的取值没有过多的限制，除了需满足 $n>V_o/V_{in}$ 之外，而这是 SRC 电压增益小于 1 的固有特性所决定的。另外，非对称定脉宽变频调制保留了原有的软开关特性，即在整个输出电压范围内所有 IGBT 都能实现 ZCS。最后，相对于传统定脉宽变频调制，提出的非对称定脉宽变频调制具有更小的谐振电流峰值，允许使用额定电流相对更低的 IGBT，有助于节约成本。

### 7.2.1　工作原理

非对称定脉宽变频调制的典型波形如图 7.12 所示，$[t_0, t_8]$ 是一个完整的开关

周期 $T_s$，可以分为六个不同的开关模态，前半个开关周期的开关模态如图 7.13 所示。

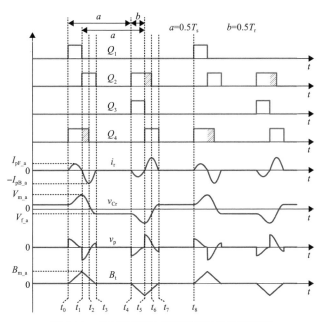

图 7.12　非对称定脉宽变频调制的典型波形

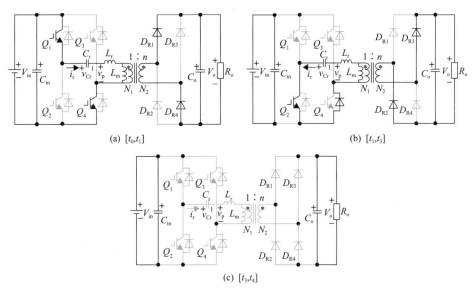

图 7.13　半个开关周期内的开关模态

1) 开关模态 1$[t_0, t_1]$

如图 7.12 所示，在 $t_0$ 时刻之前，所有 IGBT 都处于断开的状态，而且没有电流流经任何 IGBT 或者二极管，所以 $v_{Cr}$ 保持不变。另外，$v_p$ 和 $B_t$ 同样也保持不变且为零。在 $t_0$ 时刻同时开通 $Q_1$ 和 $Q_4$ 后，$L_r$ 开始和 $C_r$ 发生正向谐振，原边谐振电流 $i_r$ 则从零开始谐振上升，因而 $Q_1$ 和 $Q_4$ 实现了 ZCS 开通。显然，本阶段跨越的时间长度为半个谐振周期，即 $t_1 - t_0 = T_r/2$。$i_r$ 的表达式为

$$i_r(t) = I_{pF\_a}\sin[\omega_r(t-t_0)] = \frac{V_{in} - V_o/n - v_{Cr}(t_0)}{Z_r}\sin[\omega_r(t-t_0)] \tag{7.33}$$

式中，$I_{pF\_a}$ 为本开关模态中的 $i_r$ 的峰值。

在本开关模态中 $i_r$ 为正值，所以 $C_r$ 一直处于充电状态，从而可得

$$v_{Cr}(t_1) - v_{Cr}(t_0) = \frac{2I_{pF\_a}}{\omega_r C_r} = 2[V_{in} - V_o/n - v_{Cr}(t_0)] \tag{7.34}$$

由图 7.13(a)可知，本开关模态中的变压器副边绕组电压被箝位在输出电压 $V_o$(而 $v_p$ 会随着 $L_r$ 端电压的变化而变化)，使得磁芯处于励磁状态且 $B_t$ 线性上升，如图 7.12 所示。因此，根据法拉第电磁感应定律可得

$$\frac{V_o}{n} = N_1\frac{d\phi}{dt} = \frac{N_1 B_t(t_1)A_e}{\pi\sqrt{L_r C_r}} \tag{7.35}$$

2) 开关模态 2$[t_1, t_3]$

在 $t_1$ 时刻，关断 $Q_1$ 的同时开通 $Q_2$，因此，$Q_2$、$Q_4$ 的反并联二极管、变压器原边绕组形成了 $L_r$ 和 $C_r$ 的反向谐振通路。由于 $i_r$ 在 $t_1$ 时刻已经降为零，所以 $Q_1$ 和 $Q_2$ 分别实现了 ZCS 关断和开通。本开关模态正好为另外半个谐振周期，所以 $t_3 - t_1 = T_r/2$。在 $[t_1, t_3]$ 内，$i_r$ 从 $t_1$ 时刻开始变为负值，且可表示为

$$i_r(t) = -I_{pB\_a}\sin[\omega_r(t-t_1)] = -\frac{v_{Cr}(t_1) - V_o/n}{Z_r}\sin[\omega_r(t-t_1)] \tag{7.36}$$

式中，$I_{pB\_a}$ 为本开关模态中的 $i_r$ 的峰值。

在本模态中 $i_r$ 为负值，所以 $C_r$ 一直处于放电状态，从而可得

$$v_{Cr}(t_3) - v_{Cr}(t_1) = -\frac{2I_{pB\_a}}{\omega_r C_r} = -2[v_{Cr}(t_1) - V_o/n] \tag{7.37}$$

另外，考虑 SRC 的对称性，$v_{Cr}$ 应满足：

$$v_{Cr}(t_3) = -v_{Cr}(t_0) \tag{7.38}$$

因此，结合式(7.34)、式(7.37)和式(7.38)可得

$$\begin{cases} v_{Cr}(t_3) = -v_{Cr}(t_0) = V_{f\_a} = 2V_o/n - V_{in} \\ v_{Cr}(t_1) = V_{m\_a} = V_{in} \end{cases} \tag{7.39}$$

式中，$V_{f\_a}$ 为一个完整谐振周期结束后 $C_r$ 的端电压；$V_{m\_a}$ 为 $C_r$ 端电压的正峰值。可见，当 $V_o$ 较小时 $V_{f\_a}$ 可以为负值，然后会随着 $V_o$ 的变大而变大从而转变为正值；而 $V_{m\_a}$ 等于输入电压 $V_{in}$，为一个常数。

在 $[t_1, t_3]$ 内 $C_r$ 一直处于放电状态，所以可知 $v_{Cr}(t_1) > v_{Cr}(t_3)$ 恒成立，说明无论 $n$ 取值多少，$V_{f\_a}$ 始终会小于 $V_{in}$。根据 7.1 节中的理论分析和结论可知，采用所提出的非对称定脉宽变频调制后，传统定脉宽变频调制下具有更高最大工作磁密的工作模式 B 可以完全避免。换言之，尽管随着 $V_o$ 的变大会出现 $n < 2V_o/V_{in}$（传统调制下工作模式 B 的运行条件），但非对称定脉宽变频调制下的变压器最大工作磁密不会出现快速上升的现象。同时，由 $V_{f\_a} < V_{in}$ 也可得式 (7.5)。因此，非对称定脉宽变频调制下的 $n$ 也需要满足式 (7.5)，以此来保证 SRC 的正常运行。

将式 (7.39) 代入式 (7.33) 和式 (7.36) 可得 $I_{pF\_a}$ 和 $I_{pB\_a}$ 的表达式为

$$\begin{cases} I_{pF\_a} = V_o/(nZ_r) \\ I_{pB\_a} = (V_{in} - V_o/n)/Z_r \end{cases} \tag{7.40}$$

可见，随着 $V_o$ 的变大，$I_{pF\_a}$ 会增大而 $I_{pB\_a}$ 会减小。而传统定脉宽变频调制下 $I_{pF\_t}$ 和 $I_{pB\_t}$ 的表达式为

$$\begin{cases} I_{pF\_t} = (V_{in} + V_o/n)/Z_r \\ I_{pB\_t} = (V_{in} - V_o/n)/Z_r \end{cases} \tag{7.41}$$

对比式 (7.40) 和式 (7.41) 容易发现，具有相同的 $V_{in}$、$V_o$、$n$、$Z_r$ 时，$I_{pB\_a}$ 和 $I_{pB\_t}$ 相同，但 $I_{pF\_a}$ 要比 $I_{pF\_t}$ 小得多。进一步根据式 (7.5) 可知 $V_{in} + V_o/n > 2V_o/n$，所以 $I_{pF\_a}$ 要比 $I_{pF\_t}$ 下降50%以上。

如图 7.13 (b) 所示，开关模式 2 中的变压器副边绕组电压被箝位在 $-V_o$（而 $v_p$ 会继续随着 $L_r$ 端电压的变化而变化），使得磁芯处于退磁状态且 $B_t$ 线性下降，如图 7.12 所示。由于开关模式 1 和开关模式 2 的时间长度相同且都为半个开关谐振周期，即 $T_r/2$，所以，$B_t$ 刚好在 $t_3$ 时刻下降为零。因此，可得非对称定脉宽变频调制下的 $B_{m\_a}$ 为

$$B_{m\_a} = B_t(t_1) = \frac{\pi V_o \sqrt{L_r C_r}}{n N_1 A_e} \tag{7.42}$$

另外，为了实现 $Q_4$ 的 ZCS 关断，可在 $t_1$ 和 $t_3$ 时刻之间将其关断。不失一般

性，可选择在 $t_2$ 时刻将其关断。

3) 开关模态 3[$t_3$, $t_4$]

在 $t_3$ 时刻，开关模态 2 的谐振过程结束，同时关断 $Q_2$。由于 $V_{f\_a}<V_{in}$，$t_3$ 时刻之后谐振腔、反并联二极管以及副边整流二极管中都没有电流流过且 $v_{Cr}$ 保持为 $V_{f\_a}$ 不变，所以本开关模态称为零电流模态。同时，$v_p$ 和 $B_t$ 均保持不变且为零。

由图 7.12 可知，前三个开关模态的时间总长度为半个工作周期，即 $t_4-t_0=T_s/2$。由于 SRC 工作原理的对称性，后半个工作周期[$t_4$, $t_8$]内的开关模态将不再赘述。在实际应用中，为了避免在 $t_1$ 时刻之前误开通 $Q_2$，可在开关模态 1 和开关模态 2 之间插入一个合理的死区时间，并且 $v_{Cr}$ 在这个死区时间内会保持为 $V_{in}$ 不变。

基于上述分析，只需计算半个工作周期[$t_0$, $t_4$]内 SRC 传输的功率即可获取其表达式。假设传输效率为 100%，从输出侧计算 SRC 传输的功率可得

$$P_{o\_a} = 2f_sV_o\left(\int_0^{\pi\sqrt{L_rC_r}}\frac{I_{pF\_a}}{n}\sin\omega_rtdt + \int_0^{\pi\sqrt{L_rC_r}}\frac{I_{pB\_a}}{n}\sin\omega_rtdt\right)$$
$$= \frac{4f_sV_o\left(I_{pF\_a}+I_{pB\_a}\right)}{n\omega_r} = \frac{V_o^2}{R_o} \tag{7.43}$$

将式(7.40)代入式(7.43)中可得

$$V_o = \frac{4f_sV_{in}R_oC_r}{n} \tag{7.44}$$

可见，$V_o$ 会随 $f_s$ 的上升而线性上升。另外，对比式(7.44)和式(7.25)可知，为了得到相同的 $V_o$，非对称定脉宽变频调制下的开关频率应是传统定脉宽变频调制下的两倍。

综上所述，在所提出的非对称定脉宽变频调制下，可得如下结论。

(1)所有开关管都能实现 ZCS 开通和关断。

(2)相对于传统定脉宽变频调制，在相同的 $V_o$ 下，四个开关管的电流峰值可以降低 50%以上，额定电流较低的 IGBT 即可满足电流应力要求，成本更低。

(3)变压器匝比的设计只需满足 $n>V_o/V_{in}$，在此基础上，无论 $n$ 取值多少，都有$|V_{f\_a}|<V_{in}$，并且在所有零电流阶段，原边和副边电路中都没有电流流过，从而保证了 $v_p$ 和 $B_t$ 为零不变。因此，传统定脉宽变频调制下具有更高最大工作磁密的工作模式 B 不会再出现。

(4)在整个输出电压变化范围内，即使 $n<2V_o/V_{in}$，$B_{m\_a}$ 都可由式(7.42)求得，且始终与 $V_o$ 成正比。

(5)$V_o$ 与 $f_s$ 成正比，且相同 $V_o$ 下，非对称定脉宽变频调制下的 $f_s$ 是传统定脉

宽变频调制的两倍。由于所有开关管都能实现 ZCS 开通和关断,所以频率翻倍对开关损耗的影响不大。

另外,图 7.13(b)中是在 $t_1$ 时刻开通 $Q_2$ 为开关模式 2 提供一条反向谐振通路。其实,选择在 $t_1$ 时刻开通 $Q_3$ 而不是 $Q_2$ 也可以为开关模式 2 提供一条 $L_r$ 和 $C_r$ 的反向谐振通路,如图 7.14 所示。此时,$L_r$ 和 $C_r$ 的反向谐振电流依次流经 $Q_1$ 的反并联二极管、$Q_3$、变压器原边绕组。虽然电流通路有所不同,但却不会影响开关模态 2 中 $v_{Cr}$、$i_r$、$B_t$ 的波形。因此,开关模态 2 存在两种可选择的电流通路,分别如图 7.13(b)和图 7.14 所示。同理,如果选择在 $t_5$ 时刻开通 $Q_1$ 而不是 $Q_4$ 也可以为开关模态 5 提供一条 $L_r$ 和 $C_r$ 的正向谐振通路。因此,开关模态 5 同样也存在两种可选择的电流通路。两两组合后可得四种不同的驱动波形,除了如图 7.12 所示的第一组典型波形外,其余三种调制策略的典型波形如图 7.15 所示。对比图 7.12 和图 7.15 可知,四种组合具有完全相同的电压、电流、磁密波形,也因此具有完全相同的效果和优势。

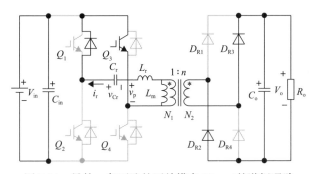

图 7.14　另外一条可选的开关模态 2[$t_1$, $t_3$]的谐振通路

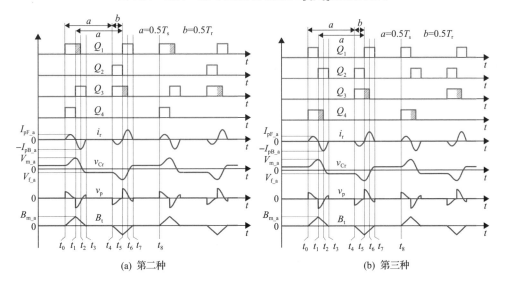

(a) 第二种　　　　　　　　　(b) 第三种

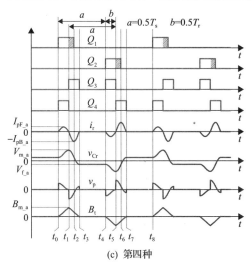

图 7.15　其他三种调制策略的典型波形

## 7.2.2　仿真验证

　　为验证 7.2.1 节的理论分析结果,同时比较非对称定脉宽变频调制和传统定脉宽变频调制两者的变压器最大工作磁密,本节采用了和 7.1.3 节中完全相同的仿真参数(表 7.1)。由 7.2.1 节的分析可知,为了得到相同的 $V_o$,非对称定脉宽变频调制下的 $f_s$ 需要是传统定脉宽变频调制下的两倍。因此,下面将对 6kHz 和 10kHz(分别对应传统定脉宽变频调制下的 3kHz 和 5kHz)两种不同的 $f_s$ 进行仿真验证并做相应的比较。两种不同的 $f_s$ 对应的 $V_o$ 分别为 35kV 和 58.3kV,即也分别对应着 $n>2V_o/V_{in}$ 和 $n<2V_o/V_{in}$ 两种情况。

　　图 7.16(a)给出了 6kHz 和 10kHz 下 $i_r$ 的仿真波形,可见,不同 $f_s$ 下的电流峰值明显不同。10kHz 下的 $V_o$ 比 6kHz 下的更大,所以在 10kHz 下的 $I_{pF\_a}$ 更高但 $I_{pB\_a}$ 更低,说明 $I_{pF\_a}$ 和 $I_{pB\_a}$ 会随着 $V_o$ 的变大而分别增加和下降,仿真结果和理论相吻合。为了比较理论计算和仿真结果两者具体的数值,不失一般性,本节将选取10kHz 下的仿真结果和理论计算值进行详细对比分析。从图 7.16(a)可知,$I_{pF\_a}$ 和 $I_{pB\_a}$ 在 10kHz 下的仿真结果分别约为 315A 和 152A。将 $V_o$=58.3kV 和表 7.1 中相应的参数代入式(7.40)可得 $I_{pF\_a}$ 和 $I_{pB\_a}$ 的理论值分别为 315.6A 和 152.1A,说明仿真结果和理论计算值两者很接近。并且,非对称定脉宽变频调制下的 $I_{pF\_a}$ 只有315A,要比图 7.8(a)中传统调制下 783A 的 $I_{pF\_t}$ 降了 59.8%。

　　$v_{Cr}$ 的仿真波形如图 7.16(b)所示,可见,不同 $f_s$ 下的 $V_{m\_a}$ 都为 $V_{in}$=540V。当 $f_s$=6kHz 时,因为 $V_o$ 较小,所以 $V_{f\_a}$ 为-102.5V,是负值。而当 $f_s$ 上升为 10kHz 时,$V_o$ 变大,$V_{f\_a}$ 也随之增加为 189.3V,变为正值。另外,在 10kHz 下,$V_{f\_a}$ 的仿真

值 189.3V 与根据式(7.39)得到的理论值 189V 很接近。因此，谐振电容电压仿真结果和理论分析相吻合。

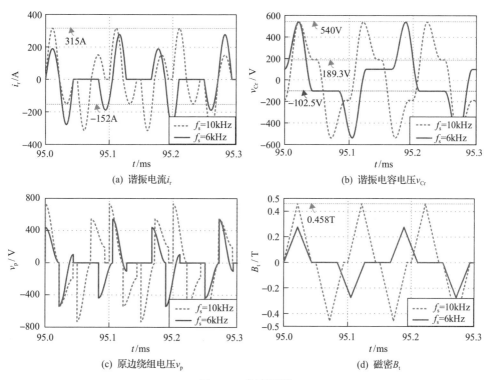

图 7.16　仿真波形

由于 $i_r$ 在零电流模态内保持为零，所以 $v_p$ 也无变化。如图 7.16(c)所示，在不同的 $f_s$ 和 $V_o$ 下，$v_p$ 在所有零电流模态都始终保持不变且为零。由图 7.16(d)可知，不同 $f_s$ 下的 $B_t$ 同样在所有零电流模态都始终保持不变且为零。另外，在 10kHz 下 $B_{m\_a}$ 的仿真结果为 0.458T，$B_{m\_a}$ 的理论值由式(7.42)计算可得为 0.459T，可见理论分析的正确性。因此，即使 $n<2V_o/V_{in}$，也不会出现传统定脉宽变频调制下变压器最大工作磁密快速上升的现象。

为了进一步直观地对比所提出的非对称定脉宽变频调制和传统定脉宽变频调制下的 $B_{m\_a}$ 和 $B_{m\_t}$ 曲线，绘制了图 7.17。可见，当 $n>2V_o/V_{in}$ 时，$B_{m\_a}$ 和 $B_{m\_t}$ 的曲线完全一样。另外容易发现，随着 $V_o$ 的变大，$2V_o/V_{in}$ 将会大于 $n$，即 $n<2V_o/V_{in}$。此时，传统定脉宽变频调制下的 $B_{m\_t}$ 开始快速上升，而非对称定脉宽变频调制下的 $B_{m\_a}$ 依然与 $V_o$ 呈线性关系，显然要小得多。因此，无须将 $n$ 设计得满足 $n>2V_o/V_{in}$ 来避免变压器最大工作磁密的快速上升，只需满足 $n>V_o/V_{in}$ 即可。

总之，所有仿真结果都很好地验证了理论分析的正确性。在提出的非对称定脉宽变频调制下，所有开关管的电流峰值都显著降低。无论 $n$ 是否大于 $2V_o/V_{in}$，

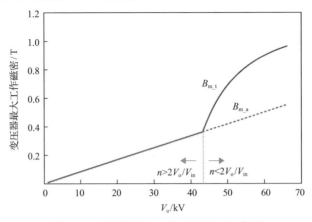

图 7.17　变压器最大工作磁密的对比曲线

非对称定脉宽变频调制下的 $B_{\text{m\_a}}$ 都与 $V_{\text{o}}$ 成正比，且当 $n$ 小于 $2V_{\text{o}}/V_{\text{in}}$ 时要比传统定脉宽变频控制下的 $B_{\text{m\_t}}$ 更小。

## 7.3　实　验　验　证

　　为了对传统定脉宽变频调制和非对称定脉宽变频调制进行实验验证和对比，本节搭建了一套如图 7.18 所示的高压大功率 SRC 硬件平台，其中变压器磁芯型号及其相关参数与 7.1.3 节仿真验证中的完全一致，如表 7.1 所示。实测变压器励磁电感为 7.5mH，与理论计算的 7.8mH 比较接近，另外漏感为 8μH，所

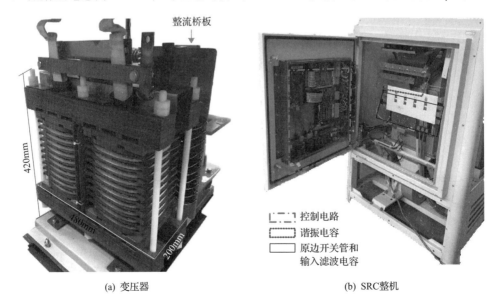

(a) 变压器　　　　　　　　　　　　　　(b) SRC整机

图 7.18　实验平台照片

以无须额外串联电感。6μF 谐振电容则由 6 个 1μF 的小电容并联而得, 串联谐振周期约为 43.5μs。四个开关管选用 FZ900R12KE4 (1200V/900A) 的 IGBT, 其驱动信号则通过控制电路中现场可编程门阵列 (FPGA) 的通用输入输出 (GPIO) 直接写 0 或 1 生成。这种方式可以很容易得到任意复杂的 01 序列, 如非对称定脉宽变频调制中 $Q_2$ 和 $Q_4$ 的驱动信号。输入直流电压则是由三相 380VAC 经整流滤波后得到。

### 7.3.1　定脉宽变频调制实验

首先对传统定脉宽变频调制进行实验验证, 利用两种不同的负载做了两组不同的实验。基于现有实验场地和测试条件, 先选取模拟电场 (由数十个电极板组成的一种高压负载, 通过调节极板间距可以改变放电电压阈值) 作为第一种负载进行了七个不同 $f_s$ 下的第一组实验。表 7.2 记录了每个频率下测量所得的 $V_{in}$、$V_o$、输出电流 $I_o$ 平均值, 表中的等效负载电阻 $R_o$ 则是通过测量值来计算 $V_o/I_o$ 所得。可见, 随着输入功率的上升, $V_{in}$ 略有下降。由于电场负载自身的时变特性 (文献[14] 的图 2 和文献[15] 的图 7), $R_o$ 并不是一个常数。另外, 根据工作模式 A 和 B 的临界条件 $2V_o/n - V_{in} = 0$, 可将七个 $f_s$ 分为工作于模式 A 和 B 两种, 其中三个 $f_s$ 下的 $2V_o/n - V_{in}$ 小于零被分为模式 A, 其他四个 $f_s$ 下的 $2V_o/n - V_{in}$ 大于零被分为模式 B, 如表 7.2 所示。

**表 7.2　电场负载下的实验数据**

| 工作模式 | $f_s$/kHz | $V_{in}$ 测量值/V | $I_o$ 测量值/mA | $R_o$ 等效值/kΩ | $V_o$ 测量值/kV | $(2V_o/n - V_{in})$ /V |
|---|---|---|---|---|---|---|
| | 2.50 | 545 | 396 | 71.36 | 28.26 | -191.75 |
| A | 2.86 | 543 | 450 | 68.33 | 30.75 | -158.63 |
| | 3.33 | 540 | 522 | 66.57 | 34.75 | -105.63 |
| | 5.00 | 541 | 740 | 58.53 | 43.31 | 0.38 |
| B | 6.25 | 538 | 930 | 53.37 | 49.63 | 82.38 |
| | 7.70 | 535 | 1150 | 49.03 | 56.38 | 169.75 |
| | 8.70 | 533 | 1320 | 48.77 | 64.38 | 271.75 |

图 7.19 和图 7.20 是第一组实验的实验波形, 其中 $V_o$ 和 $i_r$ 是分别使用 NRV-150 的高压探头和 CWT015B 的罗氏线圈测量所得的。图 7.19 为模式 A 中的三个实验波形, 可见, 所有开关管在不同 $f_s$ 下都实现了 ZCS, 且 $V_{m\_t}$ 约为 1100V, 即 $2V_{in}$, 与式 (7.4) 相符。同时, 可以发现 $V_{f\_t}$ 随着 $f_s$ 的上升而上升, 这是因为 $V_o$ 随着 $f_s$ 的上升而变大了, 同样和理论分析相符。最重要的是, 从图 7.19 中可以发现, 模式 A 中三个不同 $f_s$ 下的 $v_p$ 在零电流模态都一直保持为零, 意味着变压器磁芯磁密在零电流模态也一直保持为零不变。

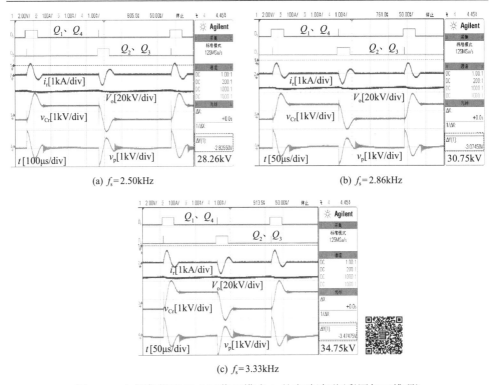

(a) $f_s$ = 2.50kHz　　　　　　　　(b) $f_s$ = 2.86kHz

(c) $f_s$ = 3.33kHz

图 7.19　电场负载下 SRC 工作于模式 A 的实验波形(彩图扫二维码)

　　图 7.20 给出了模式 B 中的三个实验波形,所有开关管在不同 $f_s$ 下同样都实现了 ZCS。而且 $v_p$ 在零电流模式显然不再保持为零,这说明 SRC 已经工作于模式 B。按照理论分析, $v_p$ 应该出现两个电压平台,但在实验中两个电压平台的压差 ($V_{in}$-$V_o$/$n$)较小,而且这个压差会随着 $V_o$ 的上升而变小。另外,由于电场负载的放电效应,每个 $f_s$ 下的 $V_o$ 在每个零电流模式都存在一个下降现象(因为负高压下空气电离效果更好,所以所有实验波形中的 $V_o$ 都是负压)。因此在零电流模式, $v_p$ 上出现的是一个下降过程,而不是两个电压平台,并且 $V_o$ 越高, $v_p$ 下降斜率越

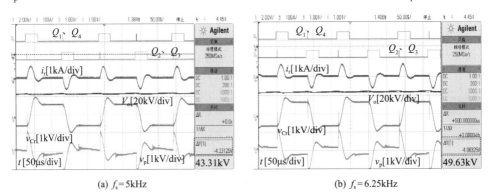

(a) $f_s$ = 5kHz　　　　　　　　　(b) $f_s$ = 6.25kHz

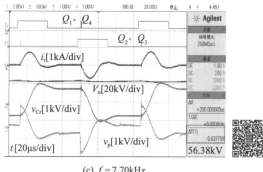

(c) $f_s=7.70$kHz

图 7.20　电场负载下 SRC 工作于模式 B 的实验波形(彩图扫二维码)

小。因为模式 B 中的 $v_p$ 在零电流模态不再为零，所以 DCM-SRC 的工作磁密将变大，可能会出现变压器磁芯饱和现象。

　　为进一步观察模式 B 中 $v_p$ 存在的两个电压平台，第二组实验选用 300kΩ 的纯电阻作为负载，且 $f_{s\_b}$ 可由式(7.26)计算为 0.89kHz。第一个 $f_s$ 取 0.5kHz，显然，此时 DCM-SRC 工作于模式 A，$v_p$ 在零电流模态都一直保持为零，如图 7.21(a)所示。第二个 $f_s$ 取 1kHz，实验结果如图 7.21(b)所示，$v_p$ 在零电流模态明显出现

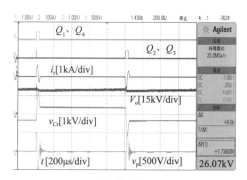

(a) $f_s=0.5$kHz

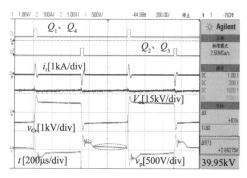

(b) $f_s=1$kHz

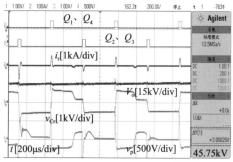

(c) $f_s=1.43$kHz

图 7.21　300kΩ 纯电阻负载下的实验波形(彩图扫二维码)

了两个电压平台，意味着 DCM-SRC 此时运行于模式 B。图 7.21 (c) 给出了 $f_s$ 取 1.43kHz 时的实验结果，显然，谐振电流和谐振电容电压已经发生畸变，DCM-SRC 已经处于非正常运行状态。这充分说明了 DCM-SRC 进入模式 B 后带来的影响，另外，由于测量精度的限制，模式 B 零电流模态中的谐振电流变化很难观察到。总之，实验结果很好地验证了上述理论分析和仿真结果的正确性，变压器匝比优化设计规则 $n > 2V_{o\_max}/V_{in\_min}$ 是可靠的，如此，基于该设计规则，DCM-SRC 可避免工作于模式 B，有效降低变压器磁芯饱和风险。

### 7.3.2　非对称定脉宽变频调制

基于图 7.18 所示的高压大功率 SRC 硬件平台，同样进行电场和纯电阻两组不同负载下的实验对非对称定脉宽变频调制进行验证。

除了可以通过控制电路中 FPGA 的 GPIO 直接写 0 或 1 生成 $Q_2$ 和 $Q_4$ 的驱动信号外，还可以采用如图 7.22 所示的第二种生成方法。首先利用 PWM 模块的移相功能，可从 DSP28335 中得到驱动波形 $D_1 \sim D_4$，然后 $D_1 \sim D_4$ 被发送到 CD4071B 芯片。其中 $D_1$ 和 $D_4$ 是一个或门的两个输入，该或门的输出即为 $Q_4$ 的驱动信号；而 $D_2$ 和 $D_3$ 则是另一个或门的两个输入，该或门的输出即为 $Q_2$ 的驱动信号。显然，第一种生成方法更简单快捷，因此，本书采用第一种方法获取 $Q_2$ 和 $Q_4$ 的驱动信号。

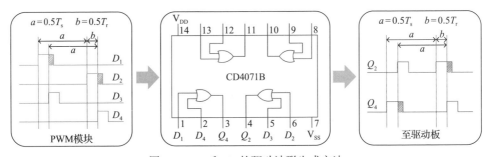

图 7.22　$Q_2$ 和 $Q_4$ 的驱动波形生成方法

首先选取电场负载进行第一组实验，表 7.3 记录了第一组实验中每个频率下测量所得的 $V_{in}$、$V_o$、$I_o$ 的平均值，等效电阻 $R_o$ 则是使用测量值来计算 $V_o/I_o$ 所得。如图 7.23 所示，在两个相邻正向和反向谐振半周期之间都添加了一个合理的死区时间，所有 IGBT 在不同 $f_s$ 和 $V_o$ 下都仍然能实现 ZCS 开通和关断。另外，第一组实验中的电流峰值约为 300A，这要比传统定脉宽变频调制下具有相近 $V_o$ 时的约 700A 的电流峰值 (图 7.19 和图 7.20) 下降了约 57%。不同 $f_s$ 下 $V_{m\_a}$ 的实验结果都等于 $V_{in}$，所以也有 $|V_{f\_a}| < V_{in} = V_{m\_a}$。因此，谐振电流和谐振电容电压的实验结果和理论分析结论相符。在所有零电流阶段，$v_p$ 会出现由原边 IGBT 寄生电容引起的高频振荡。尽管如此，无论 $n$ 大于 $2V_o/V_{in}$ 与否，$v_p$ 在每个零电流阶段的平均值

基本为零，说明 $B_t$ 在每个零电流阶段也基本为零，从而保证了 $B_{m\_a}$ 不受影响。因此，该高频振荡对 $B_{m\_a}$ 没有影响，同时避免了传统定脉宽变频控制下 $B_{m\_t}$ 的快速上升现象。

表 7.3　电场负载下的实验数据

| 实验波形 | $f_s$/kHz | $V_{in}$ 测量值/V | $I_o$ 测量值/mA | $R_o$ 等效值/kΩ | $V_o$ 测量值/kV | $(2V_o/n - V_{in})$/V |
|---|---|---|---|---|---|---|
| 图 7.23(a) | 4.5 | 528 | 353 | 83.85 | 29.60 | −158.0 |
| 图 7.23(b) | 5.8 | 524 | 455 | 78.68 | 35.80 | −76.5 |
| 图 7.23(c) | 8.2 | 523 | 632 | 71.20 | 45.00 | 39.5 |

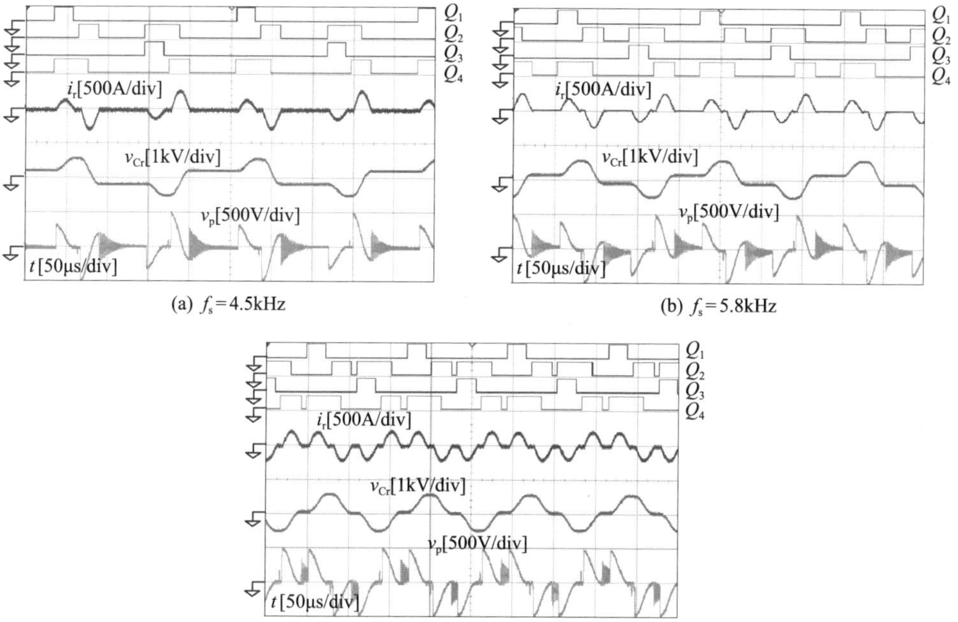

(a) $f_s$=4.5kHz　　(b) $f_s$=5.8kHz

(c) $f_s$=8.2kHz

图 7.23　电场负载下的实验波形

　　为进一步验证所提出的非对称定脉宽变频调制具有更低的最大工作磁密且变压器不容易发生磁芯饱和现象，同样选取约 300kΩ 的电阻作为负载进行了第二组实验。如图 7.24 所示，首先所有 IGBT 在不同 $f_s$ 和 $V_o$ 下均能实现 ZCS 开通和关断。随着 $V_o$ 的上升，$V_{f\_a}$ 会从图 7.24(a) 中虚线圈的负值变为图 7.24(c) 中虚线圈的正值。另外，如图 7.24(c) 所示，尽管 $V_o$ 已经达到 50kV，$i_r$ 和 $v_{Cr}$ 的实验波形还是正常的，没有发生变压器磁芯饱和并导致波形畸变的现象，但是在传统定脉宽变频调制下，当 $V_o$ 约为 45.75kV 时，变压器发生磁芯饱和且所有电压和电流的实验波形都已畸变，如图 7.21(c) 所示。因此可得结论，所提出的非对称定脉宽变频调制具有相对更低的变压器最大工作磁密，从而可以避免变压器磁芯饱和问题。

进一步观察 $v_p$ 的实验波形可发现，在每个零电流阶段，除了一开始会出现高频振荡外，每个阶段还存在一个相对低频的振荡。这个低频振荡是由变压器副边励磁电感、高压侧绕组电容、整流二极管寄生电容三者之间的谐振引起的。因为 $n=160$，副边励磁电感可高达 200H 左右，所以才导致该振荡的频率较低。

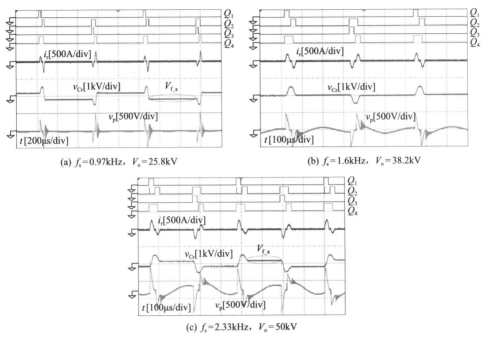

(a) $f_s=0.97\text{kHz}$，$V_o=25.8\text{kV}$　　　　　(b) $f_s=1.6\text{kHz}$，$V_o=38.2\text{kV}$

(c) $f_s=2.33\text{kHz}$，$V_o=50\text{kV}$

图 7.24　300kΩ 纯电阻负载下的实验波形

综上所述，实验结果与理论分析和仿真结果都基本吻合，三者可以很好地相互验证。所有 IGBT 都能实现 ZCS 开通和关断；无论 $n$ 是否大于 $2V_o/V_{in}$，都有 $|V_{f\_a}|<V_{in}$ 成立，且 $B_t$ 在零电流阶段保持为零不变；另外，提出的非对称定脉宽变频调制下具有更小的电流峰值和更低的变压器最大工作磁密。

## 7.4　本　章　小　结

本章研究了定脉宽变频调制下大功率 DCM-SRC 在宽输出电压范围内的 ZCS 特性和变压器磁密的变化情况，发现了大功率 DCM-SRC 具有两种磁密完全不同的工作模式，推导出了两种不同工作模式各自的磁密表达式，且两种模式下的磁密都随着开关频率的上升而增大，因此大功率高频变压器可以依据最大开关频率来设计。两种不同工作模式的临界条件为 $n=2V_o/V_{in}$，并由此确定了在零电流阶段中的谐振电容电压高于输入电压是出现磁密较高的工作模式的根本原因。因此，

可以按照 $n > 2V_{o\_max} / V_{in\_min}$ 的优化规则来设计变压器匝比，使得 DCM-SRC 彻底避开磁密较高的工作模式。另外，减小谐振电感和谐振电容都有助于进一步降低磁密，且后者效果更明显。

本章还从控制策略角度出发，提出了一种适用于大功率 DCM-SRC 的非对称定脉宽变频调制策略。大功率 DCM-SRC 的谐振电容电压始终不会高于输入电压，从而保证了大功率高频变压器的工作磁密在零电流阶段保持为零不变，且与变压器匝比的取值无关。大功率高频变压器的最大工作磁密与输出电压和开关频率始终成正比，因此，大功率高频变压器不仅可以根据最大开关频率来设计，而且还彻底避免了传统定脉宽变频调制下变压器磁密快速上升的现象，具有更低的最大工作磁密，另外，还能实现整个输出电压范围内所有开关管的 ZCS 开通和关断。同时，所有开关管的电流峰值至少降低了 50%，额定电流相对更低的 IGBT 即可满足要求，有利于节约成本。本章提出的非对称定脉宽变频调制策略在静电除尘电源等需要宽输出电压范围的领域已得到成功应用。最后，仿真和实验结果很好地验证了上述分析和结论。

## 参 考 文 献

[1] Marian K, Dariusz C. Resonant Power Converters[M]. 2nd ed. New Jersey: John Wiley & Sons, Inc., 2011.

[2] Steigerwald R L. A comparison of half-bridge resonant converter topologies[J]. IEEE Transactions on Power Electronics, 1988, 3(2): 174-182.

[3] Ho W C. Design and analysis of discontinuous mode series resonant converter[C]. 1994 International Conference on Industrial Technologies, Guangzhou, 1994: 486-489.

[4] Ortiz G, Leibl M G, Huber J E, et al. Design and experimental testing of a resonant DC-DC converter for solid-state transformers[J]. IEEE Transactions on Power Electronics, 2017, 32(10): 7534-7542.

[5] Klesser H W, Klaassens J. Transformer-induced low-frequency oscillations in the series-resonant converter[C]. 1986 IEEE Power Electronics Specialists Conference, Vancouver, 1986: 236-245.

[6] Lippincott A C, Nelms R M.A capacitor-charging power supply using a series-resonant topology, constant on-time/variable frequency control and zero-current switching[J]. IEEE Transactions on Industrial Electronics, 1991, 38(6): 438-447.

[7] Sun J, Konishi H, Ogino Y, et al. Series resonant high-voltage ZCS-PFM DC-DC converter for medical power electronics[C]. 2000 IEEE Annual Power Electronics Specialists Conference, Galway, 2000: 1247-1252.

[8] Feng D R, Sun J K, Long J J. Design of high-voltage DC power supply based on series-resonant constant-current charging[C]. 2010 IEEE Conference on Industrial Electronics and Applications, Taichung, 2010: 1142-1146.

[9] Dincan C G, Kjaer P C.DC-DC converter and DC-DC conversion method: EP 18702610.9[P]. 2017-01-31.

[10] Dincan C G, Kjaer P C, Chen Y, et al. A high-power, medium-voltage, series-resonant converter for DC wind turbines[J]. IEEE Transactions on Power Electronics, 2018, 33(9): 7455-7465.

[11] Deng L, Sun Q, Jiang F, et al. Modeling and analysis of parasitic capacitance of secondary winding in high-frequency high-voltage transformer using finite-element method[J]. IEEE Transactions on Applied Superconductivity, 2018, 28(3): 1-5.

[12] Giesselmann M G, Vollmer T T, Carey W J. 100-kV high voltage power supply with bipolar voltage output and adaptive digital control[J]. IEEE Transactions on Plasma Science, 2014, 42(10): 2913-2918.

[13] King R J, Stuart T A. Modeling the full-bridge series-resonant power converter[J]. IEEE Transactions on Aerospace and Electronic Systems, 1982, 18(4): 449-459.

[14] Soeiro T B, Mühlethaler J, Linnér J, et al. Automated design of a high-power high-frequency LCC resonant converter for electrostatic precipitators[J]. IEEE Transactions on Industrial Electronics, 2013, 60(11): 4805-4819.

[15] Buccella C. Quasi-static and dynamical computation of V-I characteristics of a dust-loaded pulse-energized electrostatic precipitator[J]. IEEE Transactions on Industrial Applications, 1999, 35(2): 366-372.

# 第 8 章　模块化 IPOS 型±35kV/500kW 光伏直流并网变换器

第 1 章中指出，模块化 IPOS 型组合变换器在大功率场合应用有助于降低系统的开发难度、节约开发成本、缩短研发周期等。在众多子模块变换器拓扑中，LLC 谐振变换器能够在全负载范围内实现原边开关管 ZVS 开通和副边整流管 ZCS 关断，能够实现更高的效率和功率密度，广泛应用于各类直流变换场合。基于双向 LLC 谐振变换器的输入串联输出串联(input-series output-series, ISOS)型和输入串联输出并联(input-series output-parallel, ISOP)型组合变换器已有一定的研究[1-3]，但是对于适用于光伏直流并网发电的功率单向、高升压比、高效率的 DC/DC 变换器的相关研究较少。为此，本章依托"大型光伏电站直流升压汇集接入关键技术及设备研制"项目，研究基于 LLC 谐振变换器功率模块的模块化 IPOS 型±35kV/500kW 光伏直流并网变换器的关键参数设计与选型、均压均流特性、启动策略等，并进行相关的试验。

## 8.1　模块化 IPOS 型±35kV/500kW 光伏直流并网变换器基本原理

模块化 IPOS 型±35kV/500kW 光伏直流并网变换器的拓扑如图 8.1 所示，由于该变换器额定功率为 500kW，额定输入电压为 820V，输出电压为±35kV，针对该变换器的端口电压及功率，采用 8 个 LLC 谐振变换器模块 IPOS 结构，即在低电压大电流侧各功率模块并联实现分流，在高电压小电流侧各功率模块串联进行分压，使得变换器整机能够采用耐压耐流值较小的开关器件。另外，模块化结构能够提高变换器的等效开关频率，减小电压电流纹波，进一步缩小滤波电感体积，减小整个变换器的占地面积及成本。同时，模块化结构提高了变换器的可靠性，便于变换器进行冗余配置，也利于变换器的维修及后期的系统扩容。8 个功率模块输出侧串联后接入高压接口柜，高压接口柜由避雷器、限流电感、断路器等元件组成，避雷器起到过压保护作用，限流电感起到在断路器闭合时限制两端电压不匹配引起的冲击电流作用(第 9、10 章中的光伏直流并网变换器同样通过相同的高压接口柜接入±35kV 直流母线)。考虑到光伏发电功率的单向性，故障隔离装置由二极管阀组和断路器串联组成。

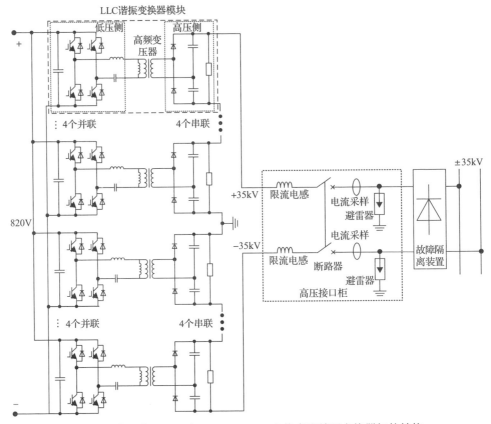

图 8.1　模块化 IPOS 型±35kV/500kW 光伏直流并网变换器拓扑结构

LLC 谐振变换器模块拓扑如图 8.1 虚线框中所示，低压侧采用 LLC 谐振，高压侧采用二极管倍压整流的结构，通过合理配置谐振电感 $L_r$、谐振电容 $C_r$ 和励磁电感 $L_m$，能够使低压侧 IGBT 实现 ZVS 开通，高压侧二极管实现 ZCS 关断，从而减小器件的开关损耗，提高变换器的效率。功率模块高低压侧通过高频变压器实现电气隔离及升压变换，变换器开关频率设计为 10kHz，较高的开关频率缩小了高频变压器的体积，进一步提高了整个变换器的功率密度。

### 8.1.1　LLC 谐振工作原理及增益特性

功率模块采用 LLC 谐振变换器拓扑，如图 8.2 所示，$Q_1 \sim Q_4$ 组成低压侧全桥逆变电路，$D_1 \sim D_4$ 为 $Q_1 \sim Q_4$ 的反并联二极管，$D_{R1}$、$D_{R2}$、$C_{o1}$ 和 $C_{o2}$ 组成高压侧半桥倍压整流电路，$L_r$ 和 $C_r$ 组成高频变压器原边 LC 谐振网络，$L_m$ 为变压器励磁电感，变压器匝比为 $1:n$，$C_{in}$ 为低压侧母线电容，$C_{o1}$ 和 $C_{o2}$ 为高压侧母线电容，$R_o$ 为高压侧均压电阻(也作为高压侧母线电容的泄放电阻)，$V_{in}$ 为输入端口电压，$V_o$ 为输出端口电压。

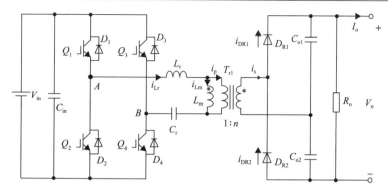

图 8.2　LLC 谐振变换器拓扑

$Q_1$ 和 $Q_4$ 的驱动信号一致，$Q_2$ 和 $Q_3$ 的驱动信号一致，$Q_1$ 和 $Q_2$ 的驱动信号互补，LLC 谐振变换器工作在变频方式下，其开关频率 $f_s$ 设置为略小于谐振频率 $f_r$，通过合理配置谐振腔参数($L_r$、$C_r$ 和 $L_m$)，保证开关管实现软开关，提高变换器的效率。

图 8.3 为 LLC 谐振变换器工作波形，$v_G$ 为开关管驱动信号，$v_{AB}$ 为低压侧全桥输出电压，$i_{Lm}$ 为变压器励磁电流，$i_{Lr}$ 为低压侧谐振电流，$i_D$ 为高压侧二极管电流。在整个开关周期内，LLC 谐振变换器有六个开关模态，由于工作波形半周期对称，所以下面仅描述其前半个开关周期内的三个开关模态，具体如下。

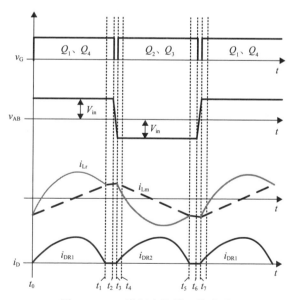

图 8.3　LLC 谐振变换器工作波形

1) 开关模态 1[$t_0$, $t_1$]

$t_0$ 时刻之前，$L_m$ 通过 $D_1$ 和 $D_4$ 续流，$t_0$ 时刻，$Q_1$ 和 $Q_4$ 实现 ZVS 开通。$Q_1$ 和

$Q_4$ 开通之后，$v_{AB}$ 为 $V_{in}$，$L_r$ 与 $C_r$ 谐振，谐振电流近似为正弦波，$i_{Lr}$ 由负变零后反向增大。此时 $i_{Lr}$ 大于 $i_{Lm}$，高压侧 $D_{R1}$ 导通，$L_m$ 两端电压被箝位在 $V_o/(2n)$，$i_{Lm}$ 线性增加，不参与谐振。在此工作模态下，$i_{DR1}$ 为电容 $C_{o1}$ 充电。

2) 开关模态 2$[t_1, t_2]$

$t_1$ 时刻，$i_{Lr}$ 等于 $i_{Lm}$，变压器高压侧电流降为零，$D_{R1}$ 零电流关断，无反向恢复过程。该阶段 $L_m$、$L_r$ 和 $C_r$ 共同谐振，考虑到 $L_m$ 值较大，$i_{Lr}$ 和 $i_{Lm}$ 相等并同时缓慢上升。

3) 开关模态 3$[t_2, t_3]$

$t_2$ 时刻 $Q_1$ 和 $Q_4$ 关断，变换器进入死区。通过增大 $L_m$ 值，可使得励磁电流峰值减小，$Q_1$ 和 $Q_4$ 实现准 ZCS 关断，降低关断损耗。该段时间内 $i_{Lr}$ 给 $Q_2$ 和 $Q_3$ 的寄生电容放电，给 $Q_1$ 和 $Q_4$ 的寄生电容充电。$t_3$ 时刻，此时 $i_{Lm}$ 达到最大值，$Q_2$ 和 $Q_3$ 的寄生电容放电至 0，反并联二极管 $D_2$ 和 $D_3$ 导通，$i_{Lr}$ 通过 $D_2$ 和 $D_3$ 续流。此时可以零电压开通 $Q_2$ 和 $Q_3$。

通过上述对 LLC 谐振变换器的工作过程分析可知，低压侧开关管可以实现 ZVS 开通和准 ZCS 关断，高压侧二极管可以实现 ZCS 关断。

下面对 LLC 谐振变换器的增益特性进行说明，LLC 谐振变换器存在两个谐振频率，分别为 $f_r$ 及 $f_m$[分别见式(8.1)和式(8.2)]，由于谐振电流近似为正弦波，所以通常采用基波分析法对 LLC 谐振变换器建模，由于本章中的 LLC 谐振变换器开关频率 $f_s$ 设置为略小于谐振频率 $f_r$，谐振电流的正弦度更佳，由基波分析法得到的变换器模型也更精确。

$$f_r = \frac{1}{2\pi\sqrt{L_r \cdot C_r}} \tag{8.1}$$

$$f_m = \frac{1}{2\pi\sqrt{(L_r + L_m) \cdot C_r}} \tag{8.2}$$

低压侧全桥输出电压 $v_{AB}$ 为 50%占空比且幅值为 $V_{in}$ 的方波，对其进行傅里叶展开：

$$v_{AB}(t) = \frac{4V_{in}}{\pi} \sum_{j=1,3,5,\cdots} \frac{1}{j}\sin(j\omega_s t) \tag{8.3}$$

式中，$\omega_s$ 为开关角频率，则 $v_{AB}$ 的基波分量($v_{AB1}$)有效值为

$$V_{AB1} = \frac{2\sqrt{2}V_{in}}{\pi} \tag{8.4}$$

变压器原边电压 $v_p$ 为 50%占空比且幅值为 $V_o/(2n)$ 的方波，对其进行傅里叶展开后得到其基波分量有效值为

$$V_{p1} = \frac{\sqrt{2}V_o}{\pi n} \tag{8.5}$$

变压器采用倍压整流，原边电流 $i_p$ 与输出电流 $I_o$ 的关系为

$$I_o = \frac{1}{T_s}\int_{\varphi/\omega_s}^{T_s/2+\varphi/\omega_s}\frac{1}{n}|i_p(t)|\mathrm{d}t = \frac{1}{T_s}\int_{\varphi/\omega_s}^{T_s/2+\varphi/\omega_s}\frac{1}{n}|\sqrt{2}I_p\sin(\omega_s t-\varphi)|\mathrm{d}t = \frac{\sqrt{2}}{\pi n}I_p \tag{8.6}$$

式中，$I_p$ 为原边电流 $i_p$ 的有效值；$\varphi$ 为 $i_p$ 与 $v_{AB}$ 的相位差。由式(8.6)可得

$$I_p = \frac{\pi n}{\sqrt{2}}I_o \tag{8.7}$$

高压侧采用二极管整流，故变压器原边电流 $i_p$ 与电压基波分量 $v_{p1}$ 同相，因此可将变压器副边等效为一个纯阻性电阻 $R_{eq}$：

$$R_{eq} = \frac{V_{p1}}{I_p} = \frac{2}{\pi^2 n^2}\frac{V_o}{I_o} = \frac{2R_L}{\pi^2 n^2} \tag{8.8}$$

式中，$R_L$ 为 LLC 谐振变换器输出所接实际负载。

图 8.4 为采用基波分析法得到的 LLC 谐振变换器模型。根据图 8.4 可求得谐振网络的电压传递函数为

$$H(\mathrm{j}\omega_s) = \frac{V_{p1}}{V_{AB1}} = \frac{(\mathrm{j}\omega_s L_m)//R_{eq}}{\mathrm{j}\omega_s L_r + 1/(\mathrm{j}\omega_s C_r) + (\mathrm{j}\omega_s L_m)//R_{eq}} \tag{8.9}$$

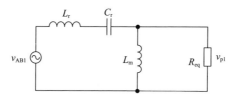

图 8.4　LLC 谐振变换器基波分析模型

定义变换器的增益为 $M$，根据式(8.4)和式(8.5)可得

$$M = \frac{V_o}{2nV_{in}} = \frac{n\pi V_{p1}/\sqrt{2}}{2n\pi V_{AB1}/2\sqrt{2}} = \frac{V_{p1}}{V_{AB1}} \tag{8.10}$$

对式(8.9)取模值可得LLC谐振变换器的电压增益表达式为

$$M = \left| H(\mathrm{j}\omega_\mathrm{s}) \right| = \left| \frac{(\mathrm{j}\omega_\mathrm{s}L_\mathrm{m}) / / R_\mathrm{eq}}{\mathrm{j}\omega_\mathrm{s}L_\mathrm{r} + 1 / (\mathrm{j}\omega_\mathrm{s}C_\mathrm{r}) + (\mathrm{j}\omega_\mathrm{s}L_\mathrm{m}) / / R_\mathrm{eq}} \right| \tag{8.11}$$

定义 $k$ 为 $L_\mathrm{m}$ 与 $L_\mathrm{r}$ 的比值，$\omega_\mathrm{n}$ 为开关角频率 $\omega_\mathrm{s}$ 与LLC谐振角频率 $\omega_\mathrm{r}$ 之比，$Q$ 为谐振腔品质因数：

$$k = \frac{L_\mathrm{m}}{L_\mathrm{r}} \tag{8.12}$$

$$\omega_\mathrm{n} = \frac{\omega_\mathrm{s}}{\omega_\mathrm{r}} \tag{8.13}$$

$$Q = \frac{\sqrt{L_\mathrm{r} / C_\mathrm{r}}}{R_\mathrm{eq}} \tag{8.14}$$

将式(8.12)～式(8.14)代入式(8.11)，可化简得

$$M = 1 \left/ \sqrt{\left[ 1 + \frac{1}{k}\left( 1 - \frac{1}{\omega_\mathrm{n}^2} \right) \right]^2 + Q^2 \left[ \left( \omega_\mathrm{n} - \frac{1}{\omega_\mathrm{n}} \right) \right]^2} \right. \tag{8.15}$$

根据式(8.15)可以绘出不同 $k$ 值和 $Q$ 值的增益曲线，如图8.5和图8.6所示，可以看到不管 $k$ 和 $Q$ 取何值，在 $\omega_\mathrm{n}=1$（即开关频率 $f_\mathrm{s}$ 等于谐振频率 $f_\mathrm{r}$）处，增益 $M$ 始终为1。

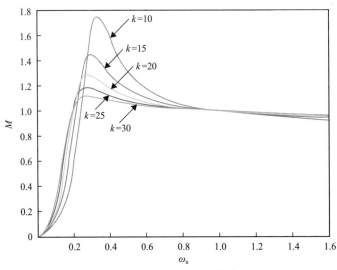

图8.5　不同 $k$ 值的增益 $M$-$\omega_\mathrm{n}$ 曲线($Q$=0.2)

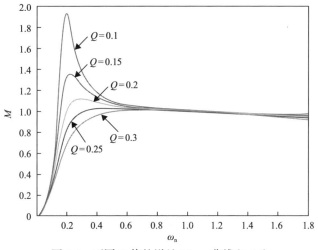

图 8.6　不同 $Q$ 值的增益 $M$-$\omega_n$ 曲线($k$=30)

由图 8.5 可知当 $Q$ 值确定时，$k$ 值越大增益曲线越平滑，同时励磁电感 $L_m$ 的增大能使得变换器的损耗降低，但 $L_m$ 设计时有其最大值，该最大值由开关管能否实现 ZVS 来确定，由上述 LLC 谐振变换器工作状态的分析可知，低压侧全桥开关管在励磁电流 $i_{Lm}$ 峰值处关断，要使低压侧全桥开关管实现 ZVS，需满足式(8.16)，经化简得 $L_m$ 需满足式(8.17)，$I_{Lmpeak}$ 为谐振电流峰值，$T_s$ 为变换器开关周期，$C_{oss}$ 为开关管输出电容，$T_{dead}$ 为死区时间，其他参数与前述一致。

$$I_{Lmpeak} \begin{cases} = \dfrac{V_o}{8nL_m} \cdot T_s \\[2mm] \geqslant 2C_{oss} \dfrac{V_{in}}{T_{dead}} \end{cases} \tag{8.16}$$

$$L_m \leqslant \frac{T_s \cdot T_{dead}}{8C_{oss}} \tag{8.17}$$

由图 8.6 可知当 $k$ 值确定时，在开关频率固定、$Q$ 值增大(对应的 $R_{eq}$ 减小，输出功率增大)的情况下，增益 $M$ 降低。在变频工作方式下，通常在满载工况下确定变换器的 $Q$ 值，若在满载情况下，通过选取合适的谐振腔参数保证开关管 ZVS 的实现，则在空载至满载的整个变化过程中，变换器不同功率的增益点均在满载确定的增益曲线上方，必然可以实现开关管的 ZVS。

由于模块化 IPOS 型±35kV/500kW 光伏直流并网变换器采用 IPOS 拓扑，为了确保多个级联 LLC 谐振变换器工作的一致性和可靠性，需要在一定的开关频率范围内，使谐振网络的增益曲线平滑且接近 1，并依据上述不同 $Q$ 值和 $k$ 值的增益特性，来设计合适的谐振网络。

### 8.1.2　倍压整流的特点及自均压特性

大功率单向 DC/DC 变流器整流侧通常采用二极管全桥整流,而本章的模块化 IPOS 型±35kV/500kW 光伏直流并网变换器功率模块采用二极管半桥倍压整流,主要基于以下几方面考虑:

(1)直流并网变换器对地电压为 35kV,在额定功率 500kW 工况下,高压侧串联电流(即整流侧输出电流)为 7.1A,电流较小,此时二极管的耐压值成为限制因素,同时全桥整流拓扑需要 4 个开关管,器件较多,不利于变换器的紧凑化和高功率密度设计;

(2)模块化 IPOS 型±35kV/500kW 光伏直流并网变换器的升压比较大,在额定输入电压 820V,额定输出电压±35kV 工况下,升压比能达到 1:85,即使在采用 8 个功率模块组成 IPOS 结构时,单个功率模块中的高频变压器匝比也较大。相比全桥整流方式,采用半桥倍压整流方式可将变压器匝比降低一半,有利于变压器的优化设计与制造。

综合上述两点,表 8.1 对比了半桥倍压整流和全桥整流的特点,表中 $V_o$ 和 $I_o$ 分别为整流侧输出电压和电流,$n$ 为变压器匝比,$V_F$ 为整流二极管的导通压降。

表 8.1　半桥倍压整流和全桥整流对比

| 整流方式 | 二极管数量/个 | 电流峰值 | 反向阻断电压 | 损耗 | 隔离变压器匝比 |
|---|---|---|---|---|---|
| 全桥整流 | 4 | $\sqrt{2}\times I_o$ | $V_o$ | $2\times V_F\times I_o$ | $n$ |
| 半桥倍压整流 | 2 | $2\sqrt{2}\times I_o$ | $V_o$ | $2\times V_F\times I_o$ | $n/2$ |

由表 8.1 可知,半桥倍压整流电路较全桥整流所用二极管个数减少 2 个,同时在整流侧输出电压 $V_o$ 相同的情况下,半桥倍压整流电路变压器的匝比为全桥整流电路的一半。另外,半桥倍压整流与全桥整流二极管的反向阻断电压一致,半桥倍压整流电路二极管的电流峰值是全桥整流电路的 2 倍,但从二极管的损耗考虑,全桥整流 4 个二极管总损耗与半桥倍压整流 2 个二极管的总损耗是一致的,因此在高电压小电流应用场合,半桥倍压整流电路更有利于变换器的紧凑化设计。

下面说明半桥倍压整流电路两个输出电容 $C_{o1}$ 和 $C_{o2}$ 的自均压特性,由 8.1.1 节 LLC 谐振变换器的工作状态可知,在一个开关周期内,前半个周期通过整流二极管 $D_{R1}$ 给 $C_{o1}$ 充电,后半个周期通过整流二极管 $D_{R2}$ 给 $C_{o2}$ 充电。$C_{o1}$ 和 $C_{o2}$ 串联输出,所以 $C_{o1}$ 和 $C_{o2}$ 的输出电流相同,稳态情况下 $C_{o1}$ 和 $C_{o2}$ 的电压 $V_{Co1}=V_{Co2}=V_o/2$。若出现某个扰动使得两个电容电压 $V_{Co1}>V_o/2>V_{Co2}$,则当 $Q_1$ 和 $Q_4$ 导通时,$i_{Lm}$ 的斜率增大,即相比于图 8.3,此时 $i_{Lm}$ 和 $i_{Lr}$ 相等的时刻(即 $t_1$)提前到达,$D_{R1}$ 的导通时间变短了,即给 $C_{o1}$ 充电的电流变小了。而当 $Q_2$ 和 $Q_3$ 导通时,$i_{Lm}$ 的斜率变小,即相比于图 8.3,此时 $i_{Lm}$ 和 $i_{Lr}$ 相等的时刻(即 $t_5$)延迟到达，$D_{R2}$ 的导通时间变长了，即给 $C_{o2}$ 充电的电流变大了。可见，此工况下 $V_{Co1}$ 将逐渐降低，而 $V_{Co2}$ 逐渐升高，最终达到 $V_{Co1}=V_{Co2}=V_o/2$ 的稳态工作点。由于两个电容电压 $V_{Co1}>V_o/2>V_{Co2}$，电容串联给输出侧输出功率，即输出电流相同，则电容 $C_{o1}$ 的输出功率大于电容 $C_{o2}$ 的输出功率，使得电容电压趋于相等。

## 8.2　模块化 IPOS 型±35kV/500kW 光伏直流并网变换器控制策略

### 8.2.1　多模块间交错控制

对于如图 8.7 所示的由 $N$ 个 LLC 谐振变换器模块组成的 IPOS 系统，采用交错控制时，以 1#模块的驱动脉冲为基准，2#模块的驱动脉冲滞后 $\pi/N$ 的角度，$N$#模块的驱动脉冲滞后 $(N-1)\cdot\pi/N$ 的角度，则并联侧输入电流的脉动频率为单模块的 $N$ 倍，串联侧输出电压的脉动频率为单模块的 $N$ 倍，因此可以大大减小输入输出滤波电感的感值或滤波电容的容值。

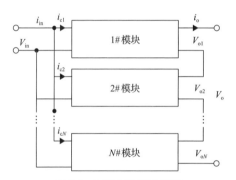

图 8.7　IPOS 结构示意图

假设 LLC 谐振变换器模块中变压器匝比为 1 且传输能量的电流波形为近似正弦波（工作在谐振频率且忽略励磁电感的影响）：$i_c$ 为模块输入电流的瞬时值，$I_m$ 为输入电流的峰值，则 1#LLC 谐振变换器模块输入电流的瞬时值和平均值为

$$i_{c1} = I_m \cdot \left| \sin \omega_s t \right| \tag{8.18}$$

$$I_{ave} = \frac{2I_m}{\pi} \tag{8.19}$$

第 $j$ 个模块的输入电流为

$$i_{cj} = I_m \cdot \left| \sin \left( \omega_s t - \frac{j-1}{N} \cdot \pi \right) \right| \tag{8.20}$$

则并联侧输入电流纹波为

$$\Delta i_{\mathrm{p}} = \sum_{j=1}^{N} I_{\mathrm{m}} \left| \sin\left( \omega_s t - \frac{j-1}{N} \cdot \pi \right) \right| - N \cdot I_{\mathrm{ave}} = N \cdot I_{\mathrm{m}} \cdot \sum_{j=1}^{N} \left| \frac{1}{N} \cdot \sin\left( \omega_s t - \frac{j-1}{N} \cdot \pi \right) \right| - N \cdot I_{\mathrm{ave}}$$

(8.21)

串联侧输出电压纹波为

$$\Delta U_{\mathrm{s}} = \sum_{j=1}^{N} \frac{T_s}{2C_{\mathrm{o}}} (i_{cj} - I_{\mathrm{ave}}) = \frac{1}{2 f_{\mathrm{r}} C_{\mathrm{o}}} \left( \sum_{i=1}^{N} I_{\mathrm{m}} \sin\left( \omega_s t - \frac{j-1}{N}\pi \right) - N \cdot I_{\mathrm{ave}} \right)$$ (8.22)

式中，$C_{\mathrm{o}}$ 为 LLC 谐振变换器模块输出滤波电容；$T_s$ 为开关周期。

当模块个数 $N>10$ 时，可以利用积分近似求解，式(8.21)近似等效为

$$\Delta i_{\mathrm{p}} \approx N \cdot I_{\mathrm{m}} \cdot \int_0^N \left| \frac{1}{N} \cdot \sin\left( \omega_s t - \frac{j-1}{N} \cdot \pi \right) \right| \mathrm{d}j - N \cdot I_{\mathrm{ave}}$$ (8.23)

令 $x=j\pi/N$，代入式(8.23)可得

$$\Delta i_{\mathrm{p}} \approx \frac{N \cdot I_{\mathrm{m}}}{\pi} \cdot \int_0^\pi \left| \sin\left( \omega_s t + \frac{\pi}{N} - x \right) \right| \mathrm{d}x - N \cdot I_{\mathrm{ave}}$$

$$= \frac{N \cdot I_{\mathrm{m}}}{\pi} \cdot \int_0^\pi \sin x \mathrm{d}x - N \cdot I_{\mathrm{ave}} = \frac{2N \cdot I_{\mathrm{m}}}{\pi} - N \cdot I_{\mathrm{ave}} = 0$$

(8.24)

同理，式(8.22)可近似等效为

$$\Delta U_{\mathrm{s}} \approx \frac{1}{2 f_{\mathrm{r}} C_{\mathrm{o}}} \left( \frac{2N \cdot I_{\mathrm{m}}}{\pi} - N \cdot I_{\mathrm{ave}} \right) = 0$$ (8.25)

由上述的分析和计算可知，由 $N$ 个模块组成 IPOS 系统时，每个模块驱动脉冲依次移相 $\pi/N$ 的角度，IPOS 系统并联侧输入总电流、串联侧输出总电压纹波大为减小。

### 8.2.2　功率模块移相启动策略

由多个 LLC 谐振变换器模块组成 IPOS 系统时，采用高频隔离变压器实现串联侧高电压与并联侧低电压的电气隔离，为了实现模块化设计及满足系统绝缘耐压的要求，并联侧 H 桥的控制板卡和驱动从母线电容 $C_{\mathrm{in}}$ 取电。

变换器正常运行时，先通过外电路给母线电容 $C_{\mathrm{in}}$ 充电至额定电压，则并联侧 H 桥的控制板卡和驱动带电，启动时，IGBT 模块 $Q_1 \sim Q_4$ 的驱动脉冲和逆变桥输出电压波形如图 8.8 所示，同一个桥臂 $Q_1$ 和 $Q_2$、$Q_3$ 和 $Q_4$ 的驱动脉冲互补(有一

定的死区时间，图 8.8 将死区时间放大)，$v_{AB}$ 为逆变桥输出电压波形。

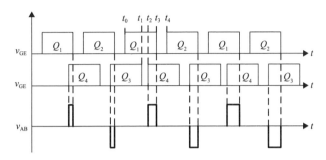

图 8.8　LLC 谐振变换器模块移相启动过程示意图

移相启动过程中，以 $Q_1$ 和 $Q_2$ 的驱动脉冲为基准，调节 $Q_4$ 和 $Q_3$ 驱动脉冲周期之间的死区时间，使 $Q_4$ 驱动脉冲从与 $Q_1$ 的驱动脉冲互补的位置，逐渐向与 $Q_1$ 的驱动脉冲相同的位置移动，在此过程中逆变桥输出电压脉宽逐渐变大，输出电流随电压逐渐增大，即实现了输出滤波电容电压的缓慢增加，无冲击电流。

### 8.2.3　IPOS 系统均压均流特性

对于如图 8.7 所示的 IPOS 系统，文献[4]指出，在不考虑由元器件和制造工艺等因素引起的变换器模块效率差异情况下，只要实现各模块的输入均流，则自然可实现各模块的输出均压。反之，只要实现各模块的输出均压，则自然可实现各模块的输入均流。下面以实现输出均压为例进行说明。

需要说明的是，此应用场合中模块化 IPOS 型±35kV/500kW 光伏直流并网变换器的输出高压侧电压是由一台 MMC 给定并箝位的；在低压侧，光伏电池板通过 Boost 变换器(实现 MPPT 功能)接到模块化 IPOS 型±35kV/500kW 光伏直流并网变换器的输入端口。因此，模块化 IPOS 型±35kV/500kW 光伏直流并网变换器需要控制低压侧端口稳定，同时保证各模块高压侧输出电压均压。为此，本节提出如图 8.9 所示的 IPOS 系统均压控制策略($V_{inref}$ 为输入电压的参考值)，由系统输入电压环和 $N$ 个输出均压环组成，系统中所有模块共用一个输入电压环作为各模块的基准频率信号，以保证低压侧输入电压稳定。输出均压环产生均压控制信号，并将其叠加到输入电压环的输出基准频率信号上，使输出电压高的模块频率增大，输出电压低的模块频率降低，从而实现输出均压。

以两个模块 IPOS 系统为例进行说明，假设系统已经进入稳态，2#模块输出电压受到扰动上升，即 $V_{o2} > V_o / 2 > V_{o1}$，输出均压控制器的输出信号下降，与输入电压控制器叠加后的信号上升，使得 2#模块的频率增大，进而 $V_{o2}$ 减小。同时，1#模块输出均压控制器的输出信号增大，使 1#模块的频率减小，进而 $V_{o1}$ 增加，最终实现两模块的输出均压控制。

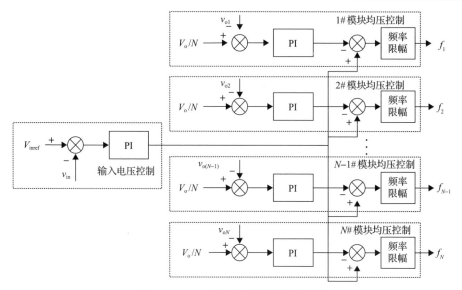

图 8.9　IPOS 系统均压控制策略框图

在变换器的实际制造过程中，高频变压器匝比、谐振电容的差异性均很小，可以做到 1%之内，变换单元参数的差别主要在于谐振电感，谐振电感的误差一般为 5%～10%，因此本节重点对谐振电感差异性引起的高压侧直流电压不均衡进行仿真。对由 8 个 LLC 谐振变换器模块组成的 IPOS 系统进行仿真，模块参数如表 8.2 所示。仿真中设置 1#模块的谐振电感为其他模块的 1.1 倍，2#模块的谐振电感为其他模块的 90%，其他模块谐振电感不变，其他参数均一致。

表 8.2　LLC 谐振变换器模块仿真参数

| 仿真参数 | 参数值 |
| --- | --- |
| 额定功率/kW | 62.5 |
| 低压侧额定电压/V | 820 |
| 高压侧额定电压/V | 8750 |
| 变压器匝比 | 1：5.5 |
| 变换单元个数 | 8 |
| 高压侧电容/μF | 5 |
| 低压侧电容/mF | 2.4 |
| 开关频率/kHz | 10 |
| 谐振电容/μF | 12.1 |
| 谐振电感/μH | 20.9 |
| 励磁电感/μH | 836 |

仿真结果如 8.10 图所示，输出直流电压稳定在设定值 70kV，均压控制策略启用前，模块间输出直流电压出现不均衡，1#模块的直流电压为 8680V，2#模块的直流电压为 8800V，其他变换单元的直流电压为 8750V。可见，如果模块的谐振电感偏大，则其等效阻抗偏大，因此输出电压偏低，如果模块的谐振电感偏小，则其等效阻抗偏小，因此输出电压偏高。0.7s 时启用均压控制策略，各模块单元输出电压趋于平衡。

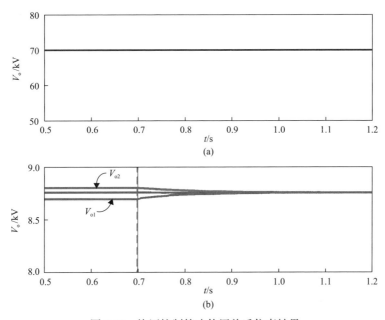

图 8.10　均压控制策略使用前后仿真结果

对于由多个 LLC 谐振变换器模块组成的 IPOS 系统，若各 LLC 谐振变换器模块的参数差异很小，则此时各模块具有自动输出均压\输入均流特性，即无须采用额外的输出均压或输入均流控制[5]。

# 8.3　模块化 IPOS 型±35kV/500kW 光伏直流并网变换器参数设计

## 8.3.1　系统设计指标及要求

1) 环境条件

模块化 IPOS 型±35kV/500kW 光伏直流并网变换器应用于新能源与储能运行控制国家重点实验室张北试验基地，其环境条件如下。

(1)工作温度：–25～45℃。

(2) 储存温度：–40～70℃。

(3) 相对湿度：0～95%。

(4) 大气压力：80～110kPa。

(5) 海拔：小于 2000m。

2) 变换器技术参数

(1) 额定功率：500kW。

(2) 高压侧额定电压：70kV（±35kV）。

(3) 低压侧额定电压：820V（750～850V）。

(4) 过载能力：1.1 倍过载 30min。

(5) 高压侧稳压精度：<3%。

(6) 高压侧电压纹波：<2%。

(7) 能量流动方向：单向。

(8) 防护等级：IP21（集装箱）。

(9) 使用环境：户外（集装箱）。

(10) 冷却方式：强制风冷加自冷。

(11) 控制供电：外取电（220VAC）。

(12) 屏体进出风道：前进风，后出风。

3) 功能要求

(1) 本地控制功能：可实现本地启动/停机、本地急停、本地复位，对并网发电电能进行累计显示。

(2) 远程控制功能：可实现远程启动/停机、远程复位，可远程读取变换器状态信息和数据信息。

(3) 直流软启动功能：可从光伏侧软启动到±35kV 侧，启动最大电流小于额定电流平均值。

(4) ±35kV 软并网：可实现±35kV 软并网，并网冲击电流最大值小于额定电流平均值。

(5) 有功功率调度控制功能：可根据调度指令，给前级变换器下发指令，实现并网功率调度和控制。

(6) 过温保护、低压侧过流保护、高压侧过流保护、低压侧过压保护、高压侧过压保护、低压侧欠压保护、高压侧欠压保护、控制系统电源掉电保护、低压侧短路保护、高压侧短路保护。

(7) 当过流和过压大于设定的保护电流和保护电压时，在 0.2s 内封锁低压侧 IGBT 模块的驱动脉冲，同时断开连接±35kV 电网的主接触器，并同时发出告警信号，过流和过压故障排除后，变换器能正常工作。

### 8.3.2　主回路参数设计与选型

考虑高频隔离变压器的匝比及功率模块容量，500kW 光伏直流升压 DC/DC 变换器设计为 8 个功率模块组成 IPOS 结构，单 LLC 谐振变换器模块额定功率为 62.5kW，单个功率模块输入电压 $V_{in}$=820V，输出电压 $V_o$=8750V，系统原理图如图 8.1 所示。

根据变换器额定输入输出电压，计算变压器的理论匝比：

$$n=\frac{V_o/2+V_F}{V_{in}}=5.36 \tag{8.26}$$

式中，$V_F$ 为高压侧整流二极管导通压降，根据所选二极管型号（HVG12A060），有 $V_F$=22V。实际设计中，变压器匝比选择 $n$=5.5。

根据单个功率模块的额定功率，可计算变换器的等效电阻：

$$R_{eq}=\frac{2R_L}{\pi^2 n^2}=\frac{2}{\pi^2 n^2}\frac{V_o^2}{P_o}=\frac{2}{\pi^2\times5.5^2}\times\frac{8750^2}{62.5\times10^3}=8.21\Omega \tag{8.27}$$

由图 8.5 可知，$k$ 值越大，电压增益受频率变化的影响越小。由图 8.6 可知，变换器额定工况下的 $Q$ 值越小，电压增益受负载变化的影响也越小。因此选择较大的 $k$ 和较小的 $Q$ 值，可以避免负载发生变化或谐振参数偏移时输出电压大幅波动，确保 8 个功率模块工作的一致性和可靠性。由于变换器功率较大，综合考虑 $L_m$、$L_r$ 和 $C_r$ 的取值，最终取 $k$=40、$Q$=0.16。

大功率情况下的高频隔离变压器一般采用铁氧体或者非晶合金的磁芯，根据变压器制造工艺及已有的设计经验，采用铁氧体的磁芯材料，设计功率模块的开关频率 $f_s$ 为 10kHz，变换器工作在谐振点，谐振频率 $f_r$=10kHz。变换器谐振电容：

$$C_r=\frac{1}{2\pi f_r R_{eq}Q}=12.1\mu F \tag{8.28}$$

谐振电感：

$$L_r=\frac{1}{(2\pi f_r)^2 C_r}=20.9\mu H \tag{8.29}$$

励磁电感：

$$L_m=k\cdot L_r=836\mu H \tag{8.30}$$

励磁电流峰值为

$$I_{\text{Lmpeak}} = \frac{V_o}{8nf_sL_m} = 23.8\text{A} \tag{8.31}$$

变换器开关频率等于谐振频率时，谐振电流 $i_{\text{Lr}}$ 可以表示为

$$i_{\text{Lr}} = \sqrt{2}I_{\text{Lr}}\sin(\omega_s t - \theta) \tag{8.32}$$

式中，$\theta$ 为谐振电流 $i_{\text{Lr}}$ 的初始相位；$I_{\text{Lr}}$ 为谐振电流有效值。

励磁电流 $i_{\text{Lm}}$ 的表达式为

$$i_{\text{Lm}} = \begin{cases} -\dfrac{V_o/2n}{4L_mf_s} + \dfrac{V_o/2n}{L_m}t, & 0 \leqslant t \leqslant \dfrac{1}{2f_s} \\ \dfrac{V_o/2n}{4L_mf_r} - \dfrac{V_o/2n}{L_m}\left(t - \dfrac{1}{2f_s}\right), & \dfrac{1}{2f_s} < t \leqslant \dfrac{1}{f_s} \end{cases} \tag{8.33}$$

根据 $i_p$、$i_{\text{Lm}}$ 和 $i_{\text{Lr}}$ 的关系，结合式(8.6)可得

$$I_o = \frac{1}{T_s}\int_0^{T_s/2}\frac{1}{n}\left|\sqrt{2}I_{\text{Lr}}\sin(\omega_s t - \theta) - i_{\text{Lm}}\right|dt = \frac{\sqrt{2}}{\pi n}I_{\text{Lr}}\cos\theta \tag{8.34}$$

谐振电流与励磁电流在半周期内相等，即

$$\sqrt{2}I_{\text{Lr}}\sin\theta = \frac{V_o}{8nf_sL_m} \tag{8.35}$$

根据式(8.34)和式(8.35)可得，谐振电流有效值为

$$I_{\text{Lr}} = \sqrt{\frac{\pi^2 n^2 I_o^2}{2} + \frac{V_o^2}{128n^2f_s^2L_m^2}} = 88.9\text{A} \tag{8.36}$$

低压侧全桥开关管电流有效值为

$$I_Q = I_{\text{Lr}}/\sqrt{2} = 62.9\text{A} \tag{8.37}$$

低压侧全桥开关管电流峰值为

$$I_{\text{Qpeak}} = \sqrt{2}I_{\text{Lr}} = 125.7\text{A} \tag{8.38}$$

低压侧全桥采用型号为 FF225R17ME4(额定电压为 1700V、额定电流为 225A)的 IGBT 模块。根据式(8.7)可得高压侧整流二极管的有效值为

$$I_{\mathrm{DR}} = \frac{I_{\mathrm{p}}}{\sqrt{2}n} = \frac{\pi}{2}I_{\mathrm{o}} = 11.4\mathrm{A} \qquad (8.39)$$

整流二极管电流峰值为

$$I_{\mathrm{DRpeak}} = \frac{\sqrt{2}I_{\mathrm{p}}}{n} = \pi I_{\mathrm{o}} = 22.8\mathrm{A} \qquad (8.40)$$

±35kV 侧平均直流电流为 7.143A，采用型号为 HVG12A060 的高压整流二极管，反向最大电压为 12.0kV，正向最大平均电流为 15A，二极管导通压降 $V_{\mathrm{F}}$ 为 22V。

### 8.3.3　仿真验证

依据上文设计的功率模块谐振参数，搭建由 8 个 LLC 谐振变换器模块组成的 IPOS 系统仿真模型，对理论依据和设计参数进行验证。

仿真结果如图 8.11 所示，系统输出电压纹波频率为 160kHz，纹波峰峰值小于

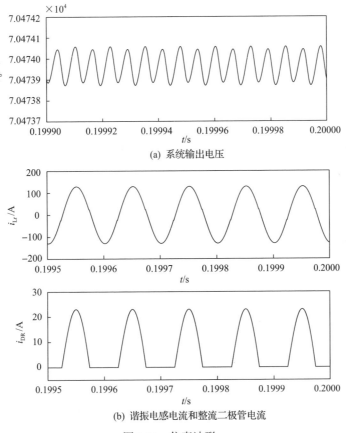

(a) 系统输出电压

(b) 谐振电感电流和整流二极管电流

图 8.11　仿真波形

1V。500kW 光伏直流升压变换器由 8 个功率模块组成，IGBT 模块的开关频率为 10kHz，采用倍压整流功率模块的等效开关频率为 20kHz，8 个模块驱动脉冲移相之后的等效开关频率为 160kHz，与仿真结果对应。同时单个 LLC 谐振变换器工作在谐振点，整流二极管实现零电流开关。

## 8.4 模块化 IPOS 型±35kV/500kW 光伏直流并网变换器试验验证

### 8.4.1 62.5kW 功率模块试验

1）功率模块启动、停机试验

如图 8.12 所示，功率模块在移相启动过程中可以正常启动，且在启动过程中无过流现象。如图 8.13 所示，功率模块在停机过程中可以正常停机，且在停机过程中无异常情况。

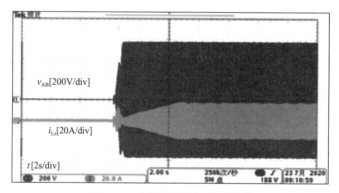

图 8.12 功率模块移相启动波形

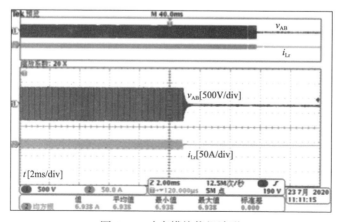

图 8.13 功率模块停机波形

2) 功率模块满载试验

如图 8.14 所示，功率模块在满载运行时，低压侧逆变桥电压 $v_{AB}$ 为方波，谐振电流 $i_{Lr}$ 和高压侧电流 $i_s$ 都近似为正弦波，即实现了低压侧 IGBT 模块的准 ZCS 和高压侧二极管的 ZCS。如图 8.15 所示，IGBT 模块驱动电压 $v_{GE}$ 上升沿出现在模块电压 $v_{CE}$ 下降到零之后，即实现了 IGBT 模块的 ZVS。

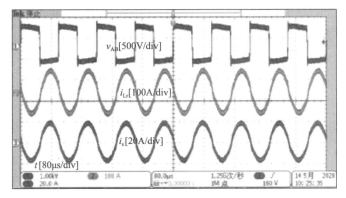

图 8.14　功率模块满载运行准 ZCS 测试波形

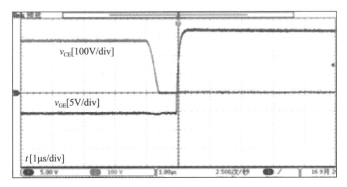

图 8.15　功率模块 ZVS 测试波形

### 8.4.2　±35kV/500kW 整机系统试验

1) 整机启动、停机试验

如图 8.16 所示，±35kV/500kW 整机正常启动，且在启动过程中无过流现象。如图 8.17 所示，±35kV/500kW 整机可正常停机，且在停机过程中无异常情况。

2) 整机效率试验

在 60% 负载时效率测试结果如图 8.18 所示，此时 ±35kV/500kW 整机效率为 97.042%。

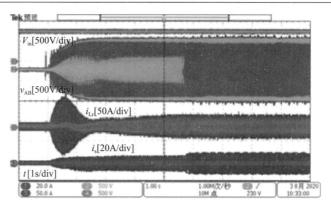

图 8.16　整机启动波形

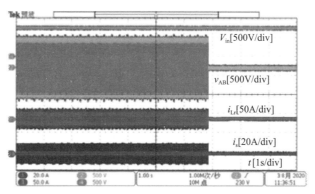

图 8.17　整机停机波形

Normal Mode　Peak Over　Scaling　Line Filter　AVG　Freq Filter　Integ: Reset　Time -----:--:--　YOKOGAWA　PLL : U1 5.0979 kHz

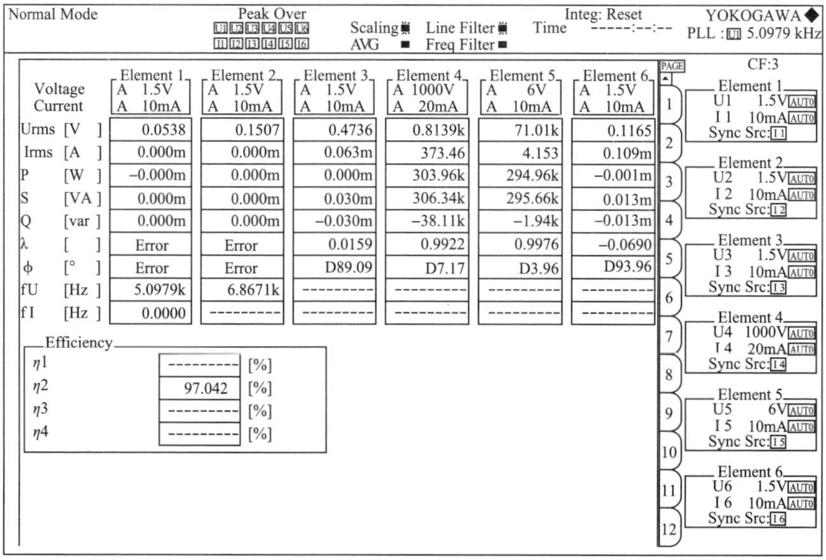

| | Element 1 | Element 2 | Element 3 | Element 4 | Element 5 | Element 6 |
|---|---|---|---|---|---|---|
| Voltage | A 1.5V | A 1.5V | A 1.5V | A 1000V | A 6V | A 1.5V |
| Current | A 10mA | A 10mA | A 10mA | A 20mA | A 10mA | A 10mA |
| Urms [V] | 0.0538 | 0.1507 | 0.4736 | 0.8139k | 71.01k | 0.1165 |
| Irms [A] | 0.000m | 0.000m | 0.063m | 373.46 | 4.153 | 0.109m |
| P [W] | −0.000m | 0.000m | 0.000m | 303.96k | 294.96k | −0.001m |
| S [VA] | 0.000m | 0.000m | 0.030m | 306.34k | 295.66k | 0.013m |
| Q [var] | 0.000m | 0.000m | −0.030m | −38.11k | −1.94k | −0.013m |
| λ [ ] | Error | Error | 0.0159 | 0.9922 | 0.9976 | −0.0690 |
| ϕ [°] | Error | Error | D89.09 | D7.17 | D3.96 | D93.96 |
| fU [Hz] | 5.0979k | 6.8671k | --------- | --------- | --------- | --------- |
| fI [Hz] | 0.0000 | --------- | --------- | --------- | --------- | --------- |

Efficiency

| | | |
|---|---|---|
| η1 | --------- | [%] |
| η2 | 97.042 | [%] |
| η3 | --------- | [%] |
| η4 | --------- | [%] |

CF:3
Element 1 U1 1.5V AUTO I1 10mA AUTO Sync Src: I1
Element 2 U2 1.5V AUTO I2 10mA AUTO Sync Src: I2
Element 3 U3 1.5V AUTO I3 10mA AUTO Sync Src: I3
Element 4 U4 1000V AUTO I4 20mA AUTO Sync Src: I4
Element 5 U5 6V AUTO I5 10mA AUTO Sync Src: I5
Element 6 U6 1.5V AUTO I6 10mA AUTO Sync Src: I6

图 8.18　整机效率测试截图

3）满载直流输出电流纹波试验

如图 8.19 所示，±35kV/500kW 整机满载运行时输出电流纹波率小于 10%，满足要求。

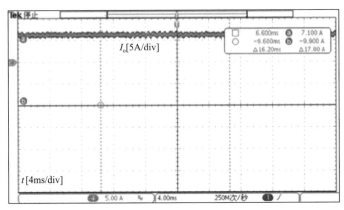

图 8.19　整机输出电流纹波图

## 8.5　本　章　小　结

基于光伏中压直流并网发电的应用场合，本章采用多个功率模块 IPOS 组合的方式设计并研制了±35kV/500kW 光伏直流并网变换器。为了提高效率，单个功率模块采用 LLC 谐振变换器实现低压侧 IGBT 模块的 ZVS 和准 ZCS 以及整流侧二极管的 ZCS；同时为了减小高频隔离变压器的匝比，功率模块输出侧采用倍压整流电路。对功率模块 LLC 谐振变换器的增益特性、倍压整流的自然均压特性、功率模块的移相启动、IPOS 拓扑的均压均流设计进行了理论分析。最终研制了 8 个 LLC 谐振变换器功率模块组成的±35kV/500kW 直流升压变换器样机，对功率模块和整机进行了测试，验证了本章的理论分析和参数设计的正确性，该变换器已经在工程现场并网投运。

## 参 考 文 献

[1] 辛德锋, 安昱, 郜亚秋, 等. 适用于 ISOS 拓扑的高压 DC/DC 变换器研究[J]. 电力系统保护与控制, 2017, 45(13): 64-70.

[2] 魏晓光, 王新颖, 高冲, 等. 用于直流电网的高压大容量 DC/DC 变换器拓扑研究[J]. 中国电机工程学报, 2014, 34(S1): 218-224.

[3] 姚为正, 辛德锋, 甘江华, 等. 适用于 ISOP 拓扑的 DC/DC 变换器研究[J]. 高压电器, 2020, 56(1): 234-243.

[4] 陈武. 多变换器模块串并联组合系统研究[D]. 南京: 南京航空航天大学, 2009.

[5] Ma D, Chen W, Ruan X. A review of voltage/current sharing techniques for series-parallel-connected modular power conversion systems[J]. IEEE Transactions on Power Electronics, 2020, 35(11): 12383-12400.

# 第9章 高频谐振型±35kV/500kW 光伏直流并网变换器

第 7 章对 DCM-SRC 在宽输出电压范围内进行详细的磁密分析和有效的磁密控制，并提出了一种非对称定脉宽变频调制策略，有效控制了变换器的最高工作磁密。在新能源发电 MVDC 汇集方案中，不考虑电压波动时，输入和输出电压都相对稳定，半导体器件的散热设计和大功率高频变压器的研制则是两个重点研究对象。为此，本章依托"大型光伏电站直流升压汇集接入关键技术及设备研制"项目，将系统研究基于 DCM-SRC 的±35kV/500kW 光伏直流并网变换器中的关键参数设计及其选型、开关管的散热设计和高频变压器的优化设计，以及 2 台变换器之间的并联协调控制等，最后进行相关的试验。

## 9.1 基于DCM-SRC的±35kV/500kW 光伏直流并网变换器拓扑结构

图 9.1 为基于 DCM-SRC 的±35kV/500kW 光伏直流并网变换器拓扑结构，其额定输入电压为 820V，输出电压为±35kV。考虑到高压高频大功率变压器的容量限制，采用 2 台 250kW 变换器并联结构，其输出同样通过高压接口柜和故障隔离装置连接至±35kV 中压直流母线。需要注意的是，图 9.1 中的 SRC 在变压器副

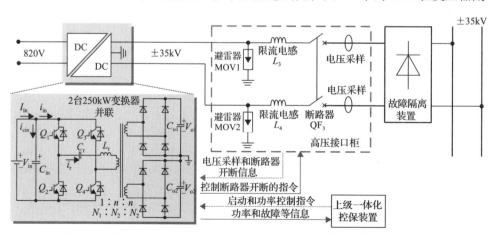

图 9.1 基于 DCM-SRC 的±35kV/500kW 光伏直流并网变换器拓扑结构

边采用双绕组分别整流再串联的结构,串联点接地,这是与图 7.1 所示的基本 SRC 拓扑结构的不同之处,这是因为±35kV 中压直流母线的双极性电压需要。

第 7 章提出了 DCM-SRC 的一种非对称定脉宽变频调制策略,可有效降低变压器的匝比,但在相同的输出电压和功率下,其开关频率为传统定脉宽变频调制策略的 2 倍,考虑到本章所研制的变换器功率为 250kW,输入电压为 820V,其将采用比第 7 章中电压等级更高、电流定额更大的 IGBT,此时 IGBT 的最高工作频率将受到限制。因此,本章还是采用传统的定脉宽变频调制策略(其典型波形如图 9.2 所示),而非对称定脉宽变频调制策略在中小功率宽输出电压场景下有其应用的优势。

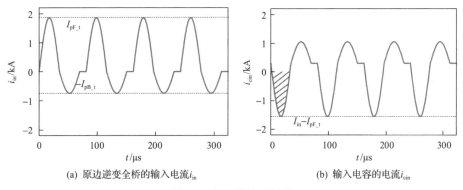

(a) 原边逆变全桥的输入电流 $i_{in}$　　　(b) 输入电容的电流 $i_{cin}$

图 9.2　低压侧电流波形

## 9.2　关键参数设计

由图 9.1 可知,大功率 DCM-SRC 在稳态下的输入电压 $V_{in}$ 为 820V,单路的输出电压 $V_o(=V_{o1}=V_{o2})$ 为 35kV,额定功率 $P_n$ 为 250kW。同时,需要确定变压器匝比 $n$、额定开关频率 $f_{sn}$、谐振电感 $L_r$、谐振电容 $C_r$、输入电容 $C_{in}$、输出滤波电容 $C_{o1}$ 和 $C_{o2}$ 等关键参数。

### 9.2.1　匝比 $n$

根据第 7 章的分析可知,为避免变压器磁芯饱和问题,变压器匝比设计时需要满足 $n>2V_{o\_max}/V_{in\_min}$。参考供电系统中 35kV 交流供电电压的允许偏差范围为±5%,同样选取输入和输出电压的波动范围为±5%,所以可得

$$n>\frac{2\times1.05\times35000}{0.95\times820}=94.35 \tag{9.1}$$

向上取整且考虑一定的裕量后可选择 $n=100$。

### 9.2.2　额定开关频率 $f_{sn}$ 和谐振腔参数

目前采用纳米晶磁芯研制的功率不低于 200kW 的高频变压器多工作于 5～10kHz。考虑到磁芯损耗会随着变压器工作频率的升高而快速上升，所以将 $f_{sn}$ 暂时选择为 6kHz。

根据文献[1]可知，$C_r$ 应满足

$$C_r = \frac{nP_n}{8 f_{sn} V_{in} V_o} \tag{9.2}$$

将已知参数代入式(9.2)可得 $C_r$=18.15μF。为了更好地实现谐振电容的散热，变换器装置中可以选择多个小电容并联的结构，所以实际选用了安徽铜峰电子股份有限公司的 0.8μF 电容，通过对称结构总共并联 22 个可得实际的 $C_r$ 为 17.6μF，且其耐压为 1900V，满足 $C_r$ 端电压最高为 $2V_{in}$ 的要求。同时，$f_{sn}$ 被调整为 6.2kHz。

因为大功率 DCM-SRC 采用的是定脉宽变频调制，谐振腔的谐振频率 $f_r$ 应大于 $2f_{sn}$=12.4kHz。另外，为了避免零电流阶段(图 7.2 中的$[t_3, t_4]$区间)时间过长，$f_r$ 应只略大于 12.4kHz。最后所研制的大功率高频变压器的漏感约为 7μH，为了避免额外串联一个需流经大电流的电感，一般将变压器漏感全部作为谐振电感，所以 $L_r$=7μH，则 $f_r$=14.34kHz，略大于 12.4kHz，满足设计要求。

### 9.2.3　输入电容 $C_{in}$

额定功率下，假设在一个开关周期内 DCM-SRC 的输入电流 $I_{in}$ 是恒定的，则有

$$I_{in} = \frac{P_n}{V_{in}} = 304.88\text{A} \tag{9.3}$$

根据文献[1]可知，正向谐振电流峰值 $I_{pF\_t}$ 和反向谐振电流峰值 $I_{pB\_t}$ 的表达式为

$$\begin{cases} I_{pF\_t} = \dfrac{V_{in} + V_o/n}{Z_r} \\[2mm] I_{pB\_t} = \dfrac{V_{in} - V_o/n}{Z_r} \end{cases} \tag{9.4}$$

式中，

$$\omega_r = 1/\sqrt{L_r C_r}, \quad Z_r = \sqrt{L_r/C_r} \tag{9.5}$$

另外，将已有的变换器参数代入式(9.4)可得 $I_{pF\_t}$=1855A 和 $I_{pB\_t}$=745.26A。原边逆变全桥的输入电流 $i_{in}$ 可根据谐振电流 $i_r$ 的表达式仅在每下半个开关周期取反

得到，所以通过软件 Mathcad 可绘制 $i_{in}$ 的波形，如图 9.2(a)所示。显然，$C_{in}$ 的电流 $i_{cin}$ 满足 $i_{cin}=I_{in}-i_{in}$，所以可得 $i_{cin}$，如图 9.2(b)所示。同时利用 Mathcad 可计算出图 9.2(b)中阴影部分的面积为 0.031A·s，即 $C_{in}$ 每个放电过程的放电量为 0.031C。取输入电压的纹波为±1%，则可得

$$C_{in} = \frac{0.031C}{0.02V_{in}} = 1.89\text{mF} \tag{9.6}$$

根据 $i_{cin}$ 的波形可计算出流经 $C_{in}$ 的电流有效值为 877.14A。因此，最终选择中电博瑞电子科技有限公司的耐压为 1200V、允许流经的电流有效值为 240A 的 0.5mF 直流支撑电容，并采用 4 个电容并联，从而能够同时满足容值和电流有效值的要求，所以实际的 $C_{in}$ 为 2mF。

### 9.2.4 输出滤波电容 $C_{o1}$ 和 $C_{o2}$

根据±35kV/250kW 变换器两路输出的对称性，理想情况下其实没有电流流入地线，变压器匝比实际为 $2n$，$C_{o1}$ 和 $C_{o2}$ 实际为串联工作，且等效输出电压为 $V_{o1}+V_{o2}=2V_o$，所以变换器输出侧电路可等效为图 9.3。因此，整流后的电流 $i_o$ 为

$$i_o = \begin{cases} i_{in}/(2n), & i_{in} \geqslant 0 \\ -i_{in}/(2n), & \text{其他} \end{cases} \tag{9.7}$$

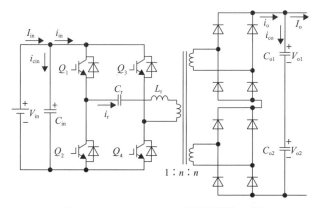

图 9.3 ±35kV/250kW 变换器等效电路

因此，由式(9.7)和图 9.2(a)可在 Mathcad 中绘制 $i_o$ 的波形，如图 9.4(a)所示。

类似地，在额定功率下，假设一个开关周期内 DCM-SRC 的输出电流 $I_o$ 是恒定的，则根据图 9.3 可得

$$I_o = \frac{P_n}{V_{o1}+V_{o2}} = \frac{P_n}{2V_o} = 3.57\text{A} \tag{9.8}$$

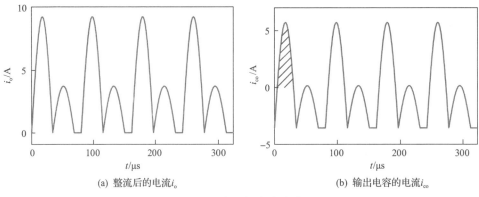

(a) 整流后的电流 $i_o$　　　　　　(b) 输出电容的电流 $i_{co}$

图 9.4　高压侧电流波形

显然，$C_{o1}$ 和 $C_{o2}$ 串联之后的电流 $i_{co}$ 满足 $i_{co}=i_o-I_o$，所以可得 $i_{co}$，如图 9.4(b)所示。同时利用 Mathcad 可计算出图 9.4(b) 中阴影部分的面积为 97.51μA·s，即 $C_{o1}$ 和 $C_{o2}$ 串联之后的每个充电过程的充电量为 97.51μC。取输出电压的纹波为 ±0.5%，则可得

$$C_{o1} = C_{o2} = 2 \times \frac{97.51\mu C}{0.01 \times 2V_o} = 278.6nF \tag{9.9}$$

最终选择了合肥华耀电子工业有限公司的耐压为 90kV 的 300nF 高压电容，所以实际的 $C_{o1}$ 和 $C_{o2}$ 为 300nF。

综上所述，大功率 DCM-SRC 变换器的关键参数如表 9.1 所示。

表 9.1　大功率 DCM-SRC 的关键参数

| $V_{in}$/V | $V_o$/kV | $P_n$/kW | $n$ | $f_{sn}$/kHz | $C_r$/μF | $L_r$/μH | $C_{in}$/mF | $C_{o1}=C_{o2}$/nF |
|---|---|---|---|---|---|---|---|---|
| 820 | 35 | 250 | 100 | 6.2 | 17.6 | 7 | 2 | 300 |

## 9.3　主开关管 IGBT 选型及其散热设计

根据 DCM-SRC 的工作原理可知，上半个开关周期的谐振电流只流经开关管 $Q_1$ 和 $Q_4$，而下半个开关周期的谐振电流只流经开关管 $Q_2$ 和 $Q_3$。不失一般性，以 $Q_1$ 为例，易知其电流 $i_{Q1}$ 的波形如图 9.5 所示。显然，$i_{Q1}$ 的最大值为 $I_{pF\_t}$=1855A，利用 Mathcad 可计算出 $i_{Q1}$ 的有效值为 609.3A。因此，主开关管 IGBT 选用 Infineon 的半桥模块 FF1400R17IP4(1700V/1400A)，该款 IGBT 半桥模块允许的电流有效值和重复电流峰值分别为 1400A 和 2800A，且耐压为 1700V，可满足电压和电流应力要求。

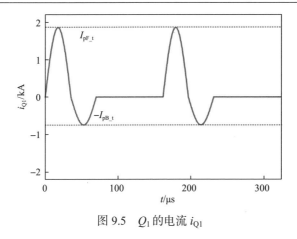

图 9.5　$Q_1$ 的电流 $i_{Q1}$

　　基于 PLECS 软件搭建了±35kV/250kW 变换器的热仿真模型，得到四个主开关管 IGBT 的总损耗为 2320W，所以每个 IGBT 半桥模块的损耗为 1160W。而 FF1400R17IP4 的散热面积为 250mm×90mm=225cm²，所以其表面热流密度约为 5.16W/cm²。电子元器件的冷却方式主要是依据电子元器件发热密度即单位面积发热功率或单位体积发热功率来选择，如图 9.6 所示[2]。可见，常见的强迫风冷只适用于表面热流密度低于 0.2W/cm² 的情形，当然，强迫风冷可以通过提高换热系数和扩大散热接触面来应用于表面热流密度更高的场合，但效果有限。因此，尽管可以在两个 FF1400R17IP4 底部加装一个面积数倍于 450cm² 的散热器来降低四个主开关管 IGBT 的表面热流密度，但除了需要考虑 IGBT 和散热片之间的传热系数及其效率外，最终的表面热流密度还是会显著大于 0.2W/cm²。为此，采用强迫水冷方案对两个 FF1400R17IP4 进行散热。

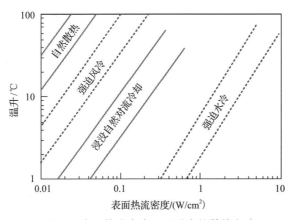

图 9.6　表面热流密度以及对应的散热方式

经典的换热公式为

$$Q = \rho q_V C_p \Delta T \tag{9.10}$$

式中，$Q$ 为发热功率；$\rho$ 为水的密度 1kg/L；$q_V$ 为体积流量；$C_p$ 为水的比热容 4200J/(kg·℃)；$\Delta T$ 为进出水的温度差。

该变换器中的 $Q$=2320W，同时取 $\Delta T$=10℃，则根据式 (9.10) 可得 $q_V$=3.3L/min。3.3L/min 的体积流量相对较缓，在实际应用中很容易实现，意味着采用强迫水冷方案后，IGBT 的温升可以控制在 10℃ 以内。该水冷方案的实际效果如图 9.7 所示。

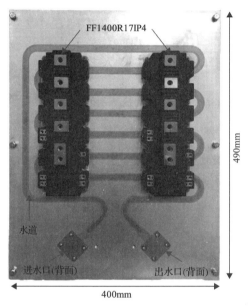

图 9.7　两个 FF1400R17IP4 半桥模块及其水冷散热方案

## 9.4　大功率高频变压器设计及高压整流桥选型

### 9.4.1　原副边绕组匝数 $N_1$ 和 $N_2$

根据式 (7.7)，大功率 DCM-SRC 的变压器磁芯最大工作磁密为

$$B_{m\_t} = \frac{\pi V_o \sqrt{L_r C_r}}{n N_1 A_e} \tag{9.11}$$

式中，$A_e$ 为所选变压器磁芯的有效导磁面积。

可见，$B_{m\_t}$ 除了与 $n$ 有关外，还与 $N_1$ 有关，且 $N_1$ 越大，$B_{m\_t}$ 越小，意味着可以选择 $A_e$ 更小的磁芯。但由于 $n$=100，所以增大 $N_1$ 的同时，副边绕组匝数 $N_2$ 也会快速增加而需要更大的磁芯窗口面积。总之，应该折中考虑 $N_1$ 的选值。最后，选择 $N_1$=8，$N_2$=800。

### 9.4.2　磁芯型号

变压器磁芯材料仍然选择的是高相对磁导率、高饱和磁密且适用于大功率高频应用场合的纳米晶。考虑到磁芯损耗会随着 $B_{m\_t}$ 的增大而快速增加，$B_{m\_t}$ 尽量设计在 0.4T 以下，则根据式(9.11)可知 $A_e$ 应不小于 38cm²。为此，可选择安泰科技股份有限公司型号为 CN-270\*170\*60\*60 的磁芯，其 $A_e$ 为 28.8cm²，为满足所需 $A_e$ 的要求并考虑一定的裕量，采用两个该型号的磁芯并联。

### 9.4.3　原副边绕组材料及其布局设计

利用 Mathcad 可计算出 $i_r$ 的有效值为 928.6A，如果采用 100mm 宽 1mm 厚的铜皮(可以多层铜皮层叠至 1mm 厚)作为原边低压绕组，电流密度仍然会高达 9.3A/mm²，且 1mm 厚的铜皮实际绕制起来非常困难。为此，选用线径 0.1mm×2500 股的利兹线 8 根并联绕制，导体横截面积约为 157mm²，并通过 30mm 宽 5mm 厚(横截面积为 150mm²)的铜条引出，最终原边低压绕组的电流密度约为 6A/mm²，在允许的设计范围内。原边低压绕组的绕制情况如图 9.8 所示。

图 9.8　变压器原边低压绕组绕制图

副边高压绕组选用直径为 1mm 的三重绝缘线，副边电流的有效值为 928.6A/200=4.643A，从而可得其副边高压绕组电流的密度也约为 6A/mm²，同样在允许的设计范围内。

　　为尽量减小大功率高频变压器的寄生电容，副边高压绕组可采用多层、多段的结构绕制[3]，同时为了降低输出侧整流二极管的电压应力及其串联均压难度，大功率 DCM-SRC 采用高压侧多绕组整流再串联输出结构，如图 9.9 所示。可见，副边高压绕组 1600 匝分 10 个线槽输出，每个线槽 160 匝，输出 7kV 的电压。变压器的绕组分布如图 9.10 所示，每个线槽含 8 层三重绝缘线，每层 20 匝。大功率高频变压器的副边高压绕组匝数较多，线径较细，必须绕制在一个固定可靠的绕组骨架上，该骨架既要有较好的电气绝缘性能、耐油耐温性能，又要有足够的

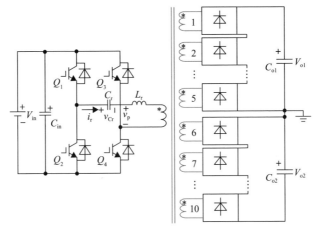

图 9.9　输出高压侧多绕组串联结构

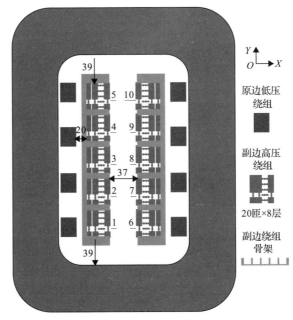

图 9.10　变压器绕组分布(单位：mm)

机械强度。为此，本节基于文献[4]设计了一款副边高压绕组骨架结构，如图 9.11 所示。采用了含 8mm 等宽隔板的多线槽绕制方式，8mm 的槽间等宽隔板可实现相邻两个线槽之间的电气隔离。由于每个线槽内部的电压差为恒定值 7kV、匝数恒定为 160 匝，所以还可以通过增加每个线槽内绕线的层数，从而降低对层间绝缘的要求。每个槽间隔板正中间留有 2mm 的导线口，作为每个线槽内第一匝绕组的引出口，从而可以增加第一匝绕组与该线槽内其他绕组层间的绝缘距离。

图 9.11　副边高压绕组骨架的详细尺寸(单位：mm)

实际上，在大功率高频变压器运行一段时间后发现第 1 个线槽的第一匝绕组被烧断了，如图 9.12(a)所示。拆开第 1 个和第 2 个线槽顶层的绝缘层后如图 9.12(b)所示，可见，第 1 个线槽内部并没有黑色痕迹，而第 2 个线槽内则黑色痕迹明显。在进一步将第 2 个线槽内的所有绕组都拆除的过程中观察到，该线槽内的所有绕组都是完好的，只是第 1 个线槽的第一匝绕组与第 2 个线槽之间的隔板被击穿了个洞，如图 9.12(c)所示。根据上述现象和相关描述可以推断出导致该变压器故障的原因是第 2 个线槽持续向第 1 个线槽的第一匝绕组放电，发生了爬电现象。另外，还需考虑到线槽之间的电压分布。比如，当副边绕组端电压为正向(上正下负)时，线槽内的电压分布如图 9.13(a)所示，可见，第 $i$ 个($i=1,2,3,4$)线槽的第一匝绕组与第 $i+1$ 个线槽的顶层绕组压差几乎为零。但当副边绕组端电压为负向(下正上负)时，第 $i$ 个线槽的第一匝绕组与第 $i+1$ 个线槽的顶层绕组压差接近 14kV，如图 9.13(b)所示。

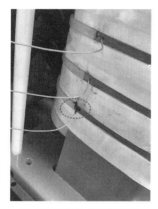  

(a) 线槽1的第一匝绕组被烧　　　(b) 线槽1和线槽2的顶层绕组　　　(c) 将线槽2的绕组全拆掉

图 9.12　大功率高频变压器故障

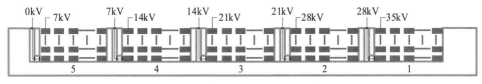

(a) 副边绕组端电压为正向(上正下负)时

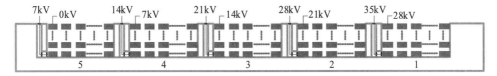

(b) 副边绕组端电压为负向(下正上负)时

图 9.13 线槽之间的电压分布

综上所述，应该考虑 14kV 的放电电压并增加爬电距离，从而避免上述故障再次发生。为此，本节提出了副边高压绕组骨架的改进方案，如图 9.14 所示。首先，增加了每个线槽的深度，由原来的 13mm 增加至 20mm。其次，增加了等宽隔板的宽度，由原来的 8mm 增加至 11mm。另外，第 $i$ 个隔板上的导线口保持为 2mm，但位置优化为与第 $i$ 个线槽和第 $i+1$ 个线槽的距离分别为 3mm 和 6mm。最

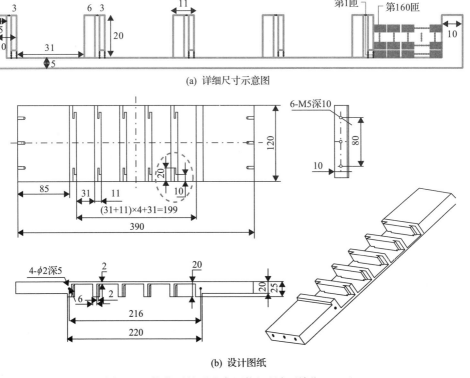

(a) 详细尺寸示意图

(b) 设计图纸

图 9.14 优化后的副边高压绕组骨架(单位：mm)

后，导线口深度也由原来的 6mm 增加至 20mm。优化后的副边高压绕组骨架如图 9.14(a)所示，其中导线口的深度如图 9.14(b)中的虚线圈所示。

此外，在实际绕制过程中，为进一步增加爬电距离，在每个线槽导线口出口处对第一匝绕组缠绕了多层聚芳纤维(NOMEX)绝缘纸。总之，优化前后的爬电路径和距离对比效果如图 9.15 所示。可见，爬电距离由原来的不足 10mm 增加到 33mm，能够有效防止爬电现象造成的大功率高频变压器故障。最后，所研制的大功率高频变压器如图 9.16 所示，长宽高为 500mm×300mm×480mm。

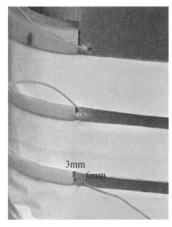

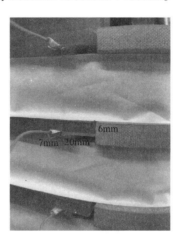

(a) 优化前　　　　　　　　　　　　　　(b) 优化后

图 9.15　爬电路径和距离

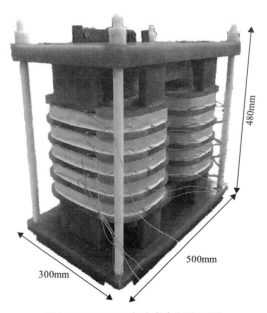

图 9.16　250kW 大功率高频变压器

#### 9.4.4　高压整流桥

该大功率DCM-SRC总共有10个整流桥,每个整流桥的电流有效值为4.636A,整流电压为 7kV。考虑 2 倍左右的裕量,选择天津中环半导体股份有限公司的15kV/10A 的高压二极管,并采用 5 个整流桥串联的方式制作成一个整流桥板,如图 9.17 所示,大功率 DCM-SRC 装置中共需两个这样的整流桥板。

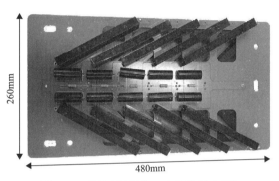

图 9.17　整流桥板(含 5 个整流桥电路)

## 9.5　高频谐振型±35kV/500kW 光伏直流并网变换器试验验证

#### 9.5.1　±35kV/250kW 功率模块实验

组装好的输出高压侧电路如图 9.18 所示,包括大功率高频变压器、两个整流桥板和两个输出滤波电容。整个高压侧电路将整体放入变压器油箱中,借助 45 号变压器油完成散热和绝缘。而±35kV/250kW 变换器装置整机如图 9.19 所示,长宽高为 1.6m×1.6m×1.6m。

为了在三相 380VAC 交流电网的基础上提供 820V 左右的直流测试电压,需通过两路三相整流输出串联,其中第一路 380VAC 先通过一个丫-丫型隔离变压器降压后(降至 170VAC 左右)再整流输出,第二路 380VAC 则直接整流输出,如图 9.20 所示。

在实验室内输出侧接纯电阻负载进行测试,比如,在输出电压为±35kV 的条件下,为得到 250kW 的满载输出功率,则需要两个均为 10kΩ 的负载电阻分别接在正负输出侧,如图 9.21 所示。通过等比例增大两个负载电阻的阻值,即可进行不同输出功率下的实验。同时,为了保证输出电压为±35kV 左右,在不同的负载电阻条件下调节相应的开关频率。其中,由图 9.20 所得到的变换器输入电压实际上会随着功率的变化而略有变化,并非固定值。

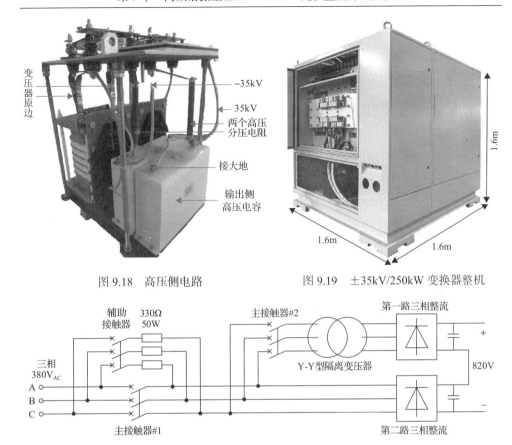

变压器原边

−35kV

35kV

两个高压分压电阻

接大地

输出侧高压电容

图 9.18　高压侧电路

1.6m

1.6m　　1.6m

图 9.19　±35kV/250kW 变换器整机

辅助接触器　330Ω 50W　主接触器#2　第一路三相整流

三相 380V$_{AC}$

A　B　C

主接触器#1

Y-Y型隔离变压器

820V

+　−

第二路三相整流

图 9.20　输入 820V 直流电压的获取方案

输入820V直流柜　±35kV/250kW变换器

负输出侧负载电阻　正输出侧负载电阻

图 9.21　实验室测试现场

图 9.22 为副边高压绕组骨架优化前捕获到的故障波形。±35kV/250kW 变换器正常运行一段时间后，在 $t_m$ 时刻发生故障，正输出电压突然跌落，并在约 20ms 后达到新的稳态，这正是爬电现象导致高频变压器发生故障引起的。图 9.22(a) 给出了 $t_m$ 时刻前后的 $i_r$ 和 $v_p$ 波形，可见，$i_r$ 和 $v_p$ 在 $t_m$ 时刻之后均明显不再对称。图 9.22(b) 则给出了变换器达到新稳态时的实验波形，显然，$i_r$ 的峰值在前后两个谐振周期差异显著，$v_p$ 也如此。另外，正输出电压已跌落为原来的一半左右。所有波形都充分说明了 ±35kV/250kW 变换器已不能正常工作，且故障后的高频变压器正如图 9.12 所示。

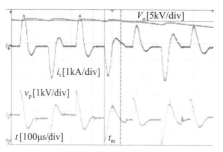
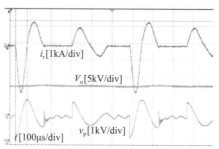

(a) 故障时刻前后的波形　　　　　　　　　　(b) 新稳态时的波形

图 9.22　副边高压绕组骨架优化前的故障波形(彩图扫二维码)

为此，采用如图 9.14 所示的副边高压绕组骨架优化方案后，再次进行了实验验证。当负载电阻均为 18.5kΩ 时，输入电压约为 760V，实验结果如图 9.23(a) 所示。负输出电压约为–36.8kV，谐振电流峰值为 1970A，此时输出功率约为 140kW。当负载电阻均为 15kΩ 时，实验结果如图 9.23(b) 所示。可见，输入电压已下降至 750V，负输出电压约为–36kV，谐振电流峰值为 1830A，此时输出功率约为 165kW。为了避免输入电压过低，当负载电阻均为 10kΩ 时，将图 9.20 中的 Y-Y 型隔离变压器输出切换至 295VAC，实验波形如图 9.23(c) 所示。可见，输入电压被抬升至 860V，负输出电压约为–37kV，谐振电流峰值为 2010A，此时输出

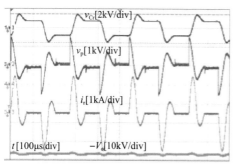
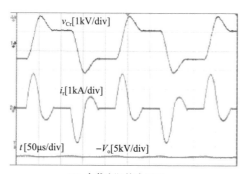

(a) 负载电阻均为18.5kΩ　　　　　　　　　(b) 负载电阻均为15kΩ

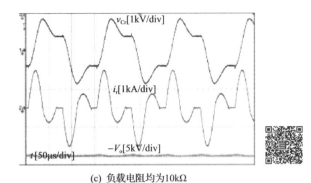

(c) 负载电阻均为10kΩ

图 9.23　副边高压绕组骨架优化后的实验波形(彩图扫二维码)

功率约为 260kW。不失一般性，图 9.24 所示为负载电阻均为 15kΩ 时的上位机显示数据，可见，各项显示数据基本与实验波形中获取的数据接近。

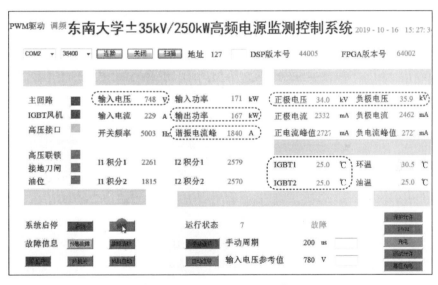

图 9.24　负载电阻均为 15kΩ 时的上位机显示界面

将三组实验数据归纳为表 9.2,并且实验中会发现正输出电压始终低于负输出电压的绝对值。为此，本节首先分析了 250kW 高频变压器 10 个高压线槽的漏感值，测试结果如表 9.3 所示。可见，10 个高压线槽的漏感值都较为接近，但正输出侧的线槽漏感总比对称位置上负输出侧的线槽漏感略大一些。这是导致正输出电压偏低的一个原因，而高压探头在测试过程中的零漂导致的测量误差也会有所影响。

表 9.2　实验数据

| 实验波形 | $V_{in}$/V | $R_o$/kΩ | $V_o$/kV | $-V_o$/kV | $I_{pF\_t}$/A | $P_o$/kW |
|---|---|---|---|---|---|---|
| 图 9.23(a) | 760 | 18.5 | 35.1 | −36.8 | 1970 | 140 |
| 图 9.23(b) | 750 | 15 | 34.3 | −36 | 1830 | 165 |
| 图 9.23(c) | 860 | 10 | 35.2 | −37 | 2010 | 260 |

表 9.3　高压线槽的漏感

| 线槽编号 | 正输出侧 | | | | | 负输出侧 | | | | |
|---|---|---|---|---|---|---|---|---|---|---|
| | 1 | 2 | 3 | 4 | 5 | 6 | 7 | 8 | 9 | 10 |
| 漏感/mH | 13.40 | 12.79 | 16.63 | 12.78 | 13.54 | 13.29 | 12.66 | 12.47 | 12.60 | 13.14 |

最后，±35kV/250kW 变换器在持续运行至少 1 个小时的条件下，IGBT 和变压器油箱的温度分别能保持在 30℃ 和 50℃ 以下，温升分别不超过 10℃ 和 30℃，分别表明了 IGBT 水冷散热方案和副边高压绕组骨架优化方案的有效性。

### 9.5.2　±35kV/500kW 整机系统试验

两台 ±35kV/250kW DCM-SRC（主从变换器并联）在张北试验基地实证平台成功并网，验证了变换器的工作原理及稳定性与可靠性。

两台 ±35kV/250kW 变换器并联系统并网协调控制的逻辑如图 9.25 所示。两台变换器采用主从控制，协调控制逻辑如图 9.25(a)所示，从变换器实时跟随主变换器的控制指令，保证两台变换器工作状态的一致性。在主从变换器转闭环宽脉冲调频控制时，两台变换器均控制低压侧直流输入电压，控制电压为 820V，采用滞环控制方式，控制逻辑如图 9.25(b)所示。

±35kV/500kW DCM-SRC 系统具备欠压、过压、过流、功率器件过温、开路、IGBT 频率过高、控制单元驱动故障以及高频变压器油温过高等全面的保护功能，可实现：①主变换器故障，从变换器成为主变换器继续工作；②从变换器故障，主变换器继续工作；③主从变换器均故障，均停机。保护逻辑如图 9.26 所示，根据现场变换器并网保护要求，本 DCM-SRC 采用综合①、②、③的保护逻辑，当主或从变换器检测到故障信息时，关闭 PWM 驱动信号，然后依次断开低压侧主接触器、高压侧断路器 QF₃，最后 DCM-SRC 停机成功。

两台 ±35kV/250kW DCM-SRC 并联系统在张北试验基地实证平台进行了一天中不同时间节点、不同光照条件下以及连续改变光伏功率接入的并网试验，现场并网如图 9.27 所示。

图 9.28 显示了在一天中不同时间节点及光照强度改变时变换器并网低压侧输

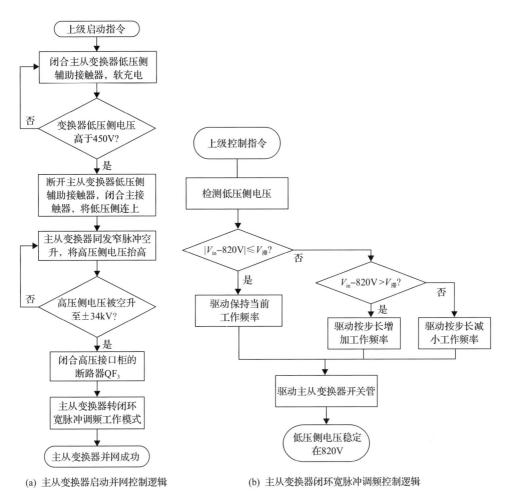

(a) 主从变换器启动并网控制逻辑　　　　(b) 主从变换器闭环宽脉冲调频控制逻辑

图 9.25　主从变换器协调控制逻辑

$V_滞$为电压滞环的电压值

入电压变化情况。在图 9.28(a)中，变换器启动并网，在 $t_1$ 前，光伏模块工作在 MPPT保护模式，低压侧电压在 850V，$t_1$ 时刻主从变换器启机空升，低压侧电压被拉低到760V，空升电压至 $t_2$ 时刻，停发窄脉冲，闭合高压侧断路器 QF$_3$，实现软并网，$t_3$时刻驱动发宽脉冲，主从变换器并网发电，低压侧电压为 820V。在图 9.28(b)中，$t_4$ 时刻增加光伏并网功率，变换器调频工作正常，主从变换器工作稳定。在图 9.28(c)中，$t_5$ 时刻增加光伏功率，变换器调频工作正常，主从变换器工作稳定。图 9.28(d)表明，在变换器正常工作时，光照强度改变，变换器经过短暂调频，依旧稳定工作，由此验证了变换器在不同光照强度下工作的稳定性与可靠性。

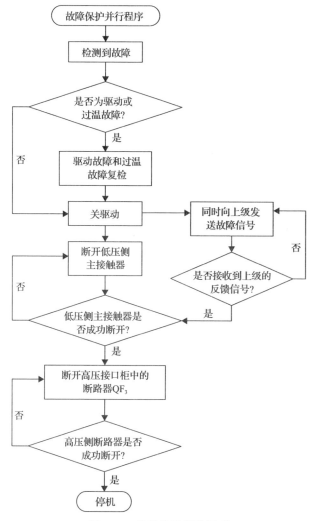

图 9.26　整机故障保护原理

图 9.27　±35kV/500kW 光伏直流并网变换器现场

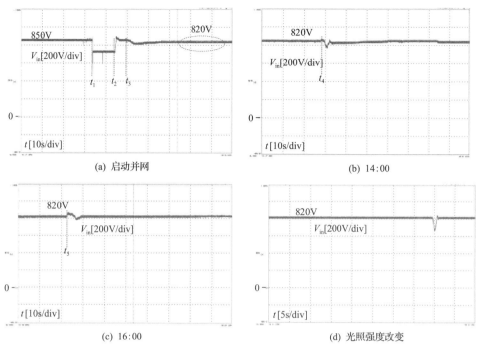

图 9.28　一天中不同时间节点及光照强度改变时变换器输入电压波形

　　本节同样进行了光伏并网功率连续增加试验,低压侧电压、电流波形如图 9.29 所示。试验表明,变换器具有调频速度快、工作稳定且可靠的特点。变换器初始功率为 120kW,$t_1$ 时刻光伏功率阶跃增大到 230kW,$t_3$ 时刻光伏功率阶跃增大到 280kW,$t_5$ 时刻光伏功率阶跃增大到 340kW,$t_7$ 时刻光伏功率阶跃增大到 390kW,可见,每个阶段的输入电压都被控制得相对稳定,输入电流很快过渡到新的稳定状态,光伏直流并网变换器现场运行正常。

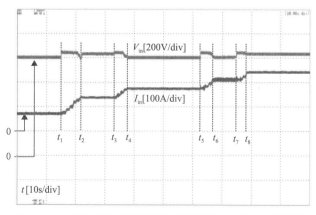

图 9.29　光伏并网功率连续增加时低压侧电压、电流波形

图 9.30 表明，主变换器和从变换器谐振电流正负半周对称，波形周期时间相等，变换器工作正常。对比变换器功率并网、接电阻负载和仿真下的谐振电流波形，三者谐振电流正负对称且具有一致性，开关管实现了 ZCS 开通和关断。在现场光伏并网时，变换器在持续运行至少 1 小时的条件下，IGBT 和变压器油箱的温度分别能保持在 20℃ 和 35℃ 以下，温升分别不超过 20℃ 和 30℃，同样验证了 IGBT 水冷散热方案和副边高压绕组骨架优化方案的有效性。

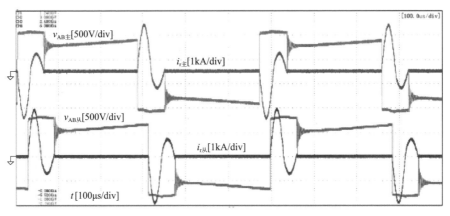

图 9.30    光伏功率约 160kW 时主从变换器谐振电流、逆变桥端口电压波形

## 9.6    本 章 小 结

基于光伏发电 MVDC 汇集的应用场合，本章完成了基于定脉宽变频调制策略的 ±35kV/500kW DCM-SRC 关键参数设计和器件选型，对比了大功率 IGBT 不同散热方案的适用范围，并设计了水冷散热方案。设计了一款 250kW 高压大功率高频变压器，针对高压爬电现象，优化了副边高压绕组的骨架结构，有效增加了爬电距离，避免了变压器故障。研制了基于 DCM-SRC 的高频谐振型 ±35kV/500kW 光伏直流并网变换器，最后通过实证平台验证了其有效性和可靠性。

**参 考 文 献**

[1] King R J, Stuart T A. Modeling the full-bridge series-resonant power converter[J]. IEEE Transactions on Aerospace and Electronic Systems, 1982, 18(4): 449-459.

[2] 李阳. 大功率 IGBT 散热装置的设计及优化研究[D]. 西安: 西安建筑科技大学, 2016.

[3] Deng L, Sun Q, Jiang F, et al. Modeling and analysis of parasitic capacitance of secondary winding in high-frequency high-voltage transformer using finite-element method[J]. IEEE Transactions on Applied Superconductivity, 2018, 28(3): 1-5.

[4] 曲震, 刘宇芳, 肖遥, 等. 一种高频高压变压器绕线骨架: CN204315370U[P]. 2015-05-06.

# 第10章   中频型±35kV/500kW光伏直流并网变换器

前面两章论述了基于高频变换的新能源发电 MVDC 汇集方案,可以实现高电压等级的高效功率变换,减小变换器体积,但目前高频高压变压器的容量限制给超大功率应用场合带来一定挑战,同时高频高压变压器对其绝缘水平提出了更高要求。因此基于中频逆变和多脉波不控整流的单机大容量直流变换器以其控制简单、可靠、成本低等优点越来越引起人们的关注[1,2]。基于该方案实现直流汇集可以采用技术相对成熟的中频高压变压器绝缘设备、基于正弦波逆变的控制算法,具有较高的可维护性和可靠性,从而在直流汇集应用中具有良好的经济价值,具有广阔的前景。

为此,本章依托"大型光伏电站直流升压汇集接入关键技术及设备研制"项目,将系统研究单机大容量装置中的中频逆变控制算法,关键参数设计及其选型、系统工程化样机方案设计,并进行相关的装置研制及现场实证平台试验。

## 10.1   中频型±35kV/500kW光伏直流并网变换器拓扑结构

中频型±35kV/500kW 光伏直流并网变换器拓扑结构如图 10.1 所示。光伏阵列经 MPPT 汇流箱后作为直流并网变换器的输入,稳态运行时其输入侧端口电压被控制在 820V。输入侧直流母线连接 4 组逆变器并联模组,其输出端并联接入400Hz/24 脉波移相升压变压器,变压器输出端 4 个绕组分别经三相二极管整流电

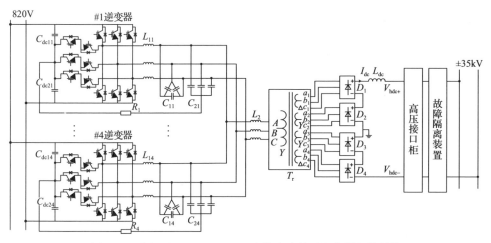

图 10.1   中频型±35kV/500kW 光伏直流并网变换器拓扑结构

路、滤波电路、高压接口柜和故障隔离装置后接入±35kV 直流母线。图 10.1 中，逆变器并联模组采用 T 型三电平逆变桥输出接 LCL 滤波器结构，#1 逆变器记为主逆变器，其他 3 台逆变器记作从逆变器；$C_{dc1j}$ 和 $C_{dc2j}$ 分别为 #$j$($j$=1,2,3,4) 逆变器正负直流母线上、下电容；$L_{1j}$、$C_{1j}$、$C_{2j}$、$R_j$ 分别为 #$j$ 逆变器的桥臂侧电感、前级滤波电容、后级滤波电容和阻尼电阻；$L_2$ 为变压器低压侧总滤波电感，$T_r$ 为 400Hz/24 脉波移相升压变压器，$D_1$、$D_2$、$D_3$、$D_4$ 为三相不控二极管整流桥，$L_{dc}$ 为正直流母线侧的滤波电感。

## 10.2　中频型±35kV/500kW 光伏直流并网变换器控制策略

### 10.2.1　模块并联主从控制方法

基于有功-电压、无功-频率的调频控制在不增加硬件成本以及不影响系统的基波频率情况下，可以实现多并联模块传输相同或不同的有功功率[2]。然而频率的调节影响了系统的动态响应，同时也增加了控制算法的复杂度。而传统的基于电流主从控制的算法简单，系统的动态响应较快，然而其功率均分效果依赖于锁相环的控制精度，在中频系统中应用时存在困难。为此，本章提出了功率主从控制方案，具体控制框图如 10.2 所示。

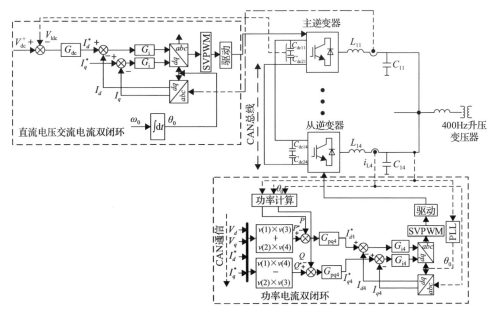

图 10.2　功率主从控制框图

主逆变器仍然采用直流电压外环、桥臂电感电流内环的双环控制结构，在保证输入直流母线电压恒定的情况下，维持系统从新能源发电单元获取的有功功率恒定。同时主逆变器控制系统中 $dq$ 坐标变换所采用的角度 $\theta$ 是系统中自设定的旋转参考矢量。在控制系统 $dq$ 坐标系中，设定 $d$ 轴为有功轴。从逆变器采样公共连接点电压作为电压矢量，并接收主逆变器通过 CAN 通信传送过来的基准电压以及电流，采用功率外环、桥臂电感电流内环的双环控制结构，进行功率控制。

### 10.2.2　模块并联环流影响分析

三相三电平逆变器并联系统在不增加功率开关管电流应力的情况下，使系统容量成倍增加，降低了生产周期和生产成本，有效提高了系统的效率，所以得到越来越多的关注。然而，由于采用了交直流母线分别并联的方式，并联模块之间会产生环流，环流可以分为零序环流和非零序环流，对于采用 LCL 滤波器且具有电流内环的并联模块，零序环流是其主要成分。零序环流会增加系统的损耗，降低系统效率，造成并联模块电流应力的不均衡和电磁干扰，影响功率开关管的寿命，不均衡严重时会导致并联系统关机[3]。按照频率不同，零序环流也分为高频环流和低频环流。根据零序环流产生的激励源的不同可以将零序环流分为 3 类，下面将分别进行阐述[3]。

1）Ⅰ类零序环流

与并联逆变器中点电位之差有关的环流为Ⅰ类零序环流，即与开关状态的差异性无关的零序环流激励源，三电平逆变器的中点电位与调制度和功率因数有关，在模块化并联系统中，在并网稳态运行的逆变器具有相同的调制度和功率因数，其中点电位也是基本一致的，因此Ⅰ类零序激励几乎为零，对应产生的Ⅰ类零序环流很小；然而，当部分逆变器由待机模式切换到并网模式时，其调制度和功率因数均发生较大的变化，将会产生瞬间的Ⅰ类零序环流冲击，造成输出电流畸变，甚至过流等故障。Ⅰ类零序环流通路如图 10.3 所示。

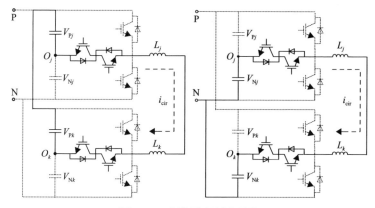

图 10.3　Ⅰ类零序环流通路

Ⅰ类零序环流与开关状态的差异性无关，那么就无法通过控制策略来加以抑制。针对三电平模块化并网逆变器的Ⅰ类零序环流问题，可以采用逆变器共享中线的并联方案，即各直流侧中性输入电容中点直接连接。共享中线改变了Ⅰ类零序环流的环路，Ⅰ类零序环流不再经过正、负母线，而是通过共享的中线直接形成闭合环路。由于直流侧中性点直接相连，各三电平逆变器的中点电位相等，零序环流的激励源恒为 0。

2) Ⅱ类零序环流

当并联逆变器的开关状态不一致时会产生零序环流激励源，由其引起的零序环流命名为Ⅱ类零序环流，对应的零序环流通路见图 10.4。三电平Ⅱ类零序环流的激励源本质上是并联逆变器的共模电压之差，三电平的共模电压可以分解为低频分量和高频分量，相应地产生了Ⅱ类零序环流的低频分量和高频分量：低频分量主要是基频的整数倍，高频分量分布在开关频率及其附近，以及开关频率的整数倍及其附近。

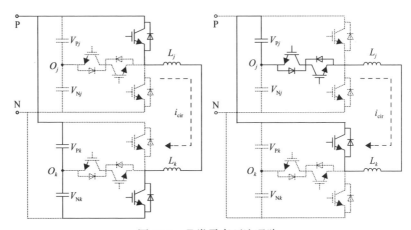

图 10.4　Ⅱ类零序环流通路

由于控制带宽以及开关管动作速度的限制，Ⅱ类零序环流的高频分量无法通过控制策略来抑制。针对Ⅱ类零序环流的高频分量问题，本章所研制的装置中采用一种基于改进型 LCL 滤波器的并联方案，增加一组滤波电容 $C_{2j}$，将各逆变器的滤波电容公共点经过一个阻尼电阻 $R_j$ 与直流侧中性点相连，如图 10.1 所示。此时，逆变器会产生一种新的共模电压 $i_{oj}$ 流经路径，值得注意的是，共模电流只流经单台逆变器，并不在两台之间流通，因此不能被当作零序环流。同时本装置设计了载波同步系统，以抑制高频环流。

对于三电平模块化光伏并网变换器，采用改进型 LCL 滤波器并联方案后，Ⅱ类零序环流的高频分量被有效地抑制，低频分量成为Ⅱ类零序环流的主要成分。

对于Ⅱ类零序环流的低频分量,可以通过控制环路的改进进行控制,改变三电平逆变器的零序调制波,且并不会影响逆变器的原有控制目标。

3) Ⅲ类零序环流

Ⅲ类零序环流即并联逆变器中点电位和开关状态的差异性共同影响所产生的激励,环流路径见图 10.5,当并联的三电平逆变器的直流侧中性点均被箝位到一半母线电压时,各逆变器中点电压不会产生电压差,不过常见的调制策略均会对中点电位造成一定影响,Ⅲ类零序环流将会伴随Ⅱ类零序环流而产生,只是Ⅲ类零序环流的幅值要远远小于Ⅱ类零序环流。另外,Ⅲ类零序环流根据频率的不同,也分为高频分量和低频分量。

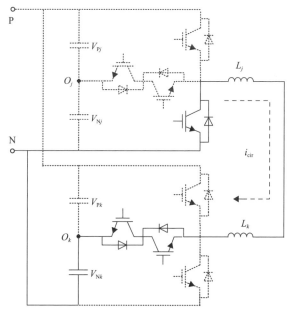

图 10.5　Ⅲ类零序环流通路

Ⅲ类零序环流也是三电平模块化并网逆变器所特有的零序环流,既与中点电位的差异性有关,也与开关状态的差异性有关。采用逆变器共享中线的并联方案可以有效抑制中点电位的波动,对于Ⅲ类零序环流也有一定的抑制作用,对于Ⅲ类零序环流的高频分量可以通过载波同步法以及改进型 LCL 滤波器的并联方案进行抑制,对于Ⅲ类零序环流的低频分量可以通过零序环流调节器控制零序调制波,从而实现低频分量的抑制。

加入零序环流调节器的主从逆变器优化控制框图如图 10.6 所示,采样直流母线上下半母线的直流电压值,作差经过 PI 调节后作为零序调制波加到原有三相调制波上,最后经空间矢量脉宽调制(SVPWM)输出驱动 IGBT 开关管。

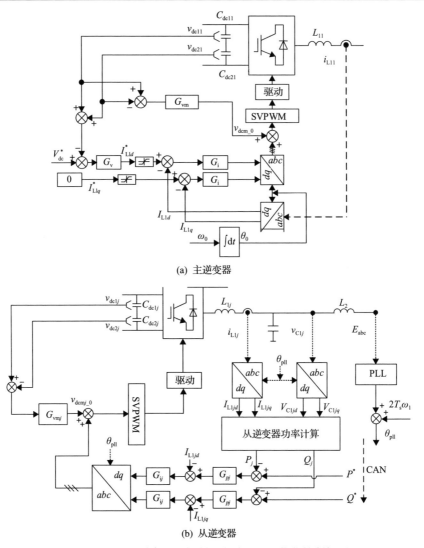

(a) 主逆变器

(b) 从逆变器

图 10.6 基于零序环流抑制的主从逆变器优化控制框图

## 10.2.3 主从控制通信系统设计

多逆变器有互连线的并联系统中，多种信号传输的实时性与稳定性将直接决定系统功率均分效果与可靠性；文献[4]将电流信号与同步时钟信号放在同一条通信线复合传输，虽然可以简化互连线，但是该通信线一旦发生故障，将对系统造成多重风险且以通信方式引入同步信号会有通信延迟，从而降低系统控制精度，本章将两种信息分别用两路通信线传输，降低了故障发生时系统瞬间瘫痪的风险，系统整体结构设计如图 10.7 所示。

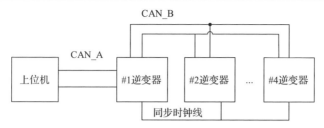

图 10.7 系统通信整体结构图

本系统基于 TMS320F28335 控制芯片的集成外设 CAN 模块进行通信系统的设计，具有两路 CAN 通道，在此分别定义为 CAN_A、CAN_B，其中 CAN_A 用于系统与外界设备通信，CAN_B 用于系统四台逆变器之间的通信。其中，CAN_B 通信线作为主从逆变器间的高速通信线，传输速率与逆变器开关频率一致，用于实时传输系统的主机功率信息以及主、从机间的逻辑控制信息；CAN_A 通信线作为并联系统的外部通信接口，传输速率较低，主要用于控制并联系统的启、停以及观测系统的运行实时数据；同步时钟通信线作为硬件通信主要用于各个逆变器的载波同步信号传输。

### 10.2.4 主从控制载波同步设计

本系统采用 DSP 芯片作为主控制芯片，复杂可编逻辑器件(CPLD)芯片作为保护、通信等辅助芯片；对于采用数字控制的多台逆变器，载波信号由内部 PWM 模块产生，由于上电时间、运行时间等随机问题，会出现各逆变器载波信号不同步的现象。逆变器并联时，载波不同步会引起高频环流，严重影响系统的稳定性和增加系统损耗。采用主机 DSP 的同步信号直接触发从机同步信号，由于同步信号脉宽很窄、频率很高，所以该方法抗干扰性差；通信方式会引入通信延时，降低了控制的精度。本系统基于 CPLD 以及 DSP 结合 ADUM5201ARWZ 这种双通道高隔离的数字通信芯片设计载波同步系统，能够有效提高系统的抗干扰性，且能够在一个开关周期使从机跟踪主机同步信号，所设计的载波同步系统示意图如图 10.8 所示。

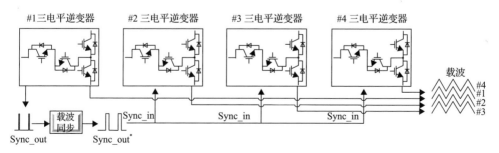

图 10.8 载波同步系统示意图

在图 10.8 中,选定#1 三电平逆变器为主机,主机 DSP 的增强型 PWM(EPWM)模块输出一个脉冲很窄的同步信号,定义为 Sync_out,经过载波同步模块进行信号放大,同时进行锁相输出一个脉冲变宽、相位一致的同步信号,定义为 Sync_out*,该信号同时传送给三台从机的同步信号接收端,此时将同步信号定义为 Sync_in,每台从机根据传过来的同步信号进行设置,从而使得四台机器的载波相位一致。图 10.9 为主机输出同步信号与从机输出同步信号的对比波形图,可见主机、从机的同步信号相位一致、频率相同,主、从机在各自的控制器中进行相应的配置即可实现主、从机三角载波同步,从而消除载波不同步带来的高频环流,提高系统稳定性和减少系统损耗。

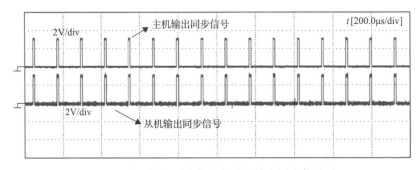

图 10.9　主机输出同步信号与从机输出同步信号对比

# 10.3　关键参数设计

## 10.3.1　系统设计指标与要求

中频型 ±35kV/500kW 光伏直流并网变换器的总体技术指标为额定功率 500kW,输出电压 ±35kV,效率≥95%,为达到上述要求,根据其工作原理,将系统分为三个部分,即中频逆变器、中频变压器以及 24 脉波不控整流桥。其设计指标与要求分别如下所示。

1)中频逆变器

中频逆变器包含 IGBT 功率模块及驱动模块、三电平逆变器组件、滤波电容与限流电抗、逆变器机柜、400Hz 滤波单元等。

(1)额定功率 500kW,其中 4 个模块并联,每个模块 125kW。

(2)最大输入直流电压在 1000V 以上,最小输入直流电压以及启动直流电压为 550V。

(3)输出交流线电压为 315V。

(4)额定功率下总电流波形畸变率<3%,额定功率下功率因数>0.99。

（5）最大效率在 98.5%以上。

（6）需要具备输入输出侧断路设备、直流过压保护、交流过压保护、电网监测、接地故障监测、过热保护、绝缘监测等功能。

2）中频变压器

（1）额定容量为 500kV·A。

（2）变压器原边输入线电压为 315V，副边输出四个独立绕组，每个绕组的线电压为 13.8kV。

（3）变压器输出四个绕组中每个绕组的额定电流≥5.23A。

（4）变压器频率为 400Hz。

（5）绝缘电压等级≥70kV。

（6）绕组方式为输出形成 24 脉波，保证每个绕组分别相差 15°。

（7）变压器效率＞98%。

3）24 脉波不控整流桥

24 脉波不控整流桥包含：高压二极管整流及滤波模块、交直流保护单元、交直流信号采集单元、通信与配电单元及其他材料。

（1）24 脉波不控整流桥额定功率为 500kW。

（2）每个整流模块交流输入线电压为 13.8kV，电流为 5.23A。

（3）24 脉波不控整流桥总输出电压±35kV。

（4）24 脉波不控整流桥需具备高压熔断器、塑壳断路器、35kV 隔离开关等交直流保护单元，具备直流电压互感器、霍尔电流互感器、数显电流表、数显电压表等交直流信号采集单元。

### 10.3.2　功率器件参数设计与选型

变换器的额定电压和额定功率是开关管选型的关键因素。在本系统中，直流输入电压范围为 800～1000V，各外侧开关管的电压应力均应按照 1000V 计算。考虑到元件参数不一致导致的中点不平衡问题，各内侧开关管应增加耐压裕量。考虑到开关管电压尖峰及反向恢复电压等因素，外侧开关管的最高反向耐压 $V_{CES}$ 选为 1200V，内侧开关管的最高反向耐压 $V_{CES}$ 选择为 650V。逆变器每相输出电流峰值为 324A。考虑到一定的裕量，各开关管的电流应力至少选择为 400A。中点电位不平衡时，输出电流发生畸变，外侧开关管峰值电流增大，需要选择更大的电流应力。

本节采用 SEMIKRON 公司的 IGBT 模块 SKiM401TMLI12E4B。其内部结构如图 10.10 所示，其桥臂开关管 $S_1$、$S_2$ 的 $V_{CES}$=1200V（结温 $T_j$=25℃），标称连续直流电流 $I_{Cnom}$=400A，集电极最大可重复峰值电流 $I_{CRM}$=1200A；箝位开关管 $S_3$、$S_4$ 的 $V_{CES}$=650V（$T_j$=25℃），$I_{Cnom}$=400A，$I_{CRM}$=800A；二极管 $D_1$、$D_2$ 的参数为反

向重复峰值电压 $V_{\mathrm{RRM}}=1200\mathrm{V}(T_{\mathrm{j}}=25℃)$，标称正向连续直流电流 $I_{\mathrm{Fnom}}=400\mathrm{A}$，最大正向重复电流 $I_{\mathrm{FRM}}=1200\mathrm{A}$；二极管 $D_3$、$D_4$ 的参数为 $V_{\mathrm{RRM}}=650\mathrm{V}(T_{\mathrm{j}}=25℃)$，$I_{\mathrm{Fnom}}=400\mathrm{A}$，$I_{\mathrm{FRM}}=800\mathrm{A}$。使用集成的 IGBT 模块，不仅可以简化设计，提高系统功率密度，并且元件参数一致性好。

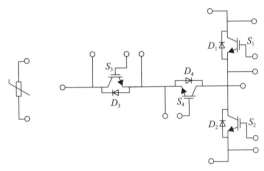

图 10.10　IGBT 模块内部拓扑图

文献[5]提出了单位功率因数并网条件下，当开关频率大于 6.8kHz 时，可使得 T 型三电平拓扑损耗在允许的全电流范围内比两电平拓扑损耗小。又由于三电平拓扑具有更好的输出电能质量，可减少滤波器损耗，此时，T 型三电平逆变器具有更高的效率。文献[6]指出 T 型三电平逆变器适用于开关频率较低、大电流或者是导通损耗起主导作用且功率大于 100kW 的场合，T 型结构的效率较高。考虑到本系统单台逆变器的额定传输功率为 125kW，故选择开关管工作频率为 8kHz。

### 10.3.3　中频逆变滤波器参数设计

由于中频型光伏直流并网变换器采用中频逆变控制策略，不可避免地产生包括与开关频率相关的谐波分量。逆变器产生的谐波会注入中频变压器中，严重影响中频逆变器和中频变压器的效率，另外，中频变压器励磁电流和漏感会消耗一定的无功功率，进一步降低了系统效率。此外，相比于 L 型滤波器，中频逆变器的 LCL 滤波器仍无法避免谐振等问题。为了减少谐振，大量的文献对此进行了研究，主要通过合理设计滤波器参数、无源阻尼或有源阻尼来抑制谐振[7]。综合考虑谐波特性、变压器无功励磁特性以及谐振特性，中频逆变器的桥臂侧电感、滤波电容以及变压器侧电感的选取对系统的效率尤为重要。

为方便设计中频逆变器的 LCL 滤波器参数(以主逆变器为例)，采用如图 10.11 所示的示意图并做如下说明。

(1)由于滤波器参数设计主要考虑谐波和无功功率等因素在设备之间的传递特性，因而不考虑共模回路，并将两路并联电容合并为 $C_1=C_{11}+C_{21}$。

(2)将变压器侧的总电感等比折算到单逆变模块中 $L_{21}=4L_2$，待设计完成再等比折算回原系统。

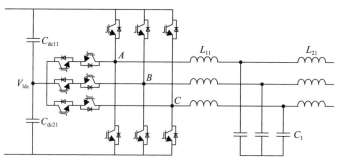

图 10.11　T 型三电平逆变器

为综合考虑谐波特性、变压器无功消耗以及谐振抑制，本节提出了基于无功功率补偿的 LCL 参数设计方法，其中所用到的变换器电气参数如表 10.1 所示。其中 $P$ 是系统单台逆变器额定传输功率，系统共有 4 台 T 型三电平逆变器，即 $j=4$，$V_{ldc}$ 为逆变器额定直流输入电压(也即光伏 MPPT 变换器输出电压)，$V_T$ 为逆变器输出交流线电压有效值，$I_N$ 为逆变器输出电流有效值，$V_{hdc}$ 为中压直流电网电压，$N$ 为中频四绕组输出升压变压器匝比，$f_{sw}$ 为开关频率，$f_0$ 为基波频率。

表 10.1　变换器基本电气参数

| $P$/kW | $V_{ldc}$/V | $V_T$/V | $I_N$/A | $V_{hdc}$/kV | $N$ | $f_{sw}$/kHz | $f_0$/Hz |
|---|---|---|---|---|---|---|---|
| 125 | 820 | 315 | 229 | ±35 | 44 | 8 | 400 |

根据表 10.1 的数据，可以计算参数设计过程中所用到的阻抗、电感以及电容的基准值，如式(10.1)所示：

$$Z_{base} = V_T^2 / P$$
$$L_{base} = Z_{base} / (2\pi f_0)$$
$$C_{base} = 1/(2\pi f_0 Z_{base})$$

(10.1)

1) 桥臂侧电感设计

不同于两电平拓扑，三电平的最大电流纹波发生在 $\pi/4$ 处[8]，具体计算公式如下：

$$L_{11} = \left| \frac{(\sqrt{2}-m)(\sqrt{2}-3m)V_{ldc}}{8\Delta I_{i\_pp-max} f_{sw}} \right|$$

(10.2)

式中，$\Delta I_{i\_pp-max}$ 为最大电流纹波；$m$ 为交流输出电压与直流电压的比值。同时，选取最大电流纹波为电流 $I_N$ 峰值的 20%，根据表 10.1 中的基本电气参数以及式(10.2)可得

$$L_{11} = \left| \frac{(\sqrt{2} - 0.3535)(\sqrt{2} - 3 \times 0.3535) \times 820}{8 \times 229 \times \sqrt{2} \times 0.2 \times 8000} \right| = 7.42 \times 10^{-5} \text{H} \qquad (10.3)$$

结合实际情况，选取桥臂侧电感为70μH。

2) 滤波电容设计

在光伏直流并网变换器装置中，光伏电池板发出的有功功率经过直-交-直变换环节输送到中压直流电网，输入光伏侧和输出中压直流电网侧不提供无功功率，而在其直-交-直变换环节的交流部分由于滤波器电感、变压器励磁以及漏感而引起的变压器换相重叠角等因素，会在中间交流变换环节产生无功损耗，使得变换器和整个系统效率降低。为此，本节提出了基于无功功率补偿的LCL参数设计方法，通过设计LCL滤波器回路中的容抗来匹配系统中间交流变换环节的感抗，补偿交流变换消耗的无功功率，从而减小系统中的无功损耗，提升系统效率。对于中频逆变系统其无功功率可以表示为

$$Q = Q_{\text{m}} + Q_{\sigma} + Q_{\text{L}} \qquad (10.4)$$

式中，$Q$为交流输出侧总的无功功率；$Q_{\text{m}}$为中频四绕组变压器励磁电感产生的无功功率；$Q_{\sigma}$为中频四绕组变压器漏感引起的换相重叠角产生的无功功率；$Q_{\text{L}}$为滤波电感产生的无功功率损耗。

若设计图10.11中LCL滤波器的差模电容$C_1$的容抗满足式(10.5)，则可以减小系统中的无功损耗。

$$X_{\text{c1}} = \frac{V_{\text{T}}^2}{Q} \qquad (10.5)$$

三种无功功率的表达式如式(10.6)所示：

$$Q_{\text{m}} = \frac{3V_{\text{T}}^2}{\omega_0 L_{\text{m}}} \approx \sqrt{3} V_{\text{ave}} I_{\text{ave}}, \quad Q_{\sigma} = P\tan\varphi, \quad Q_{\text{L}} = 3\omega_0 L_{11} I_{\text{N}}^2$$

$$\tan\varphi = \frac{\sin(2\alpha + 2\gamma) - \sin(2\alpha) - 2\gamma}{\cos(2\alpha) - \cos(2\alpha + 2\gamma)} \qquad (10.6)$$

式中，$L_{\text{m}}$为中频四绕组输出升压变压器的励磁电感；$\gamma$为换相重叠角，一般为15°～20°；不控整流时触发角$\alpha=0°$；$V_{\text{ave}}$为400Hz中频四绕组输出移相变压器原边线电压的平均值；$I_{\text{ave}}$为空载电流的平均值。

由实际400Hz中频四绕组变压器的出厂报告近似得到$V_{\text{ave}}=313.67\text{V}$，$I_{\text{ave}}=2.26\text{A}$，计算其空载励磁无功损耗近似为$Q_{\text{m}} \approx 1228\text{var}$，并取换相重叠角$\gamma=16°$，$\alpha=0°$，$Q_{\sigma} \approx 23503\text{var}$，$Q_{\text{L}} \approx 27700\text{var}$，因而近似计算电容为

$$C_1 = \frac{Q}{\omega_0 V_T^2} \approx \frac{1228 + 23503 + 27700}{400 \times 2\pi \times 315^2} \approx 210\mu F \tag{10.7}$$

结合实际电路中采用三角形连接的滤波电容、两路电容回路[9]以及电容制作工艺，最终选择的参数如表 10.2 所示。

**表 10.2　中频型 ±35kV/500kW 光伏直流并网变换器参数**

| 逆变器直流侧电压/V | 单逆变器额定功率/kW | 逆变器额定线电压/V | 桥臂侧电感 $L_{1j}$ /μH | 前级滤波电容 $C_{1j}$/μF | 后级滤波电容 $C_{2j}$/μF | 变压器侧滤波电感 $L_2$/μH | 阻尼电阻 $R_j$/Ω | LCL 谐振频率/kHz |
|---|---|---|---|---|---|---|---|---|
| 820 | 125 | 315 | 70 | 49 | 40 | 9.3 | 0.1 | 2.63 |

| 开关频率/kHz | 变压器频率/Hz | 变压器额定功率/kW | 变压器原边额定线电压/V | 变压器副边额定线电压/kV | 滤波电感 $L_{dc}$/mH | 直流电网电压 $V_{dc}$/kV | 载波同步补偿时间/μs | 逆变器组数/个 |
|---|---|---|---|---|---|---|---|---|
| 8 | 400 | 500 | 315 | 13.8 | 0.1 | ±35 | 2.5 | 4 |

**3) 变压器侧滤波电感设计**

初步确定了桥臂侧电感以及滤波电容后，令根据式 (10.7) 中无功功率补偿算出的电容 $C_1$ 与电容基准值之间的关系为 $C_1 = xC_{base}$，其中 $x$ 为归一化系数，变压器侧经折算到单逆变器的电感 $L_{21} = \lambda L_{11}$，其中 $\lambda$ 为变压器侧电感比例系数。

根据文献[10]开关频率处谐波电流下等效的单相 LCL 滤波器分析方法，则逆变器桥臂侧到变压器侧的电流谐波衰减表达式为

$$\frac{I_{L11}(n_{sw})}{I_{L21}(n_{sw})} \approx \frac{\omega_{LC}^2}{\left|\omega_{res}^2 - \omega_{sw}^2\right|} \tag{10.8}$$

式中，$\omega_{LC}^2 = (L_{21}C_1)^{-1}$；$\omega_{res} = (L_{21} + L_{11})\omega_{LC}^2 / L_{11}$；$\omega_{sw}^2 = (2\pi f_{sw})^2$；$I_{L11}(n_{sw})$ 为逆变器桥臂侧开关频率处的谐波电流；$I_{L21}(n_{sw})$ 为变压器侧开关频率处的谐波电流。通过式 (10.8) 以及无功功率占系统功率的百分比可得电流衰减与变压器侧电感比例系数 $\lambda$ 的关系如下：

$$\frac{I_{L21}(n_{sw})}{I_{L11}(n_{sw})} \approx \frac{1}{\left|1 + \lambda(1 - cx)\right|} \tag{10.9}$$

式中，$c$ 为常数，$c = L_{11}C_{base}\omega_{sw}^2$。

一般情况下可以取逆变器桥臂侧开关频率处谐波电流与变压器侧谐波电流的比值为 10，则通过式 (10.9) 可得到电流衰减与变压器侧电感比例系数 $\lambda$，此时得到变压器侧电感参数，折算回原系统的电感参数 $L_2 = L_{21}/4$，实际参数根据现场调试再进行进一步修正，具体参数见表 10.2。

根据上述关键参数设计得到实际中频逆变器的实验装置，如图 10.12 所示，其尺寸为 1205mm×835mm×1914mm。

图 10.12　4 台 T 型三电平逆变器并联装置

### 10.3.4　中频变压器设计

根据 10.3.1 节中的中频 400Hz 变压器技术指标要求，采用干式结构，铁心材质选用"30-Q-120"的优质、高导磁冷轧硅钢片；绝缘材料的耐热等级为 F 级，绕组绝缘等级为 70kV，原边绕组采用星形连接方式，中性点不引出，副边绕组采用延边三角形，四组绕组的相位关系为–22.5°、–7.5°、+7.5°、+22.5°，变压器短路阻抗小于 5%；噪声水平≤75dB(A)，冷却方式为风冷，装置如图 10.13 所示，变压器尺寸为 1260mm×950mm×1500mm。

图 10.13　中频 400Hz 变压器

### 10.3.5　中压不控整流桥设计

中压不控整流桥装置包括四个 6 脉波不控整流桥(以下简称单阀)。单阀所承受的最高峰值电压为 $V_{\max}=\sqrt{2}\times13.8=19.5\text{kV}$ ，若考虑 2 倍的电压设计裕量，则单阀的反向不重复峰值电压应不低于 39kV。单阀输入电流波形为一个周期导通 120°，其有效值为 $I_{\text{rms}}=4\text{A}$ ，考虑 2 倍的安全裕量，单阀额定电流按照 10A 设计，自然冷却。

本节采用高压二极管硅堆作为单阀整流模块，型号为 2CLF50100-AIR，其主要参数如表 10.3 所示。

**表 10.3　高压二极管硅堆参数**

| 参数 | 符号 | 数值 | 单位 |
|---|---|---|---|
| 反向重复峰值电压 | $V_{\text{RRM}}$ | 50 | kV |
| 反向不重复峰值电压 | $V_{\text{RSM}}$ | 55 | kV |
| 最大正向平均电流 | $I_{\text{F(AV)}}$ | 10 | A |
| 正向不重复浪涌电流 | $I_{\text{FSM}}$ | 100 | A |
| 最大反向恢复时间(环境温度为 25℃) | $t_{\text{rr}}$ | ≤500 | ns |
| 正向直流电压 | $V_{\text{F}}$ | ≤120 | V |
| 最大工作结温 | $T_{\text{j}}$ | 110 | ℃ |

## 10.4　样机研制与试验验证

### 10.4.1　工程化样机及实证平台

根据 10.3 节中的性能指标要求与关键参数设计，得到整个系统的参数表如表 10.2 所示。

最后将逆变器模块、中频变压器、24 脉波不控整流桥以及辅助工业空调、配电柜、高压隔离开关、监测系统等集成到集装箱内。集装箱尺寸(长×宽×高)为 11527mm×3000mm×2747mm。集装箱上安装两台工业空调用于散热，工业空调型号为 MC125HDNC1B(12.5kW)，供电电源 380V，采用外供电方式，制冷量为 12.5kW，两台共 25kW。

集装箱内安装的设备主要有：

(1)中频逆变器；

(2)中频变压器；

(3) 24 脉波整流器输入高压熔断器；

(4) 24 脉波整流器阀塔；

(5) 正直流母线侧滤波电感；

(6) 输出隔离接地开关；

(7) 直流电流传感器；

(8) 直流电压测量装置；

(9) 控制柜。

集装箱分为一次室和二次室，中间用防护网隔离，防护网与集装箱箱体连接后接地。一次室内安装光伏逆变器和控制柜，二次室内安装 24 脉波变压器、高压熔断器、二极管整流器阀塔、平波电抗器、输出隔离接地开关、直流电流传感器和直流电压测量装置。集装箱三维图如图 10.14 所示，实际装置外观如图 10.15 所示。

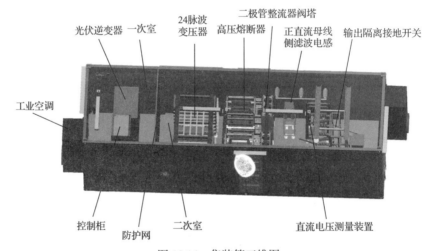

图 10.14　集装箱三维图

图 10.15　中频型 ±35kV/500kW 光伏直流并网变换器装置图

依托国家电网有限公司科技项目"大型光伏电站直流升压汇集接入关键技术及设备研制",在中国电力科学研究院有限公司张北新能源试验基地建成了 1.5MW 光伏直流升压并网实证平台,其鸟瞰图如图 10.16 所示。

① 高频谐振型±35kV/500kW光伏直流并网变换器　② 模块化IPOS型±35kV/500kW
③ 中频型±35kV/500kW光伏直流并网变换器　　　　光伏直流并网变换器
④ 故障隔离装置

图 10.16　中国电力科学研究院有限公司张北新能源试验基地现场鸟瞰图

## 10.4.2　系统启动逻辑

图 10.16 中所示的光伏电池板经过 Boost 升压变换器(实现 MPPT 功率)将直流侧电压升至 820V 左右,并接入中频型±35kV/500kW 光伏直流并网变换器,然后在一体化控保装置的监控和保护下经故障隔离装置接入±35kV 直流电网,其现场实证平台示意图如图 10.17 所示。为实现装置并网稳定运行发电,首要任务是如何启动整个实证试验平台。

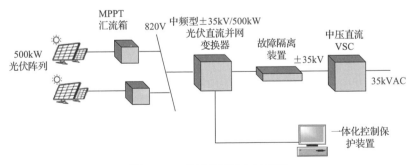

图 10.17　现场实证平台示意图

为方便说明从光伏电池板输出到并网结束整个过程的启动逻辑,在整个系统拓扑中标出了依次启动时所需闭合的开关，其示意图如图 10.18 所示。

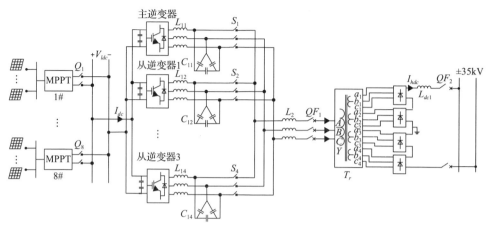

图 10.18　启动逻辑开关示意图

该光伏直流并网变换器缓启动控制方法包括以下步骤。

1) 实时采样以及坐标变换

此时，直流输入断路器 $Q_1$ 闭合，$Q_2 \sim Q_8$ 断开。逆变器接触器 $S_1 \sim S_4$ 断开，交流输出总断路器 $QF_1$ 闭合，中压直流母线断路器 $QF_2$ 闭合。

对以下参数进行实时采样：主逆变器直流侧上下电容 $C_{dc11}$ 和 $C_{dc21}$ 上的电压并记为主逆变器直流侧电压 $V_{ldc}$，升压变压器原边侧交流电压 $v_a$、$v_b$、$v_c$，主逆变器桥臂侧三相电感电流 $i_{La}$、$i_{Lb}$、$i_{Lc}$，从逆变器桥臂侧三相电感电流 $i_{Laj}$、$i_{Lbj}$、$i_{Lcj}$，从逆变器桥臂侧三相电感之后、接触器之前的电压并记为桥臂侧 LC 滤波后的电压 $v_{saj}$、$v_{sbj}$、$v_{scj}$。

对升压变压器原边侧交流电压 $v_a$、$v_b$、$v_c$，主逆变器桥臂侧三相电感电流 $i_{La}$、$i_{Lb}$、$i_{Lc}$，从逆变器桥臂侧三相电感电流 $i_{Laj}$、$i_{Lbj}$、$i_{Lcj}$ 和从逆变器桥臂侧 LC 滤波后的电压 $v_{saj}$、$v_{sbj}$、$v_{scj}$ 分别进行旋转坐标变换，得到升压变压器原边侧交流电压的 $dq$ 分量 $V_d$、$V_q$，主逆变器桥臂侧三相电感电流的 $dq$ 分量 $I_d$、$I_q$，从逆变器桥臂侧三相电感电流的 $dq$ 分量 $I_{dj}$、$I_{qj}$ 和从逆变器桥臂侧 LC 滤波后的电压的 $dq$ 分量 $V_{sdj}$、$V_{sqj}$。

2) 主逆变器/从逆变器输出电压开环缓启动

令该光伏直流并网变换器缓启动之前，主/从逆变器的接触器均为断开状态，然后主逆变器检测直流侧电压 $V_{dc}$ 是否达到低压侧直流母线启动电压值 $V'_{dc}$（$V'_{dc} = 850\text{V}$），如果没有达到开环运行设定电压值 $V'_{dc}$，保持原状态并继续进行检测；如果达到低压侧直流母线启动电压值 $V'_{dc}$，主逆变器的接触器 $S_1$ 闭合，3 个从逆变器的接触器 $S_2 \sim S_4$ 继续保持断开，主/从逆变器开始输出电压开环缓启动。

设定采样周期为 $T$，以 $M$ 个采样周期 $T$ 为时间间隔进行输出电压开环缓启动控制，具体地，将接触器 $S_1$ 闭合时的时刻记为输出电压开环缓启动初始时刻 $t_1$，将经过 $M \times T$ 时间间隔后到达的时刻记为输出电压开环缓启动结束时刻 $t_2$，即 $t_2 - t_1 = M \times T$，$M$ 为整数。

设 $t_1^*$ 是时间段 $t_1 \sim t_2$ 中的任一时刻，主/从逆变器输出电压开环缓启动给定值 $V_{\text{feed\_f}}$ 的计算式如下。

在时间段 $t_1 \sim t_2$ 内：

$$V_{\text{feed\_f}} = \frac{V_{\text{o\_ref}}}{t_2 - t_1} \times (t_1^* - t_1) \tag{10.10}$$

式中，$V_{\text{o\_ref}}$ 为给定的输出电压开环缓启动最终值。

当时间超过时刻 $t_2$ 时：

$$V_{\text{feed\_f}} = V_{\text{o\_ref}} \tag{10.11}$$

3）主逆变器闭环运行

在时间段 $t_1 \sim t_2$ 内，主/从逆变器根据开环缓启动控制指令使逆变器组缓慢建立三相交流电压，当时间超过时刻 $t_2$ 时，主逆变器的直流侧电压外环和交流电流内环开始工作，主逆变器开始进入闭环运行。

设置主逆变器直流侧电压的闭环运行给定值为 $V_{\text{dc}}^*$，通过主逆变器的直流侧电压外环控制方程和交流电流内环控制方程求得主逆变器的交流电流内环 $d$ 轴给定值 $I_d^*$、主逆变器输出电压控制信号 $d$ 轴分量 $v_{\text{abc\_}d}$ 和主逆变器输出电压控制信号 $q$ 轴分量 $v_{\text{abc\_}q}$。

主逆变器的直流侧电压外环控制方程为

$$I_d^* = \left( K_{\text{p\_dc}} + \frac{K_{\text{s\_dc}}}{s} \right)\left( V_{\text{dc}}^* - V_{\text{ldc}} \right) \tag{10.12}$$

式中，$K_{\text{p\_dc}}$ 为主逆变器直流侧电压外环的比例系数；$K_{\text{s\_dc}}$ 为主逆变器直流侧电压外环的积分系数；$s$ 为拉普拉斯算子。

主逆变器的交流电流内环控制方程为

$$\begin{aligned} v_{\text{abc\_}d} &= \left( K_{\text{p\_ac}} + \frac{K_{\text{s\_ac}}}{s} \right)\left( I_d^* - I_d \right) + V_{\text{feed\_f}} \\ v_{\text{abc\_}q} &= \left( K_{\text{p\_ac}} + \frac{K_{\text{s\_ac}}}{s} \right)\left( I_q^* - I_q \right) \end{aligned} \tag{10.13}$$

式中，$K_{\text{p\_ac}}$ 为主逆变器交流电流内环的比例系数；$K_{\text{s\_ac}}$ 为主逆变器交流电流内环的积分系数；$I_q^*$ 为设置的主逆变器交流电流内环 $q$ 轴给定值。

4)3 个从逆变器依次进行闭环缓启动

主逆变器闭环运行完成后,将依次发送闭环缓启动指令给 3 个从逆变器,控制 3 个从逆变器依次进行闭环缓启动。具体地,主逆变器闭环运行完成后,主逆变器发送闭环缓启动指令给#1 从逆变器,控制#1 从逆变器进行闭环缓启动,#1 从逆变器闭环缓启动完成后,主逆变器再发送闭环缓启动指令给#2 从逆变器,控制#2 从逆变器进行闭环缓启动,依次类推,直到 3 个从逆变器全部完成闭环缓启动。

其中,任一从逆变器的闭环缓启动过程如下。

(1)从逆变器检测自身的桥臂侧 LC 滤波后电压 $v_{saj}$、$v_{sbj}$、$v_{scj}$ 的相位、幅值、频率与升压变压器原边侧交流电压 $v_a$、$v_b$、$v_c$ 的相位、幅值、频率是否完全一致,如果没有完全一致,则保持原状态并继续检测;如果完全一致,则闭合从逆变器的接触器 $S_j$,从逆变器开始闭环缓启动。

(2)以 $N$ 个采样周期 $T$ 为时间间隔进行从逆变器闭环缓启动控制,具体地,将接触器 $S_j$ 闭合的时刻记为从逆变器闭环缓启动开始时刻 $t_{j1}$,将经过 $N \times T$ 时间间隔后到达的时刻记为从逆变器闭环缓启动结束时刻 $t_{j2}$,即 $t_{j2}-t_{j1}=N \times T$,$N$ 为正整数。

设 $t_{j1}^*$ 是时间段 $t_{j1} \sim t_{j2}$ 中的任一时刻,从逆变器闭环缓启动有功给定值 $P_j^*$ 和无功给定值 $Q_j^*$ 的计算式如下。

在时间段 $t_{j1} \sim t_{j2}$ 内:

$$P_j^* = \frac{P_N^*}{t_{j2}-t_{j1}} \times (t_{j1}^* - t_{j1}), \quad Q_j^* = \frac{Q_N^*}{t_{j2}-t_{j1}} \times (t_{j1}^* - t_{j1}) \tag{10.14}$$

式中,$P_N^*$ 为主逆变器有功功率指令值 $P^*$ 从输出电压开环缓启动结束时刻 $t_{j2}$ 开始,经过 10 个采样周期得到的平均值;$Q_N^*$ 为主逆变器无功功率指令值 $Q^*$ 从输出电压开环缓启动结束时刻 $t_{j2}$ 开始,经过 10 个采样周期得到的平均值。主逆变器有功功率指令值 $P^*$ 和主逆变器无功功率指令值 $Q^*$ 的计算式分别如下:

$$P^* = \frac{3}{2}(V_d \times I_d + V_q \times I_q)$$
$$Q^* = \frac{3}{2}(V_d \times I_q - V_q \times I_d) \tag{10.15}$$

当时间超过时刻 $t_{j2}$ 时:

$$P_j^* = P^*, \quad Q_j^* = Q^* \tag{10.16}$$

(3)通过从逆变器功率环控制方程求得其有功功率 $P_j$、无功功率 $Q_j$、交流电流内环 $d$ 轴的给定值 $I_{dj}^*$ 和交流电流内环 $q$ 轴的给定值 $I_{qj}^*$。

从逆变器功率环控制方程为

$$P_j = \frac{3}{2}(V_{sdj} \times I_{dj} + V_{sqj} \times I_{qj})$$

$$Q_j = \frac{3}{2}(V_{sdj} \times I_{qj} - V_{sqj} \times I_{dj})$$

$$I_{dj}^* = (K_{p\_pj} + K_{s\_pj}/s)(P_j^* - P_j)$$

$$I_{qj}^* = (K_{p\_pj} + K_{s\_pj}/s)(Q_j^* - Q_j)$$

(10.17)

式中，$K_{p\_pj}$ 为从逆变器功率外环的比例系数；$K_{s\_pj}$ 为从逆变器功率外环的积分系数。

5) 功率升至额定功率

完成四台逆变器稳定并联，且系统无故障发生时，依次闭合低压侧直流断路器 $Q_2 \sim Q_8$，需要说明的是，每次闭合一路断路器，都需要观测四台逆变器运行状态是否良好，系统有无故障，如果没有，继续闭合下一个断路器，直到输入直流侧断路器全部闭合。

至此，整个光伏并网直流变换器缓启动结束，整个启动逻辑如图 10.19 所示。

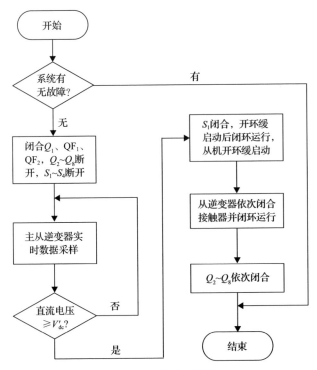

图 10.19 启动逻辑图

### 10.4.3　并网试验验证

为验证中频型±35kV/500kW 光伏直流并网变换器并网运行性能，可以从启动、停机、功率突变以及稳态运行三个方面进行试验验证。

测试步骤如下：

各测量设备调试无误后，闭合 $Q_1$、$QF_1$、$QF_2$，确定各个开关闭合完成后，模块化多电平变流器启动建立±35kV 电压，故障隔离装置闭合；

一体化控制保护装置下发启动指令，主机收到启动指令后，控制 $S_1$ 闭合，控制模式变为低压直流电压外环、交流电流内环双环控制，待运行稳定后，依次控制 $S_2$、$S_3$、$S_4$ 接触器闭合，从机控制模式为瞬时功率外环、交流电流内环双环控制，记录试验数据并存储波形；

四机并联成功后，系统稳定运行中，依次闭合 $Q_2$～$Q_8$ 以增加光伏并网功率，记录各测试设备试验数据并存储试验波形；

后台一体化控制保护装置对模块化多电平变流器输入侧进行录波，即对高压直流正母线电压 $V_{hdc+}$、负母线电压 $V_{hdc-}$、正母线电流 $I_{hdc+}$、负母线电流 $I_{hdc-}$ 进行数据存储与波形保存；

待试验数据保存成功后，依次断开 $Q_2$～$Q_8$，一体化控制保护装置下发停机指令，从机依次控制 $S_2$、$S_3$、$S_4$ 断开，主机 $S_1$ 断开，记录试验数据并存储试验波形，系统停机，故障隔离装置断开。

图 10.20 为变换器启动时低压直流侧波形，可见，一体化控制保护装置下发启动指令后，主机开始并网运行，直流侧电压 $V_{ldc}$ 由 850V 下降并稳定在 819.8V，在 $t_1$ 时刻#1 和#2 从机并联，在 $t_2$ 时刻，#3 从机并联，待系统稳定后，MPPT 依次投入 8 路，直流侧输入电流 $I_{dc}$ 也依次增大，启动完成。图 10.21 稳态运行结果

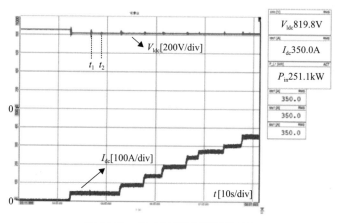

图 10.20　启动时低压直流侧波形

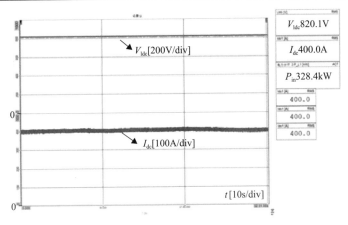

图 10.21　稳态运行时低压直流侧波形

表明，输入直流电压稳定在 820.1V，输入总电流为 400.0A，直流输入功率为 328.4kW，系统运行稳定。图 10.22 为停机波形图，MPPT 变换器依次切除至最后两路，此时上位机下发停机指令，$t_3$ 时刻#3 从机切机，$t_4$ 时刻#1 和#2 从机切机，最后主机停机，直流电压由 820V 变为 MPPT 变换器开路电压 850V，输入电流也逐渐减小直至零，系统停机完成。

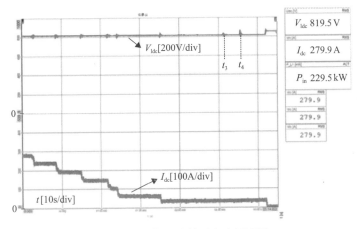

图 10.22　停机时低压直流侧波形

图 10.23 为主机启动时低压交流侧线电压 $v_{1ab}$ 和 A 相电流 $i_{1a}$ 波形，可见，一体化控制保护装置下发启动指令后，主机开始并网运行，当空载缓启动至 290V 左右时，不控整流输出被±35kV 电网箝位，控制环路启动，交流电压箝位在 295V 左右，主机启动完成。主机运行稳定后，#1、#2 和#3 从机依次并联，图 10.24 为 #1 从机并联时的波形，$v_{2ab}$ 和 $i_{2a}$ 分别为#1 从机的线电压和 A 相电流，可见，系统在约 60ms 后恢复稳定，主从机交流电流幅值、频率、相位保持一致。当四台

逆变器并联完成后，随着 MPPT 变换器的接入，功率逐渐增大至 330kW，低压交流侧稳态波形如图 10.25 所示，此时交流电压有效值为 305V，#1、#2 和#3 从机的 A 相电流 $i_{2a}$、$i_{3a}$、$i_{4a}$ 幅值、频率、相位保持一致，有效值分别为 145A、146A、

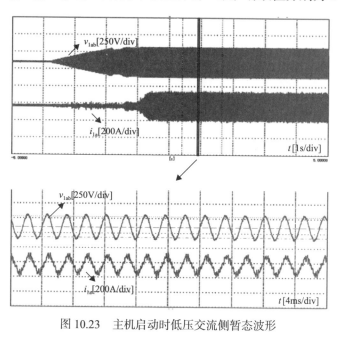

图 10.23  主机启动时低压交流侧暂态波形

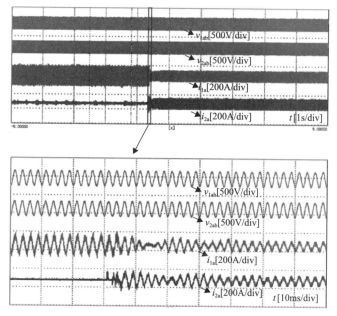

图 10.24  #1 从机并机时低压交流侧暂态波形

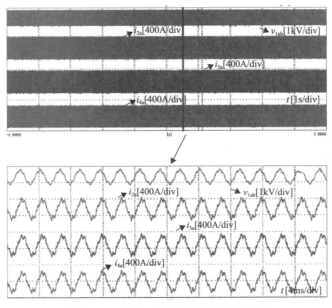

图 10.25　稳态运行时低压交流侧波形

147A，电流均分效果良好。随着光伏的切除，功率逐渐降低，降至 90kW 时，一体化控制保护装置下发停机指令，此时#3 从机切机，如图 10.26 所示，待其切机完成后，#1 和#2 从机电流在约 15ms 后恢复稳态，动态响应良好，且切机瞬间无尖峰电流。

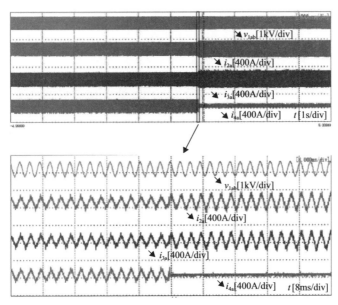

图 10.26　#3 从机切机时低压交流侧暂态波形

图 10.27 为功率由 218kW 突增至 273kW 时低压交流侧暂态波形，可见，主从机响应速度保持一致，响应约 10ms 即可达到新的稳态，动态性能较好，电流始终保持均分。图 10.28 为功率由 165kW 突减为 140kW 时低压交流侧暂态波形，可见，当输入的 MPPT 变换器切除一路时，主从机电流保持同幅值、同速率下降，动态响应时间约为 20ms，暂态响应性能良好。

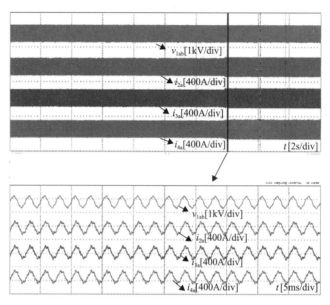

图 10.27　功率由 218kW 跃升至 273kW 时低压交流侧暂态波形

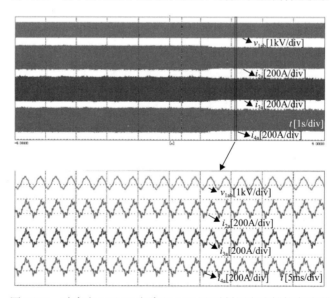

图 10.28　功率由 165kW 突降至 140kW 时低压交流侧暂态波形

图 10.29 为电压源换流器(VSC)后台录波数据，波形由上至下依次为高压正母线电压、高压负母线电压、高压正极电流、高压负极电流，可以看出，电压维持在±35kV，电流稳定在 3.3A，变换器输出功率在 115kW 左右。图 10.30 为一体化控制保护装置接收的主机传输的数据，此时低压侧直流电压稳定在 820V，主机低压侧直流电流为 99A，IGBT 温度为 26℃，运行稳定。图 10.31 为一体化控制保护装置后台系统数据，此时，系统中仅接入中频型±35kV/500kW 光伏直流并网变换器，输出功率为 303kW，输入功率为 316kW，效率接近 96%。图 10.32 为一体化控制保护装置显示的中频型±35kV/500kW 光伏直流并网变换器的界面，输出功率为 115kW，输入功率为 122.7kW，效率接近 94%，系统运行稳定。

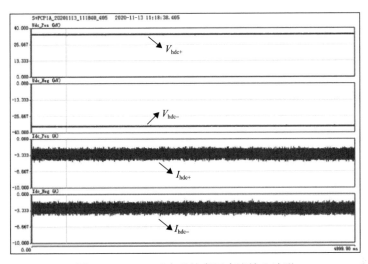

图 10.29　VSC 后台监控高压直流输入波形

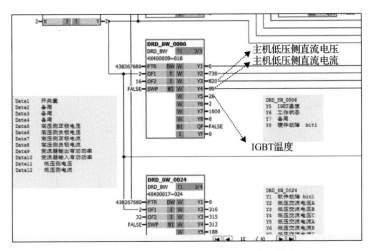

图 10.30　一体化控制保护装置接收主机数据

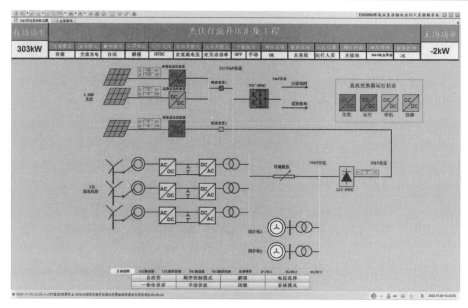

图 10.31　一体化控制保护装置后台系统数据

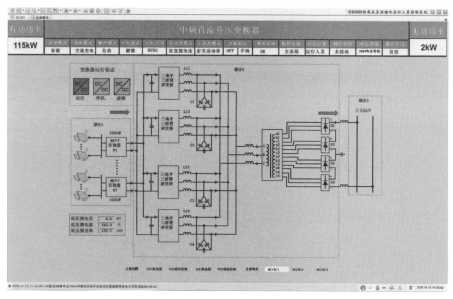

图 10.32　一体化控制保护装置后台装置数据

# 10.5　本　章　小　结

基于光伏发电 MVDC 汇集的应用场合,本章开发并研制了中频型±35kV/500kW

光伏直流并网变换器装置，采用基于中频逆变器和 24 脉波不控整流方案，实现低压大电流输入和高升压比输出直流汇集。为了提高效率，采用了功率主从控制方式并结合基于无功功率补偿的滤波器参数设计方法，来减小系统环流，降低无功损耗；设计了适用于主从控制的载波同步系统，并研制了一台中频型±35kV/500kW 光伏直流并网变换器工程样机，并成功实现并网投运。

## 参 考 文 献

[1] 张杰. 大功率高升压比光伏直流变压器控制策略研究[D]. 合肥: 合肥工业大学, 2019.

[2] Cardiel-Alvarez M A, Arnaltes S, Rodriguez-Amenedo J L, et al. Decentralized control of offshore wind farms connected to diode-based HVDC links[J]. IEEE Transactions on Energy Conversion, 2018, 33(3): 1.

[3] 王付胜, 邵章平, 张兴, 等. 多机 T 型三电平光伏并网逆变器的环流抑制[J]. 中国电机工程学报, 2014, 34(1): 40-49.

[4] 龙江涛, 蔡环宇, 何昕东, 等. 基于平均功率控制的中频逆变器主从并联系统研究[J]. 电源学报, 2015, 13(2): 1-9.

[5] 祝琳, 宋宣铎, 李永岗, 等. T 型三电平与两电平功率开关器件损耗计算与分析[J]. 微特电机, 2019, 47(2): 35-39.

[6] 杨超, 王琛琛, 刘跃. T 型三电平逆变器的工作原理及损耗分析[C]. 中国高等学校电力系统及其自动化专业学术年会, 北京, 2014.

[7] 刘芳, 张喆, 马铭遥, 等. 弱电网条件下基于稳定域和谐波交互的并网逆变器 LCL 参数设计[J]. 中国电机工程学报, 2019, 39(14): 4231-4242.

[8] Nawawi A, Tong C F, Yin S, et al. Design and demonstration of high power density inverter for aircraft applications [J]. IEEE Transactions on Industry Applications, 2017, 53(2): 1168-1176.

[9] 任康乐, 张兴, 王付胜, 等. 非隔离型三电平并网逆变器的输出滤波器优化设计[J]. 电力系统自动化, 2015, 39(3): 117-123.

[10] 刘芳. LCL-VSR 的控制与设计[D]. 合肥: 合肥工业大学, 2008.